高等职业教育园林园艺类专业系列教材

园林艺术

主　编　袁海龙
副主编　侯可雷　李　杰
参　编　程朝霞　常　江
主　审　屈永建

机械工业出版社

本书共分为六个单元：园林艺术概述、园林布局艺术、园林构图艺术、园林意境创造艺术、园林构成要素造景艺术、园林艺术欣赏。

本书可作为高职高专园林工程技术专业、园艺、环境艺术设计专业的教材，也可作为普通高等学校非园林专业的公共选修课教材，还可作为成人职业培训以及园林专业、园艺企事业单位从业人员的参考书。

图书在版编目（CIP）数据

园林艺术/袁海龙主编. —北京：机械工业出版社，2012.12（2022.6重印）
高等职业教育园林园艺类专业系列教材
ISBN 978-7-111-38765-7

Ⅰ.①园… Ⅱ.①袁… Ⅲ.①园林艺术-高等职业教育-教材
Ⅳ.①TU986.1

中国版本图书馆CIP数据核字（2012）第239382号

机械工业出版社（北京市百万庄大街22号 邮政编码100037）
策划编辑：覃密道 王靖辉 责任编辑：覃密道 王靖辉 王 一
版式设计：霍永明 责任校对：于新华
封面设计：马精明 责任印制：刘 媛
涿州市般润文化传播有限公司印刷
2022年6月第1版·第9次印刷
184mm×260mm·16印张·395千字
标准书号：ISBN 978-7-111-38765-7
定价：45.00元

电话服务
客服电话：010-88361066
010-88379833
010-68326294

网络服务
机 工 官 网：www.cmpbook.com
机 工 官 博：weibo.com/cmp1952
金 书 网：www.golden-book.com
机工教育服务网：www.cmpedu.com

前 言

园林艺术在园林园艺类专业中具有专业基础课和专业课的双重性，是园林专业的主干课程。本书旨在向学生传授园林艺术的理论和技巧，培养和提升学生从事园林规划设计的理念和水平，以及学生从事园林工程技术的能力。

园林艺术是一门理论性和实用性都非常强的课程，传统的教材及近年来出版的类似教材基本上采用纯理论的编排方式，在一定程度上造成了园林艺术理论和园林工程设计的脱节，很容易使学生觉得比较空洞，实用价值不大，提不起学习兴趣。但事实上，如果没有扎实的园林艺术功底，则在园林设计中很难有高水平的设计方案诞生，也严重制约学生日后的发展和提高。本教材的特点主要表现在以下几个方面：

1. 依据园林设计的一般步骤和要求，按照从总体到局部，从局部到要素，最后到作品鉴赏的编排顺序，在编排上更加贴近专业设计的实际。

2. 调整和重组了部分内容，如园林布局、园林构图等，使内容更加顺畅，避免了传统园林艺术书籍编写中的部分内容交叉、重复和混乱。

3. 实现理论和实践的融合，每一个单元的每一个项目都从理论服务于设计的理念出发，先介绍基础知识，再分析其作用，传授艺术处理方法，然后通过实例分析使理论和实践完美地融合。

4. 强化实践技能的提高，每一个项目都安排有实训，从而提高操作技能。

5. 增加园林艺术欣赏的内容，一方面通过欣赏高水平的园林艺术作品，从中吸收有益的一面，进一步提高学生的园林艺术审美水平；另一方面通过作品欣赏，深层次地体会园林艺术理论和实践的重要性，以及各类园林要素在园林景观中的作用。

本书由安康学院袁海龙任主编，日照职业技术学院侯可雷、山东农业管理干部学院李杰任副主编。本书具体编写分工如下：袁海龙编写单元一、单元五；侯可雷编写单元三；李杰编写单元二；运城学院程朝霞编写单元六；安康学院常江编写单元四。本书由西北农林科技大学屈永建任主审。

本书在编写过程中，得到了安康学院各级领导多方面的支持和鼓励，也参考了大量的有关资料和著作，在此表示感谢。由于编者水平有限、经验不足，书中错误之处在所难免，欢迎读者批评指正。

编 者

目　　录

前言

单元一　园林艺术概述 …… 1

一、园林 …… 1
二、美的思想、特征及园林美 …… 5
三、园林艺术 …… 6
四、世界三大园林流派的艺术特点 …… 8
五、现代园林艺术的发展趋势 …… 10
小结 …… 11

单元二　园林布局艺术 …… 12

项目一　园林总体布局 …… 12
一、园林布局 …… 13
二、园林总体布局的基本形式 …… 15
三、园林总体布局形式确定的方法 …… 24
★ 实例分析 …… 25
★ 实训 …… 26
项目二　园林空间布局 …… 28
一、园林静态空间布局艺术 …… 29
二、园林动态空间布局艺术 …… 36
★ 实例分析 …… 41
★ 实训 …… 43
项目三　园林艺术布局 …… 44
一、相地与立意 …… 44
二、明确园林性质 …… 45
三、确定主题与主体 …… 45
四、布置主景的位置 …… 45
五、功能分区的确定 …… 45
六、景点与游赏路线的布置 …… 47
★ 实例分析 …… 48
★ 实训 …… 49
小结 …… 50

单元三　园林构图艺术 …… 51

项目一　园林构图中形式美的法则及其应用 …… 51
一、园林构图中形式美的表现形态 …… 51
二、形式美法则及其在园林构图中的应用 …… 58
★ 实例分析 …… 70
★ 实训 …… 72
项目二　园林构图中景观艺术表现手法 …… 72
一、主配手法 …… 73
二、抑景与扬景 …… 75
三、实景与虚景 …… 76
四、框景与夹景 …… 80
五、前景与背景 …… 82
六、漏景与添景 …… 83
七、内景与借景 …… 83
八、季相造景 …… 86
★ 实例分析 …… 87
★ 实训 …… 88
项目三　园林色彩构图 …… 89
一、园林色彩的基本知识 …… 89
二、园林色彩的种类和艺术处理 …… 94
三、园林色彩构图 …… 100
★ 实例分析 …… 103
★ 实训 …… 105
小结 …… 105

单元四　园林意境创造艺术 …… 106

项目一　园林意境及其创造方式 …… 106
一、意境与园林意境 …… 106
二、园林意境的创造方式 …… 108
★ 实例分析 …… 112
★ 实训 …… 117
项目二　园林意境的表达方式 …… 117
一、直接表达方式 …… 117
二、间接表达方式 …… 119
★ 实例分析 …… 123
★ 实训 …… 125
小结 …… 125

单元五 园林构成要素造景艺术 …… 126

项目一 园林地形造景 …… 126
一、园林地形的作用及类型 …… 127
二、地形设计的原则 …… 129
三、小地形营造艺术 …… 131
四、园林堆山艺术 …… 132
五、园林置石艺术 …… 135
★ 实例分析 …… 138
★ 实训 …… 139

项目二 园林水景艺术 …… 140
一、园林水体的作用及类型 …… 141
二、园林水景的设计原则及艺术处理 …… 142
三、密切山水关系的方法 …… 147
★ 实例分析 …… 149
★ 实训 …… 150

项目三 园路造景艺术 …… 150
一、园路的作用及类型 …… 150
二、园路的风格 …… 153
三、园路系统的艺术规划 …… 153
四、园路铺装艺术 …… 155
★ 实例分析 …… 159
★ 实训 …… 160

项目四 园桥造景艺术 …… 161
一、园桥的园林作用 …… 161
二、园桥的类型 …… 162
三、园桥的布局与设计艺术 …… 164
★ 实例分析 …… 164
★ 实训 …… 166

项目五 园林建筑艺术 …… 166
一、园林建筑的造景功能和使用功能 …… 167
二、园林建筑艺术布局设计 …… 167
★ 实例分析 …… 177
★ 实训 …… 180

项目六 园林小品艺术 …… 181
一、园林小品的类型 …… 181
二、园林小品的造景艺术功能 …… 181
三、园林小品的艺术设计和布局 …… 183
★ 实例分析 …… 196
★ 实训 …… 197

项目七 园林植物景观配置 …… 197
一、园林植物的艺术功能 …… 198
二、园林植物的观赏特性 …… 202
三、园林植物景观配置的基本原则 …… 204
四、园林树木的配置艺术 …… 206
五、园林攀缘植物的配置艺术 …… 215
六、园林草本花卉的配置艺术 …… 217
七、园林草坪及地被植物的配置艺术 …… 220
★ 实例分析 …… 221
★ 实训 …… 222

小结 …… 223

单元六 园林艺术欣赏 …… 224

项目一 园林艺术欣赏的方法 …… 224
一、园林艺术欣赏的意义及作用 …… 224
二、园林艺术欣赏的多样性与综合性 …… 225
三、园林艺术的欣赏方法 …… 225
四、园林艺术的品鉴 …… 229

项目二 园林艺术欣赏实例分析及体验 …… 231
一、中国古典园林 …… 231
二、西方古典园林——凡尔赛宫苑 …… 241
三、现代园林——中山岐江公园 …… 246

小结 …… 248

参考文献 …… 250

园林艺术概述

[知识目标]

(1) 初步了解园林及园林的相关概念、构成要素和基本类型。

(2) 了解美的思想和特征，掌握园林美的概念、内容、基本特征。

(3) 掌握园林艺术的相关概念和艺术特征。

(4) 了解世界三大园林体系的艺术特征。

(5) 把握现代园林艺术的发展趋势。

[能力目标]

(1) 通过知识学习，对园林及园林艺术有一个较深刻的理解和认识。

(2) 能够对世界三大园林体系的形成及发展有一个较全面的认识。

一、园林

(一) 园林的相关概念

1. 园林的概念

园林是指在一定的地域范围内，根据功能要求、经济技术条件和艺术布局规律，利用并改造天然山水地貌或人工开辟山水地貌，结合植物的栽植、建筑、道路及其他园林构成要素的布局，创作而成的可供人们观光、游憩、居住的境域。

从园林的概念可以解读出，园林有一定的范围，园林具有复杂的构成要素，园林各要素的构成和布局必须符合园林的艺术规律，园林必须成为为人类服务的、具有一定使用功能和生态功能的环境空间。

2. 绿化的概念

绿化泛指除天然植被以外的，为改造环境而进行的树木花草的栽植。通常所说的绿化包括林业上的各种造林活动，如荒山造林、防护林营造、荒漠造林等。城市中的各类绿化种植也属于绿化的范畴，但园林绿化和普通绿化还是有着本质的区别。普通绿化注重的是生态环境效益，而园林绿化除了生态环境效益外，更注重其使用功能的发挥。

3. 绿地的概念

广义上认为地球陆地上凡是生长植物、被植被所覆盖的地面均称为绿地，可包括森林、农田、牧场、城市公园等。从狭义范围讲，绿地是指城市中种植树木花草的地面，也就是通常所讲的城市园林绿地，包括公园绿地、道路广场绿地、居住区绿地、生产绿地等。

（二）园林的构成要素

1. 地形

地形是园林规划设计的基础，是构成园林的骨架，其他园林要素的设计和安排在某种程度上都要依赖地形。园林中的地形主要有平坦地形、坡地、山地等。地形的艺术规划和设计是园林规划设计必需首先考虑的，良好的地形设计也是园林设计的前提。

2. 水体

水体是指园林中的各类水景景观，它是构成园林的重要元素之一。古今中外的园林建造都很重视水景的营造，我国古典皇家园林的颐和园、避暑山庄，私家园林的网师园、拙政园等，水景都占有很大的比重；西方的凡尔赛宫等也莫不如此；现代园林中，水池、喷泉的运用也随处可见。园林中的水体主要有水池、湖泊、河流、溪涧、瀑布、喷泉、跌水等多种形式。

3. 园路

园路在园林中就像人体的脉络一样，是园林中不可或缺的构园要素。它在园林中主要起到联系景区景点、引导游览、构成园林景观等多种功能。

4. 园桥

园桥是园路在水面上的延伸，素有“跨水之路”之称。在我国自然山水园林中，有“无园不水，无水不园”的说法。园桥是中国园林造景中常见的用于划分水景层次的园林景观设施。

5. 园林建筑

建在园林境域中的建筑称为园林建筑。在我国传统园林中，建筑所占的比例较大，建筑的形式繁多，是古代造园的最重要的构园要素。常见的园林建筑有亭、堂、楼、阁、廊等。在皇家园林及私家园林中，园林建筑往往成为整个园林的构图重心和主景，如颐和园的佛香阁，北海公园的白塔及拙政园的远香堂等。即便在现代园林中，以植物造景为主的理念会使园林建筑的地位退居其次，且在园林中所占的比例越来越小，但其仍然是园林中最耀眼的景观，具有不可替代的作用。

6. 园林小品

园林小品是指园林中体量小巧、富于神韵、选址恰当，能提高园林整体文化品位且自身艺术性很强的精美构筑物。园林小品在造园上不起主导作用，仅是点缀与陪衬，即所谓“从而不卑，小而不卑，顺其自然，插其空间，取其特色，求其借景”，力争人工中见自然，给人以美妙意境和情趣感染，有点缀环境、活跃景色、烘托气氛、加深意境的作用。园林小品在园林景观中具有很强的感染力，既能美化环境，丰富园趣，为游人提供文化休息和公共活动的方便，又能使游人从中获得美的感受和良好的教益，是讲究适得其所的精致小品，从而成为园林景观中不可或缺的点睛之作。

7. 园林植物

园林植物是指人们用于园林建设中的所有乔木、灌木、藤本、草本及各类花卉植物的总称。以植物造景为主是世界公认的园林发展趋势。从维护生态平衡和美化人居环境的角度来看，它应是园林造景中最重要的一个要素。又由于园林植物具有生命力，其种类复杂多变，观赏性质及生态适应性各异，因而以其为材料的造景设计就显得复杂许多。不同的园林植物由于在形态、叶色及花果等各方面有着不同观赏价值，再加上与其他园林要素能有机的结

合，体现出不同的园林艺术效果，发挥着特殊的功能。在园林艺术设计中必须充分掌握园林植物的艺术处理方式和方法。

（三）园林的基本类型

随着现代社会经济的发展，园林的概念和内涵也在不断地扩大和发展。现代意义上的园林已远远超越了传统的园林范畴。由于园林构成要素的复杂性、园林地域的差异性、园林艺术的文化性等着眼点不同，从而产生了不同的园林类型。

1. 依据世界园林的流派划分

由于园林产生和发展的历史、文化、地域等的差异，世界园林分为三大流派：

（1）伊斯兰园林　发源于幼发拉底河流域的园林，属于规则式园林的范畴，以十字形庭院为其典型的布局形式，十字形道路交汇处布设水池，以象征天堂。

（2）欧洲园林　发源于希腊，以法国、意大利为代表的园林，其园林以西方哲学和美学为基础，园林布局以规则式的理念为主。

（3）东方园林　以中国园林为主，包括日本及东南亚一带的园林，其园林深受中国园林艺术的影响，讲究“天人合一，人与自然和谐”的设计理念。

2. 依据园林规划的形式划分

尽管园林构成的要素复杂，园林艺术和园林空间多种多样，但就园林的布局形式而言，所有的园林都可归于三种类型，即规则式、自然式、混合式。

（1）规则式园林（图 1-1）　规则式园林又称为整形式园林、几何式园林或建筑式园林。其特点是全园规划在平面上有明显的对称轴线，各种园林造景要素都要求严整对称。

图 1-1　规则式园林

（2）自然式园林（图1-2） 自然式园林又称为风景式园林、不规则式园林或山水式园林。其特点是全园没有明显的对称轴线，各种园林造景要素及景观都不要求对称，呈现出自然而然的状态，追求“源于自然，而高于自然”的规划设计理念，这也是中国园林的主要形式。

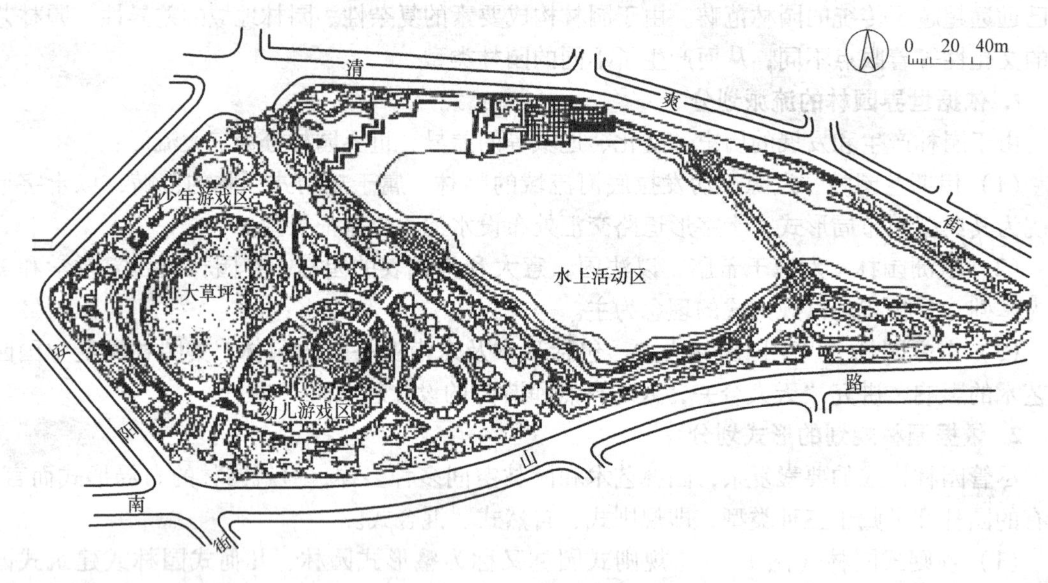

图1-2 自然式园林

（3）混合式园林（图1-3） 混合式园林是指在同一个园林中既有规则式，又有自然式布局的一类园林，一般是以规则式或自然式中的某一种为主，同时在局部规划成自然式或规则式的园林。

3. 依据园林的隶属关系划分

按园林的隶属关系，园林可分为皇家园林、私家园林、寺观园林三类。皇家园林是指属于皇帝个人和皇室所有的园林，如中国的颐和园、承德避暑山庄，法国的凡尔赛宫等，一般规模巨大，气势宏伟；私家园林是指属于民间的贵族官僚、绅士所私有的园林，一般面积较小，构园精巧，艺术性很高，如中国的苏州园林、岭南园林、川西园林等；寺观园林是指附属于宗教建筑的一类园林，这类园林有强烈的宗教色彩，一般位于自然山水风光优美的境域中。

4. 依据园林的历史时期划分

根据园林发展的不同阶段，园林可分为古典园林和近现代园林。古典园林一般是指19世纪以前的园林，如中国现存的明清时期的颐和园、承德避暑山庄、苏州拙政园等，法国的凡尔赛宫、意大利的台地园等。现代园林是指进入20世纪以后，随着现代科学技术的发展及园林艺术的变化而兴建起的一类园林，最著名的有法国的拉·维莱特公园，纽约中央公园等。

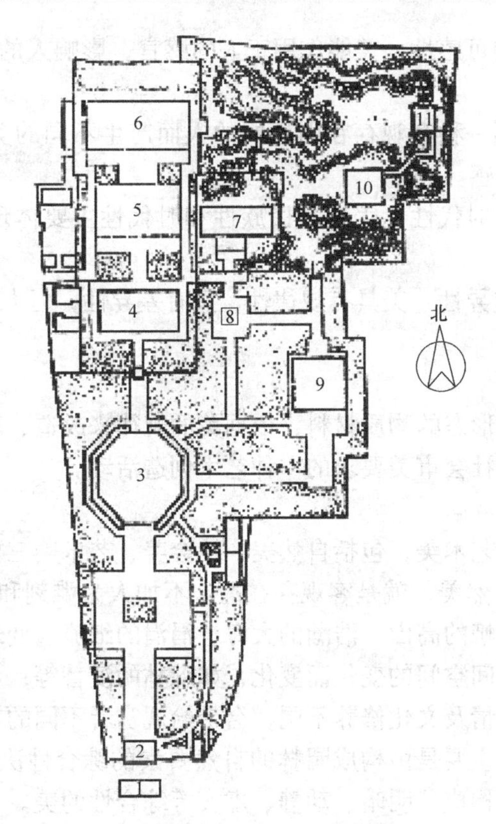

图1-3　混合式园林（苏州北塔公园平面图）

1—牌楼　2—门厅　3—北寺塔　4—茶室　5—佛殿　6—藏经楼　7—方丈室
8—记功碑　9—观音殿　10—飞英堂　11—水榭

二、美的思想、特征及园林美

（一）美的思想特征

1. 美的思想

什么是美，从古到今，人们一直在探索和研究。《说文解字》中解释“羊大为美”，从古代形象文字得知，头戴羽毛的人为美。孔子曰尽善尽美，追求对立统一为美、中庸为美；庄子则认为无为、自由、人与物的统一为美；孟子称充实之谓美。毕达哥拉斯曰美就是一定数量关系的体现；苏格拉底认为美与善是一致的；柏拉图的观点是美的本质是理念，只有和谐的理念才显美；亚里士多德承认秩序、匀称、准确就是美；马克思认为劳动创造美；车尔尼雪夫斯基称美是生活。至今，关于美还没有一个统一的概念，关于美的本质人们也会一直探索下去。综合前人的观点，我们认为美是一种能够引起人们愉悦的客观物质存在，具有不依存于人类主观意识条件，但又离不开人类社会的客观存在。

2. 美的特征

既然美是一种客观存在，又不完全依赖于人类的主观意识，离开了人类，美就失去了存在的价值。作为园林艺术的设计者，就必须了解美的普遍特征。

（1）美具有客观存在性　美的事物都是个别具体的形象，是客观存在事物（各种园林要素及各种园林）。

（2）美具有情感上的可感性　美能作用于人的感官，影响人的思想感情（色彩、形象、音响、气味等）。

（3）美的多面性　同一种客观存在因不同的人而产生不同的美，不同的客观存在因同一人也可以产生相同的美感。

（4）美具有民族性和时代性　美具有民族性和时代性主要体现在不同的民族，在不同的时代有不同的审美观。

（5）美的规律性和差异性　美具有规律性，又有差异性，但大同又是美的坟墓。

（二）园林美

1. 园林美的概念

园林美是指应用天然形态的物质材料，依据美的规律来改造、改善或创造环境，使之更自然、美丽，更符合时代社会审美要求的一种艺术创造活动。

2. 园林美的内容

园林美是一种综合的艺术美，包括自然美、社会美、艺术美三方面的内容。

（1）自然美　所谓自然美，就是客观存在的、不加人为雕刻和修饰的、自然而然的美，如自然中神秘的森林、巍峨的高山、浩瀚的大海、涓涓的细流、变幻万千的天象等。自然美具有变化性，它会随着时间空间的变化而变化，如森林的演替等；自然美又具有多面性，同一景观因观赏者的思想感情及文化修养不同，会带给观赏者不同的美感和审美意识；自然美也具有综合性的一面，这主要是由构成园林的自然要素的综合性决定的，各要素相互结合、互相影响，最终在园林中构成了明暗、动静、虚实等综合性的美。

（2）社会美　社会美是指园林艺术的社会内涵和社会功能美。园林艺术的社会内涵包括思想内涵美、教育意义美；社会功能美包括休闲娱乐、集会等。

（3）艺术美　艺术美是指园林的时空综合美，是经过人的艺术加工而成的美，如园林雕塑、园林建筑等。

3. 园林美的基本特征

园林美应具有使用功能，即园林具有可居、可游、可用的功能；园林美必须要起到改善人居环境的生态功能；园林必定要符合一定的艺术规律，符合特定国家、不同地域和不同民族的审美要求，达到雅俗共赏，可充分体现艺术美。总之，园林美是一种综合美的体现，具有综合美的特征。

三、园林艺术

（一）园林艺术的相关概念

园林艺术源远流长，在西亚园林的发源地古巴比伦王国，欧洲文明起源的古希腊，特别是被称为“世界园林之母”的中国，园林艺术都有着悠久的发展历史，形成了各自独特的园林艺术体系。园林艺术也随着社会经济的发展和历史的变迁而不断地发展。所谓园林艺术，就是一定的社会意识形态和审美理论在园林形式上的反映，是一门综合的艺术，是运用艺术规律，通过具体的构园要素而构成的空间艺术形象。

（二）园林艺术的特征

园林艺术与其他艺术的共同点在于，它能通过典型的形象反映现实，表达作者的思想感情和审美情趣，并以其特有的艺术魅力影响观赏者的情绪，陶冶人的情操；不同的是园林艺

术不像绘画、书法，只是一种单纯的艺术形象，它更是一种物质环境，是一种立体的、综合的艺术，因此园林艺术有其自身的特征。

1. 园林艺术是一种与功能相结合的艺术

在进行园林艺术创作的过程中，不但要注重艺术性的创造，同时也要考虑环境生态效益、社会效益和经济效益等多个方面，从而尽可能做到艺术性和功能性的高度统一。

2. 园林艺术是有生命的艺术

尽管构成园林的要素很多，但以植物造景为主已是世界园林界的共识，园林造景中常利用植物的形态、色彩、芳香、寓意为主题，利用植物的季相变化，以及植物由小长大的变化来展现岁月的痕迹，创造美妙的景观。而植物是有生命的，只有维持植物的生命，并使其正常生长，才能充分展现植物的景观美，并体现设计者的艺术构想。除了植物，鸟兽虫鱼等也是园林中的常客，有的还是园林的主题，如著名的花港观鱼公园、蝴蝶泉风景区以及动物园等。无论是植物还是动物都是有生命的，所以说园林艺术是有生命的艺术。

3. 园林艺术是与工程技术相结合的艺术

要满足园林的功能要求和景观营造，就要进行地形改造、建筑点缀、道路修筑及水电工程等设计、施工，而这无一不是工程技术的范畴，需要相关的工程技术知识，所以说园林艺术是一门工程技术艺术。

4. 园林艺术是与历史、文化紧密相连的艺术

要使园林蕴含意境，体现设计者的思想感情，达到较高的艺术水平，具有特定的园林意义，园林的营造就不能缺少历史、文化元素。只有在园林设计中充分挖掘和体现历史、文化要素，才能体现具体园林的特色及深度。现存于我国大量的纪念性园林，少不了历史、文化要素，如大唐芙蓉园中用佛手印雕塑来体现大唐文化。图1-4所示为展现大唐佛文化的雕塑“火焰印”。

图1-4　大唐芙蓉园中的“火焰印”

5. 园林艺术是一门生态艺术

从大的城市园林绿地系统规划布局到小的花园设计，乃至园林植物景观的配置，园林艺术的处理都离不开生态学的指导，如城市绿地规划中的点、线、面结合及布局，城市防护绿地的选择设计，某一具体绿地中植物的选择等，都要从植物的生物学、生态学特性出发，力求实现与规划设计地的气候环境条件相适应，从而达到创造和发挥绿地的最大生态效能。这些都要求设计者必须懂得生态学知识。

6. 园林艺术是融汇多种艺术于一体的综合艺术

园林是融文学、绘画、建筑、雕塑、书法、工艺美术等艺术于一身的综合艺术。它们在园林中都各自或相互结合起来发挥着各自特殊的艺术造景作用，如园林中的楹联、碑刻无不使书法文学艺术熠熠生辉，园林中的建筑融造型、绘画、书法等艺术于一身，在园林中发挥着极其重要的作用。

四、世界三大园林流派的艺术特点

一般认为，园林有伊斯兰园林、欧洲园林、东方园林（下文以中国园林为代表）三大流派。由于其发展历史和园林风格受到地域文化的影响，各自形成了不同的艺术特点。

（一）伊斯兰园林艺术特点

伊斯兰的造园起源于西亚的古代波斯，即古波斯所称的“天国乐园”，是一种受宗教影响很大的园林艺术形式，超越民族、人种、地域、国界，具有广泛的影响。它以阿拉伯半岛为中心，遍布亚非，波及欧洲，在全世界超过13亿伊斯兰教徒居住的地方，都可以看到这种特殊的艺术形式。这种造园的特点是用纵横轴线把平地分为四块，形成方形的“田字”，在十字林荫路交叉处设中心喷水池，中心水池的水通过十字水渠来灌溉周围的植株，如图1-5所示为伊斯兰园林。这样的布局是由于西亚的气候干燥，干旱与沙漠的环境使人们只能在自己的庭院里经营一小块绿洲。在波斯人的心目中，水和绿荫对于身处万顷黄沙中的他们显得特别珍贵，认为天堂（即后来基督教所说的伊甸园）就是一个大花园，里面有潺潺流水、绿树鲜花。在古代西亚的园林中，那个交叉处的中心喷水池就象征着天堂，后来水的作用又得到不断发挥，由单一的中心水池演变为各种明渠暗沟与喷泉，这种手法的运用后来深刻地影响了欧洲各国的园林艺术。不过，最初的西亚园林影响范围主要还是在叙利亚、两河流域、埃及以及后来的所有伊斯兰地区，从而形成了伊斯兰园林艺术流派。

图1-5 伊斯兰园林（泰姬陵）

（二）欧洲园林艺术特点

古希腊于公元前5世纪逐渐效仿波斯的造园艺术，后来发展成为四周为住宅围绕，中央为绿地，布局规则方正的柱廊园。随后，希腊的园林为古罗马所继承，古罗马人将其发展为大规模的山庄园林，不仅继承了以建筑为主体的规则式轴线布局，而且出现了整形修剪的树木与绿篱、几何形的花坛以及由整形常绿灌木形成的迷宫。文艺复兴时期，欧洲的园林出现新的飞跃，以往的蔬菜园及城堡里的小块绿地变成了大规模的别墅庄园，园内的一切都突出表现人工安排，布局规划方整端正，充分显示出人类征服自然的成就与豪情壮志。到法国路易十四称霸欧洲的时代，随着1661年凡尔赛宫的兴建，这种几何式的欧洲古典园林达到了辉煌的高峰，如图1-6所示为欧洲园林的代表——法国凡尔赛宫。在这一时期乃至随后的数百年内，欧洲大陆上从维也纳到柏林，从彼得堡到枫丹白露，到处都可见这些闪现着王家与皇室荣耀的灿烂光辉的园林。后来受东方园林的影响，欧洲园林中出现了以英国自然风致园与图画园为代表的偏向自然风物的园林，这种园林发展到现在，就成为当代美国新园林。

图1-6　欧洲园林（凡尔赛宫）

（三）中国园林艺术特点

中国是东方文明的发源地，五千年灿烂的历史文化铸就了极高的园林艺术，这在世界园林史上具有极高的地位。总结起来，中国园林具有以下特点。

1. 源于自然、高于自然

中国园林在造园的过程中，模仿自然、浓缩自然、提炼自然，遵从“天人合一”的哲学思想和造园理念。在具体园林的规划设计中因地制宜，加以人工改造和提炼，对原有地形、地貌进行艺术改造，并对自然界的河、湖、溪、泉、瀑进行高度概括，在植物配置方面以乔木为主，营造乔、灌、草结合的复层植物自然群落景观；遵从以小见大的造景理念，营造出“虽由人作，宛自天开”的艺术效果，达到“一峰则太华千寻，一勺则江湖万里”的造景意境。图1-7所示为典型的中国园林。

2. 建筑美与自然美的融合

中国园林讲究园林建筑和各种园林造景要素的有机结合，使之共同组成一幅绝妙的立体

图1-7　中国园林

画，建筑本身为景，同时也提高了其他景观的观赏价值。建筑基址的选择、外形构造、色彩等方面充分考虑到与周围环境的协调，在发挥建筑组景功能的同时，使园林建筑显得非常和谐。

3. 诗情画意

诗情主要体现在“造园如作诗文，必使曲折有法，前后呼应，最忌堆砌，最忌错杂，方称佳构”的造园理念中，道路不直、不平、不等宽，随环境自然而然，植物有密有疏、有高有低，整个园林空间，起结开合，具有节奏韵律，是凝固的音乐，无声的诗歌。画意表现在中国古典园林的造园理论与绘画理论相通（布山石、取峦向、分石脉；主峰最宜高耸、客山须是奔势；外师造化、中得心源），园林植物的配置在点、线、面等方面表现画意，在色彩上注重搭配，同时植物的组合讲究寓意，整个园林作品或园林的某个局部都是一幅精美的画作。

4. 意境的含蕴

意即为人的主观感情，境则为景观环境，而意境则是人们通过对客观存在的园林景观的赏鉴而产生的感受或深层次的遐想。中国园林之所以在世界园林中有极高的地位，就是因为园林意境的创造往往能激发出诗境，即只写山水之形的为“物境”；能借景生情的为“情景”；能托物言志的为“意境”，勾勒出画境，即绘画或绘画作品所表现的意境，从而表达造园者的思想感情。

五、现代园林艺术的发展趋势

随着城市化进程的不断加快，发达的传媒系统、便捷的交通，也促进了世界文化艺术的不断进步和广泛交流，人们的思想意识和审美观念也发生了根本的变化。物质追求和精神追求不断提高，园林艺术也得以同步发展。世界现代园林艺术发展的总趋势主要有以下几个方面。

（一）园林的范畴和范围在不断地扩大和发展

1983 年，我国园林学科带头人汪菊渊院士提出，园林学科的研究范围是随着社会生活

和科学技术的发展而不断扩大的，目前包括传统园林学、城市绿化和大地景观规划三个层次，城市绿化和大地景规划工作中也要应用传统园林学的基础知识。此后，我国风景名胜区不断增多，国务院又把创建园林城市、申报自然和文化历史遗产和保护城市生物多样性的工作划归建设部主管（由城建司园林绿化处和风景名胜处负责）。从某种意义上说，现代园林就是不断扩大的大园林，从园林单体到城市、市域，直到广袤的大地。

（二）园林的功能和内涵越来越丰富

园林早已不再是皇宫贵族和少数文人墨客的专享园，其功能和内涵越来越丰富，包括观赏、游景健身、文化科普、减灾避难、改善生态环境、保护城市生物多样性、保护自然和文化遗产、推动社会经济发展、协调建设活动与自然的关系、促进城市可持续发展等。园林已关系到每一个居民，同时渗透到各行业，覆盖全社会。

（三）园林艺术的世界交流和融合在快速发展

近几十年来的西方园林设计，包括各种现代环境设计思想，对中国园林的渗透、解构、变化所起的影响已远远超越了“借鉴”二字，它已深刻影响了中国当代园林设计的思想、观念、手法，甚至是评判的态度，虽然这种碰撞还远未达到互动交流的程度，更多的是以边缘向中心靠拢的方式呈现，但已带来了中国园林多元化的局面和进一步发展的良好基础。但另一方面，在园林设计中也存在不切实际、生搬硬套的做法，如所谓“欧陆风情”的大草坪、洋雕塑等。同时，中国传统园林也对现代园林艺术发展产生了巨大的影响。全球化给中国园林带来了前所未有的发展机遇，能结合传统与现代，融汇东方与西方，将当代中国园林的整体精神及空间，引申到人类普遍关心的意义和共享交流上。

（四）世界园林艺术正逐渐呈现出多元化及独特的观念与形式

以法国、德国、荷兰、西班牙和英国等国家为代表的欧洲当代景观设计师，一方面强调个性和地方风格，一方面积极融人全球化，倡导欧洲文化共享。他们从传统园林文化中吸取养料，从现代艺术形式中获得启发，在当代科学技术的引领下，将欧洲当代景观设计带入独树一帜的新境界。现代的西方园林更多地引入了新的理念和哲学思想，内容涵盖了造林、园艺和建筑等多方面学科。成功的园林作品应由造园师与建筑师共同设计，对园林的空间分布、植物配植是否合理等问题共同研究，最终使园林和建筑和谐，统一为一个整体。由于园林范围和内涵的扩大，以及上升到城市景观层面的“景观都市主义”的兴起，更使传统的园林艺术理念得到创新和发展。

小　结

本单元讲述了园林的相关概念、构成要素和基本类型；阐述了美的思想的特征及园林美的概念、基本特征、内容；探讨了园林艺术的相关概念和艺术特征；对世界三大园林体系的形成及其艺术特征进行了简要的介绍，并分析了现代园林艺术的发展趋势。

园林布局艺术

[知识目标]

(1) 了解园林布局的含义、特点及要遵循的原则。
(2) 掌握园林布局基本形式的特点及设计方法。
(3) 掌握园林静态空间的视距、视角规律及三远视景。
(4) 掌握园林动态空间景观序列的创作方法。
(5) 掌握园林相地与立意的方法。
(6) 掌握园林布局中各功能分区的确定方法。

[能力目标]

(1) 学会中小型园林绿地的立意及布局。
(2) 学会中小型园林绿地的功能分区。

任何园林，无论其性质如何、面积大小，都是由不同的园林景观组成的，而这些景观存在于具体的园林境域中，必然不是以单独的形式出现的，是由设计者把各景物按照一定的艺术和功能的要求，有机地组织起来，从而使其无论是在总体平面的分布上，还是在空间综合的形式上，都满足园林的需要。

项目一 园林总体布局

园林总体布局，就是根据待建园林的性质、主题、内容、规模、地形特点等，结合具体情况，进行总体的立意构思，对构成园林的各种重要因素进行综合的安排，确定它们的位置和相互之间的关系。例如园林的内容和艺术形式的选择，地形、水体的位置和大体轮廓的确定，不同功能用地的划分与衔接，活动区、安静区的布置，园林主景的位置、主要出入口和主次干道的安排等。布局时还必须综合考虑平面和立面之间的关系，使全园结构形成一个能够满足功能和景观要求的统一体。经过多个方案的比较，确定合适的布局方案，然后作深入的设计。总之，总体布局是否合宜、得体关系到建园的成败。

一、园林布局

（一）园林布局的含义

人们在游览园林时，最直接的要求就是欣赏各种风景，并从中得到美的享受。这些风景有自然的，如山、水、动植物；也有人工的，如亭、廊、榭等各种园林建筑。如何把这些自然景物与人工景观有机地结合，合理地布局，创造出一个既完整又开放的优美园林景观，这是设计者在设计中必须首先考虑的问题。在园林中把各种景物按照一定的艺术规则有机地组织起来，创造一个和谐完美的整体，这个过程称为园林布局。园林布局包括总体布局和空间布局两部分。

（二）园林布局的特点

1. 宏观性和整体性

园林布局是针对具体的园林设计区，在缜密的调查研究基础上，对园林景观的总体安排和处理。园林规划设计者必须站在宏观的角度，从园林的整体上来考虑和安排，否则，就会造成“一叶障目，不见泰山”的结果。

2. 功能性和艺术性

现代园林建设的发展越来越注重园林功能性的发挥。园林的功能性主要体现在生态功能、使用功能、社会功能三大方面，而具体功能的发挥直接与园林布局紧密相关。对于大型的园林，在布局规划设计中要从最大限度发挥其三大功能的观点出发，从园林规划布局类型的选择、绿地形式的选择和安排、功能区的划分等多方面综合考虑。一座园林若要有长久的生命力，就要在满足功能性的基础上，尽可能地提升其艺术性，如苏州园林正是由于其高超的艺术性，得以在中外园林中具有很高的地位，但由于其功能性的欠缺，又极大地限制了作为公共园林绿地而发挥作用。所以，在现代园林布局中，应将功能性和艺术性综合考虑，从而得到全面提升。

3. 经济性和可行性

园林的布局及园林景物的选择安排直接影响着园林的最终造价，园林的建设也必然受到当地经济条件的限制和影响。因此，园林布局就必须考虑经济因素。同时，园林布局也受到设计区及其周边环境条件的影响，所以，好的园林布局也必然是可具体实施的。

（三）园林布局的原则

1. 园林布局的综合性与统一性

（1）园林的功能决定其布局的综合性　园林的形式是由园林的内容决定的。园林的功能是为人们创造一个优美的休息、娱乐场所，同时在改善生态环境上起到重要的作用。但如果只从这一方面考虑其布局的方法，而不从经济与艺术方面进行考虑，那么，这种功能也是不能实现的。园林设计必须以经济条件为基础，以园林艺术、园林美学原理为依据，以园林的使用功能为目的。只考虑功能，没有经济条件作保证，再好的设计也是无法实现的。同样，在设计中只考虑经济条件，脱离其实用功能，这种园林也不会为人们所接受。因此，经济、艺术和功能这三方面的条件必须综合考虑，把园林的环境保护、文化娱乐等功能与园林的经济要求，以及艺术要求作为一个整体加以综合解决。

（2）园林构成要素的布局具有统一性　园林构图的素材主要包括地形、地貌、水体和动植物等自然景观及其建筑、构筑物和广场等人文景观。这些要素中，植物是园林的主体，

地形、地貌是植物生长的载体，这二者在园林中以自然形式存在。建筑在园林中是人们从使用功能出发创造的人文景观，这些景观必须与天然的山水、植物有机地结合起来，并融合于自然中，才能实现其功能要求。

以上的要素在布局中必须统一考虑，不能分割开来。地形、地貌经过利用和改造可以丰富园林的景观；而建筑、道路是实现园林功能的重要组成部分；植物将生命赋予自然，将绿色赋予大地，没有植物就不能成为园林；没有丰富的、富于变化的地形、地貌和水体，就不能满足园林的艺术要求。好的园林布局是将以上元素统一起来，既有分工又有结合。

(3) 起开结合，多样统一　我国的传统园林布局中使用“起开结合”四个字来实现多样统一。关于“起开结合”，清代的沈宗骞在《芥舟学画编》中指出：布局“全在于势，势者，往来顺逆之间，则开合之所寓也……行笔布局，一刻不得离开合”。这里就要求在园林布局时，必须考虑曲折、变化无穷，在一开一合之中，一面展开景物，一面考虑如何收拾。

对于园林中多样变化的景物，必须有一定的格局，否则会杂乱无章。既要使景物多样化，有曲折变化，又要使这些曲折变化有条有理，使多样的景物各有风趣，能互相联系，形成统一和谐的整体，这就是统一性。园林布局要求一切变化是在园林整体和统一的基调范围内进行。

2. 因地制宜，巧于因借

园林布局除了从内容出发，还要结合当地的自然条件。我国明代著名的造园家计成在《园冶》中提出园林“巧于因借”的观点，他在《园冶》中指出：“因者：随基势高下，体形之端正……”，“因”就是因势，“借者：园虽别内外，得景则无拘远近”，“园地惟山林最胜，有高有凹，有曲有深，有峻而悬，有平而坦，自成天然之趣，不烦人事之工”，“人奥疏源，就低蓄水”，“高方欲就亭台，低凹可开池沼”。这种观点实际就是充分利用当地自然条件，因地制宜的最好典范。

(1) 地形、地貌和水体　在园林中，地形、地貌和水体占有很大比例。地形可以分为平地、丘陵地、山地、凹地等。在建园时，应该最大限度地利用自然条件，对于低凹地区，应以布局水景为主；而在丘陵地区，布局应以山景为主，并结合其地形地貌的特点来决定，不能只从设计者的想象来决定。例如北京陶然亭公园，在新中国成立前为北京南城有名的臭水坑，新中国成立后，政府为了改善该地区的环境条件，采用挖湖蓄水的方法，把挖出的土方在北部堆积成山，在湖内布置水景，为人们提供一个水上活动场所。这样不仅改造了环境，同时也创造出一个景观秀丽、环境优美的园林景点。如果不是采用这种方法，而是从远处运土把坑填平，虽可以达到整治环境的目的，但不会有今天这样景观丰富的园林。

在工程建设方面应就地取材，同时考虑经济技术方面的条件。园林在布局的内容与规模上，不能脱离现有的经济条件，在选材上要以就地取材为主。例如假山置石在园林中的确具有较高的景观效果，但不能一味追求其效果而不管经济条件是否允许，否则必然造成很大的经济损失。宋徽宗在汴京所造艮岳就是一例。据史料记载，宋徽宗为建万岁山，“于太湖取石，高广数丈，载以大舟，挽以千夫，凿河断桥，毁堰拆墙，数月乃至”，最终造成人力、物力和财力的巨大耗费。

建园所用材料的不同，会对园林构图产生一定的作用，这是相对的，而非绝对的。太湖石可谓置石中的上品，但不是所有的置石都必须用它，如北京北海静心斋的假山所用石材为北京房山所产，广州园林的假山为当地所产的黄德石等，均属就地取材的成功范例。

（2）植物及气候条件　园林植物是园林造景的主体，中国横跨六个气候带，从东南到西北湿度变化梯度明显，园林布局受气候条件的影响很大。我国南方气候炎热，在树种选择上应以遮阳的常绿树种为主；而北方地区，夏季炎热，需要遮阴，冬季寒冷，需要阳光，在树种选择上就应考虑以落叶树种为主。

在植物选择上还必须结合当地气候条件，以乡土树种为主。如果只从景观上考虑，大量种植引进的树种，而不顾其是否能适应当地的气候条件，其结果必然是以失败而告终。

另外，植物对当地条件的适应性必须考虑，特别是应考虑植物的阳性和阴性，抗干旱性与耐水湿性等，如果把喜水湿的树种种在山坡上，或把阳性树种种在庇荫环境内，树木就不能正常生长，也就达不到预期的目的。因此，园林布局的艺术效果必须建立在适地适树的基础之上。

二、园林总体布局的基本形式

古今中外的园林，尽管内容丰富，形式多样，风格各异，但就其布局形式而言，不外乎分为规则式、自然式和混合式，另外还包括新出现的抽象式。

（一）规则式园林

规则式园林又称为整形式园林、几何式园林、建筑式园林，整个平面布局、立体造型以及建筑、广场、街道、水面、花草树木等都要求严整对称。在18世纪英国风景园林产生之前，西方园林主要以规则式为主，其中以文艺复兴时期意大利台地园和19世纪法国勒诺特平面几何图案式园林为代表。在中国，规则式园林虽不是主要类型，但也存在不少，规则式布局主要运用在纪念性园林中，如南京中山陵、北京天坛等，如图2-1所示。

图2-1　北京天坛公园

1. 规则式园林的特征

规则式园林给人以庄严、雄伟、整齐之感，一般用于气氛较严肃的纪念性园林或有对称轴的建筑庭院中。规则式园林有以下主要特征：

（1）中轴线　在平面规划上，整个园林具有明显的中轴线，并且大体上以中轴线的左

右或前后对称，或拟对称布置，园林中地块的划分大都呈几何形，如图2-2所示。

图2-2　欧洲规则式园林

（2）地形　规则式园林，一般地形平坦，或由不同高程的水平面及缓倾斜的平面组成。在山地及丘陵地段，为满足规则对称的需要，则人为地将山地改造成由阶梯式大小不同的水平台地组成的地形形式，其剖面均为直线组成，如图2-3所示。

（3）水体　一旦园林总体布局为规则式，则水体一般选择规则式的水池、喷泉。具体处理时，要求水池的外形轮廓均为几何形（主要是圆形和长方形），驳岸整形、垂直；水池又常与喷泉相结合，或水池、喷泉、雕塑三者结合，如图2-4所示。

图2-3　意大利台地园

（4）园路和广场　规则式园林中的道路为直线或有规律可循的曲线，道路分级明确，且各级道路的宽窄在同一级别保持一致，路面平坦或坡度均匀，成为园林布局和景区划分的轴线。广场多为规则的几何形，通过道路系统形成主轴线、副轴线。大的广场位于主轴线上，各级小的广场分布于副轴线上，主次分明。广场与街道构成方格形式、环状放射形、中轴对称或不对称的几何布局。

（5）建筑　园林建筑群根据全园各级轴线布局成对称形式，单体建筑本身遵循中轴对称设计，多以主体建筑群和次要建筑群形成与广场、街道相组合的主轴、副轴系统，形成控制全园的总格局。

（6）植物种植设计　配合中轴对称的总格局，全园树木配置以对植、列植、篱植为主，树木的修剪、整形多模拟建筑形体、动物造型，园内常运用大量的绿篱、绿墙和丛林划分和

图 2-4　凡尔赛宫中的水景和雕塑结合

组织空间，以配合建筑，并增强规整气氛。花卉布置主要以图案为内容的花坛和花带，有时布置成大规模的花坛群，如图 2-5 所示。

图 2-5　凡尔赛宫苑的花坛

（7）园林小品　规则式园林中的园林小品以雕塑、园灯、栏杆等为主。西方园林的雕塑主要以人体雕像布置于室外为主，并且雕像多配置于轴线的起点、交点或终点。雕塑常成为喷泉、水池构成的水体的主景。中国园林中小品类型较多，但总体上以人物雕塑、纪念碑为主，现代园林更注重主题雕塑、园林小景的装饰，小型的灯饰、栏杆花样繁多，色彩

鲜艳。

2. 规则式园林的设计手法

规则式园林的设计手法是轴线法。任何设计方法无非是园林构成要素的组合形式。轴线法是规则式园林的实质。由于强烈、明显的轴线结构，规则式园林将产生庄重、开敞、明确的景观感觉。轴线法的一般创作特点是：首先，由纵横两条相互垂直的直线组成控制全园布局构图的“十字架”，然后，由两主轴线再派生出若干次要的轴线，或互相垂直或呈放射状分布，一般组成左右对称或左右对称结合上下对称的、图案性十分强烈的布局特征。轴线法创作产生的规则式园林最适宜于大型的、气氛庄严的帝王宫苑、纪念性园林、广场园林等，如法国巴黎凡尔赛宫、意大利台地园、英国伦敦汉普顿宫、中国的故宫、印度的泰姬陵等均为规则式园林设计的精品。

以故宫为例，整个园林的布局就是个秩序严整、脉络分明、主次有序的方格，主轴线由天安门为起点，到御花园为终点，主要建筑以轴线而建，尽显皇家气派，如图 2-6 所示。再如北京二里沟休息绿地，也是以轴线法布局，如图 2-7 所示。

图 2-6　故宫鸟瞰图

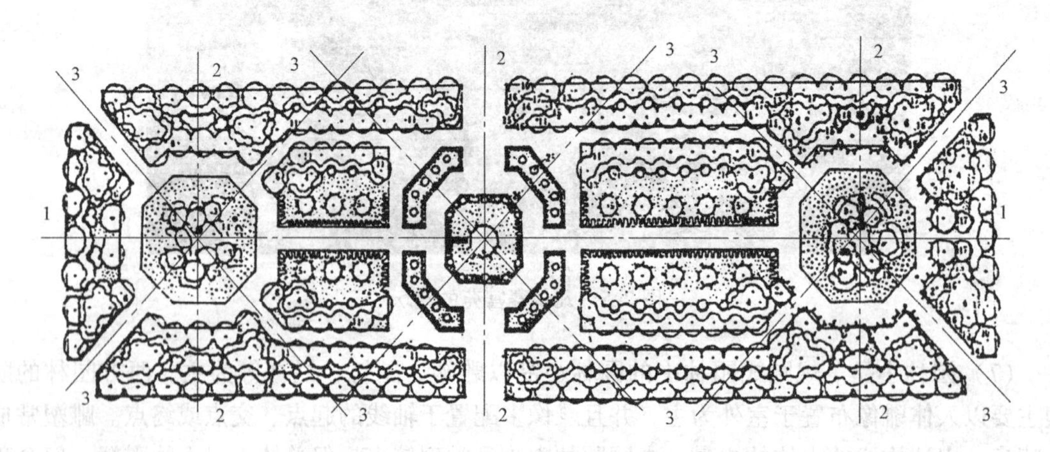

图 2-7　北京二里沟休息绿地轴线分析

(二)自然式园林

自然式园林又称为风景式园林、不规则式园林、山水派园林。自然式园林又以中国园林为代表。从周朝开始，中国园林经过历代的发展，不论是皇家宫苑还是私家宅园，都以自然山水园林为源流。发展到清代，保留至今的皇家园林，如颐和园、承德避暑山庄，南方私家园林，如苏州的拙政园、网师园等，都是自然山水园林的代表作品。中国园林从6世纪传入日本，18世纪后传入英国。自然式园林以模仿再现自然为主，不追求对称的平面布局，立体造型及园林要素的布置均较自然和自由，相互关系较为隐蔽含蓄。这种形式较能适于有山有水、有地形起伏的环境，以含蓄、幽雅、意境深远见长。例如西安世界园艺博览会，就是因地制宜地借助浐河、灞河的自然水系及地形，布局成自然式。图2-8所示为西安世界园艺博览会总体布局图。

图2-8 西安世界园艺博览会总体布局图

1. 自然式园林的特征

(1)地形　自然式园林的创作讲究“相地合宜，构园得体”。地形的主要处理手法是“高方欲就亭台，低凹可开池沼”的“得景随形”。自然式园林最主要的地形特征是“自成天然之趣，不烦人工之事”，所以，在园林中，要求再现自然界的山水地貌景观。一般情况下，有三种改造设计方法：一种是在原有的山水地貌基础上进行适当的人工改造，形成更符合园林总体景观要求的山水地貌形式，如北京颐和园的地形改造；第二是在原有平地上，通过挖湖堆山的方式人工建造山水地貌，如大唐芙蓉园的地貌设计改造；第三就是在平坦或有较小地形变化的区域，可顺其自然保持平地地形，不加改造，只是整个园林景观的布置为自然式的，也可以使地形自然起伏，展现自然起伏美。

(2)水体　自然式园林水体艺术处理的要求是尽可能地展现其存在的自然性和合理性，并讲究“疏源之去由，察水之来历”，园林水景的主要类型有自然的水池、瀑布、跌水、潭、溪、湖、沼、涧、洲、渚、港、湾等。总之，水体要再现自然界的水景。水体的轮廓为自然曲折，水岸为自然曲线的倾斜坡度，驳岸主要用自然山石驳岸、石矶等形式。在建筑附近或根据造景需要，部分驳岸也可用条石砌成直线或折线。

(3)园路与广场　建筑前的广场为规则式，而园林中的空旷地和广场的外形轮廓为自然式。园路总体布局和走向、布列多随地形的变化而变化，其平面和剖面多由自然起伏曲折

的平面线和竖曲线组成。园路多呈无规律可循的曲线，同一条园路可随地形及造景要求宽窄变化，路面随地形起伏，园路铺装材料就地取材，铺装方式力求自然，服务于自然式园林的总体要求。

（4）建筑　园林建筑群或大规模的建筑组群总体布局多为不对称均衡的布局，单体建筑多为对称或不对称的均衡布局。全园不以轴线控制，但局部仍有轴线处理。中国自然式园林中的建筑类型有亭、廊、榭、坊、楼、阁、轩、馆、台、塔、厅、堂、桥等。

（5）植物种植设计　自然式园林的种植要求反映自然界植物群落之美，不成行成列栽植。树木一般不进行造型修剪，惯用的植物配植形式是孤植、丛植、群植、林植。花卉的布置以花镜为主，或使花卉在绿地中自然点缀，草坪中花卉则以自然的野花组合形式展现，如用花台造景，多采用花、灌、草、石结合的、富有意蕴的自然组合形式。

（6）园林小品　自然式园林中，园林小品的类型与规则式园林中的没有什么不同，一般也包括花架、栏杆、雕塑、椅凳等，其主要区别在于这些小品更自然地存在于园林空间中。小品的位置多选择在视线集中的焦点上，而花架、栏杆类小品应就地取材，造型设计应和谐地与自然园林的基调相符合，如雕像的基座多为自然式，园林椅凳、栏杆、标识牌的形状和色彩多为木、石或仿木、仿石等，如图 2-9 所示。

a)

b)

图 2-9　园林小品

a）石材小品　b）木质小品

2. 自然式园林的设计手法

自然式园林的设计方法是山水法。以中国古典园林为代表的自然山水园林就是山水法设计的典范，日本及亚洲其他国家也普遍运用，英国等欧洲国家受中国的影响，17 世纪以后也多有采用。

山水法是把自然景色和人工造园艺术巧妙地结合，达到“虽由人作，宛自天开”的效果。其最为突出的园林艺术形象就是以山体、水系为全园的骨架，模仿自然界的景观特征，创造第二个自然环境。山水法造园的具体途径有以下几个：

一是“挖湖堆山”。一般园林建设用地地势有高有低，那么就可以“高方欲就亭台，低

凹可开池沼”。即使建设用地地形平坦，也可采用“挖湖堆山”的方法来营建山水地形的骨架，形成自然式园林。

二是“巧于因借”。因借，“借”者，“园虽别内外，得景则无拘远近”，“晴峦耸秀，绀宇凌空，极目所至，俗则屏之，嘉则收之，不分町疃，尽为烟景”。《园冶》的这段话有两层意思：一是借景不分园内园外；二是但凡人眼能够看到的景物，好的都要收进园林中来，以丰富园林中的景观。

三是“精于体宜”。所谓“体宜”，就是构园得体、布局合理。山水法造园是根据不同的“基势”、“体形”而做到“得景随形”。山水不可分割，在山水间架确定后，全园的构成要素要统一协调、全面布局。中国三大皇家园林（颐和园、圆明园、避暑山庄）都是山水法创作的自然式园林。由于设计者“相地”和“构园”做到了“合宜”且“得体”，使得它们不仅在面积、规模等方面成为中国古典园林之最，而且在园林技术发展史上，也以精湛的布局技巧独占鳌头、别具一格。

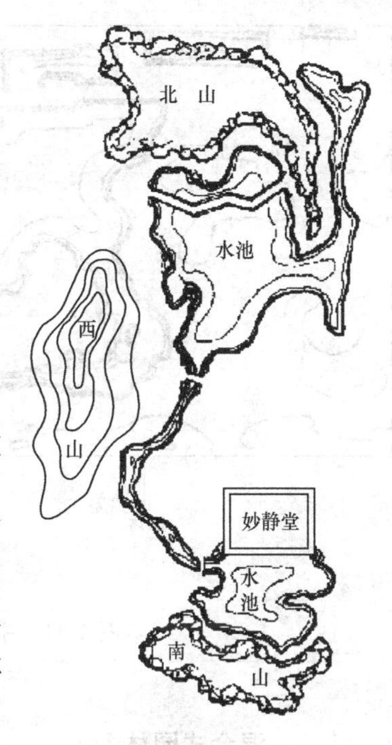

图 2-10　南京瞻园一池带三山示意图

中国现存的皇家园林如颐和园、承德避暑山庄，以及江南私家园林如著名的拙政园、网师园、狮子林、沧浪亭、南京的瞻园等，均是采用山水法布局，图 2-10 所示为南京瞻园一池带三山示意图。现代园林中的综合型园林及新开发的自然风景区，仿古园林也多有应用，如图 2-11 所示为位于北京的中国国际贸易中心庭院自然山水分析图。

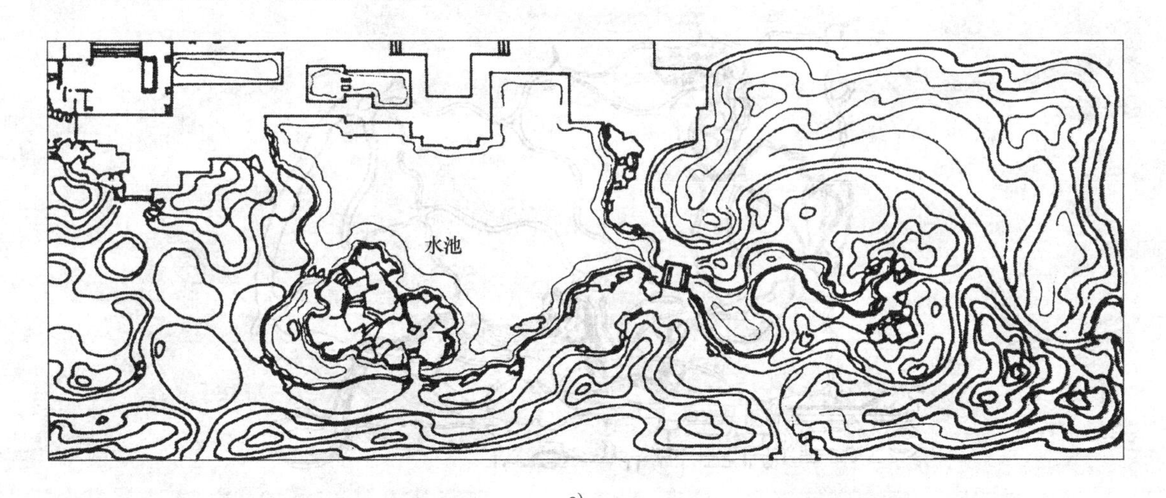

a)

图 2-11　中国国际贸易中心庭院自然山水分析图
a）庭院山水骨架设计方案

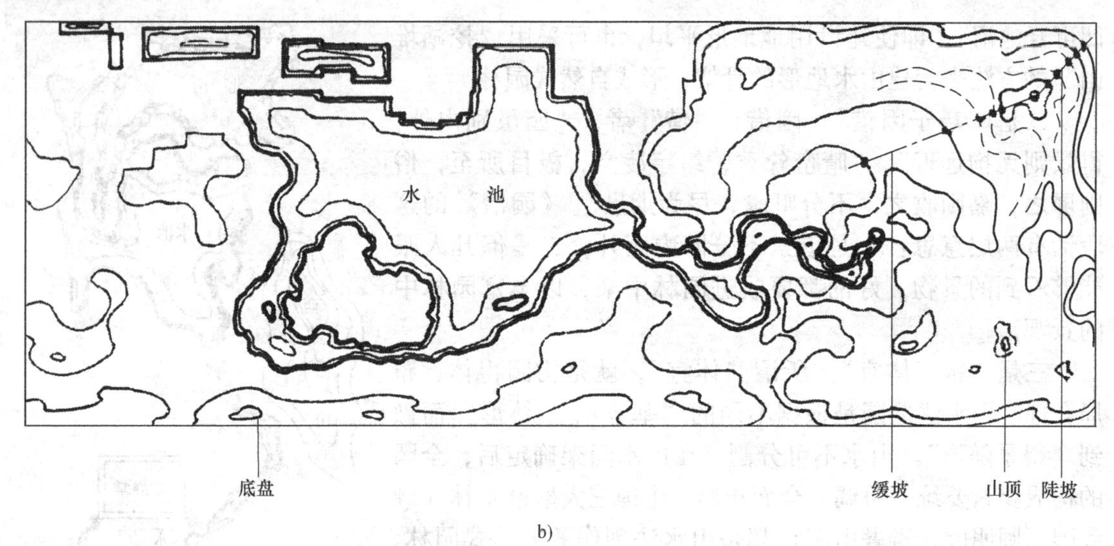

b)

图 2-11 中国国际贸易中心庭院自然山水分析图（续）

b）庭院山体设计分析

（三）混合式园林

混合式园林主要是指规则式、自然式园林交错组合，全园没有或形不成控制全园的主中轴线和副轴线，只有局部景区、建筑以中轴对称布局，或全园没有明显的自然山水骨架，形不成自然格局。一般情况，混合式园林多结合地形，在地形平坦处，根据总体规划的需要安排规则式的布局，在地形条件较复杂、起伏不平的丘陵、山谷、洼地，结合地形规划成自然式。混合式园林如图 2-12 所示。

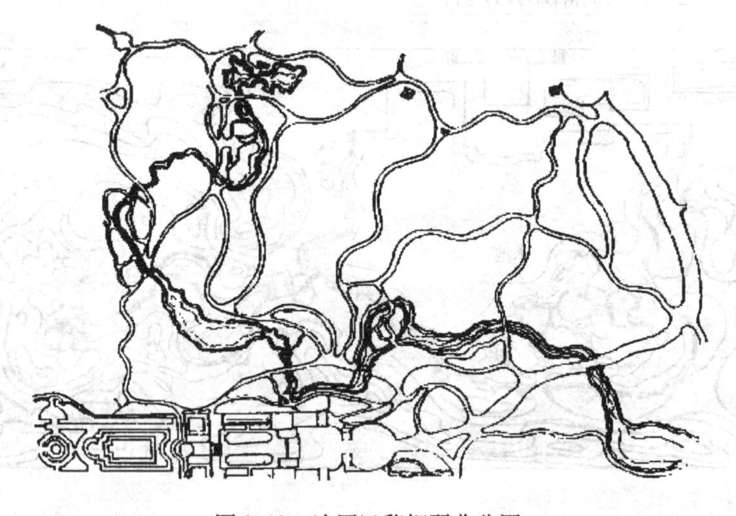

图 2-12 法国巴黎钢琴曲公园

混合式园林在创作时运用综合法，是介于绝对轴线对称法和自然山水法之间的一种园林设计方法，因而兼容了自然式和规则式的特点。从整体布局来看，一般有两种情形：一是将一个园林分成两大部分，即一部分为自然式布局，而另一部分为规则式布局；二是将一个园

林分成若干区，某些区域采用自然式布局，而另一些区域采用规则式布局。它们都是在自然式和规则式的基础上发展出来的，可以看作布局格式按照统一和变化的规律灵活运用的结果。在混合式园林中，常常把园林构成要素中某些要素表现为自然式，另一些要素表现为规则式，例如园林道路布局中，主园路为规则式布置，穿插小道为自然式布置；植物布置中，外围种植采用规则式的行列式栽植，内部采用丛植等自然栽植；建筑布局中，主体建筑采用规则式布置，小建筑和单体建筑采用自然式布置。这种形式的混合式园林，不受用地面积限制，可大可小，比较自由，较多运用于小型园林设计中。而在大型园林设计中，将一个园林分为若干区，再分别采用自然式区域和规则式区域组成园林，是一种广义上的混合式园林，在它的不同区域中，明显地体现出自然式和规则式的特点，使整个园林体现为混合式。这种园林空间的形式，在应用中应注意不同特点的区域之间的过渡与联系，以使整个环境融为一体，避免突然变化。在设计中可以通过设置过渡空间或某些园林要素、园林景点的呼应关系来产生过渡与联系。

例如上海广中公园，东北部采用中轴对称的规则形式，而西南部则采用自然式。从东入口到西部管理处，约250m长的轴线贯穿到底，然后以一条次轴线垂直于该主轴线，往南逐步转变为由自然曲线的道路、土山、水池构成的自然式的园林空间，如图2-13所示。

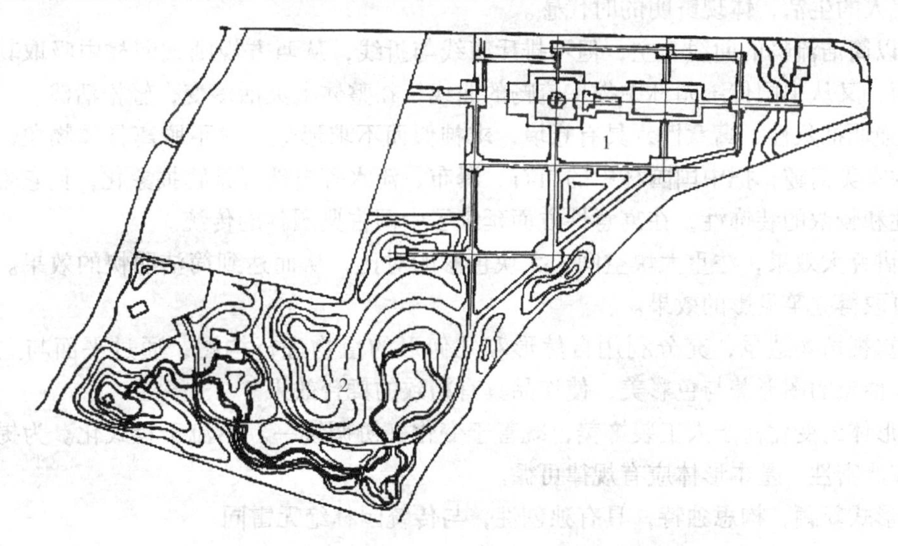

图2-13　上海广中公园局部轴线及局部山水

1—中轴对称的规则式部分　2—自然山水、自由曲线道路组成的自然式部分

（四）抽象式园林

随着园林事业的不断发展，园林形式的发展与演变在不断地进行着，特别是大园林理念下的景观都市主义越来越被认可。园林艺术在快速发展，新的园林形式也在出现，特别是以植物造景为主，追求自然、回归自然的要求，使园林的总体布局和设计也随着时代的发展而变化着。

十几年前在深圳，出现了抽象式园林，如图2-14所示。所谓抽象式园林，即从许多具体事物中舍弃个别非本质属性，抽取共同本质属性，将物体造型简化、概括，提炼成极为简练的形式，或成为具有象征意义的符号。

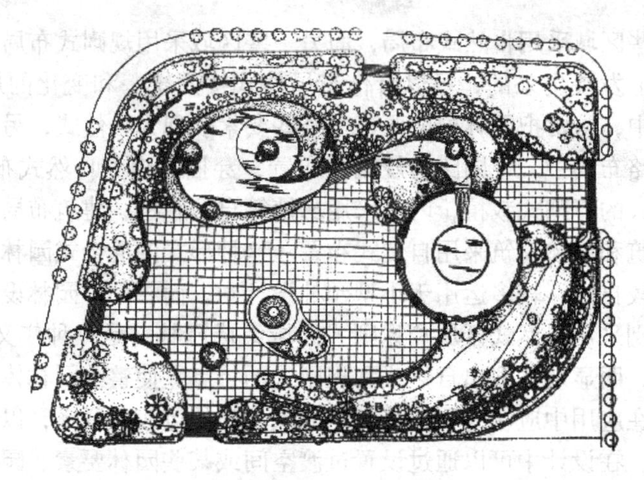

图 2-14　深圳南国花园平面图

抽象式园林力求做到：

1）强调开放性与外向性，与城市景观相互协调并融为一体，便于公众游览，使形式适合于现代人的生活，体现鲜明的时代感。

2）以简洁流畅的曲线为主，但不排斥直线与折线，从西方规则式园林中吸取其简洁明快的画面，又从中国传统园林中提炼流畅的曲线，在整体上灵活多变，轻松活泼。

3）强调抽象性、寓意性，具有意境，求神似而不求形似。它不脱离具体物象，也不脱离群众的审美情趣，把中国园林中的山石、瀑布、流水等自然界景物抽象化，使它带有较强的规律性和较浓的装饰性，在寓意性方面延续了中国古典园林的传统。

4）讲究大效果，注重大块空间、大块色彩的对比，从而达到简洁明快的效果。施工完毕后即可取得立竿见影的效果。

5）重视植物造景，充分利用自然形和几何形的植物进行构图，通过平面与立面的变化，形成抽象的图形美与色彩美，使作品具有精致的舞台效果。

6）形体的变化富于人工装饰美，既善于变化又协调统一。不流于程式化。为提高施工的精度和严密性，基本形体应有规律可循。

7）形式新颖，构思独特，具有独创性，与传统园林绝无雷同。

三、园林总体布局形式确定的方法

（一）根据园林的性质确定园林的布局形式

不同性质的园林，其园林功能和意境、表现主题就不同，规划设计者在规划中应选择合理的布局形式，力求最大限度地体现和深化园林的主题和性质。例如纪念性园林、植物园、动物园、儿童公园等，由于各自性质的不同，决定了各自与其性质相对应的园林形式。比如以纪念历史上某一重大历史事件中的革命英雄、革命烈士为主题的烈士陵园，建造园林的目的主要就是缅怀先烈，弘扬革命功绩，激励后人发扬革命传统，起到爱国主义思想教育的作用。因此，这类园林的布局形式多采用中轴对称、规则严整和逐步升高的地形处理，从而激发出雄伟崇高、庄严肃穆的气氛，如著名的中国广州起义烈士陵园、南京雨花台烈士陵园、长沙烈士陵园、德国柏林的苏军烈士陵园、意大利的都灵战争牺牲者纪念碑园等。动植物园

主要属于生物科学的展示范畴，其主要目的是要求公园给游人以动植物知识，同时兼有科学研究、休闲娱乐的作用。这类园林在规划形式上，要求自然、活泼，创造寓教于游的环境，通过对地形的改造和功能区的划分，满足动植物生长的需要，因此，其多规划为自然式。儿童公园的性质是满足少年儿童的游戏、学习的要求，景观的规划要符合儿童好奇的心理需求，更要求形式新颖、活泼，色彩鲜艳、明朗，公园的景色、设施与儿童天真、活泼的性格相协调，具体的园林规划形式可灵活多样。总之，园林的规划形式应服从于园林的性质、内容，体现园林的特性，表达园林的主题。

（二）根据不同的文化传统确定园林的布局形式

由于各民族、国家之间的文化、艺术传统的差异，决定了其园林形式的不同。中国由于传统文化形成的“天人合一”，追求人与自然和谐的文化传统，形成了自然山水园的自然式规划形式。而多山的意大利，由于其传统文化和本民族固有的艺术水准和造园风格，即使是自然山地条件，意大利的园林还是采用规则式布局。

（三）根据不同的意识形态确定园林的布局形式

西方流传着许多希腊神话，神话是把人神化，描写的神实际上还是人。结合西方雕塑艺术，西方园林把许多神像规划在园林空间中，而且多数放置在轴线上或轴线的交叉中心。而中国园林受传统道教的影响，对于传说中的神仙，其神像一般都供奉在园林中的殿堂之内，而不展示在园林空间中。上述事实说明不同的意识形态对园林形式的影响不同。

（四）根据不同的环境条件确定园林的布局形式

由于地形、水体、土壤气候的变化，环境的差异，园林规划实施中很难做到绝对的规则式或绝对的自然式，往往对建筑群附近及要求较高的园林种植类型采用规则式布置，而在远离建筑群的区域，自然式布局则较为经济和美观，如北京中山公园。在规划中应因地制宜，如果原有地形为平地或缓坡，或设计区域面积较小，周边环境或影响园林的因素规整，则应规划设计为规则式；如果设计区域地形起伏不平或本身就是山地、丘陵，或水面和自然树木较多，面积较大，则应规划成自然式。城市中的林荫道、建筑广场、街心公园等多以规则式为主；大型居住区、工厂、体育馆、大型建筑物四周的绿地则以混合式为宜；而森林公园、自然保护区、植物园等则多以自然式为主。

以上各种影响园林布局类型选择的条件和因素，在园林规划设计中需综合考虑，要有主有次，既要尊重原有地形地貌，又要考虑园林的性质和功能，还要考虑园林民族文化特色。但每一个具体的设计区域，侧重点不尽相同，需要园林艺术设计者根据具体情况具体分析，选择最佳的布局形式。

★ 实例分析

颐和园总体布局分析。

颐和园集传统造园艺术之大成，借景周围的山水环境，韵含中国皇家园林的恢弘气势，又充满自然之趣，高度体现了“虽由人作，宛自天开”的造园准则。万寿山、昆明湖构成其基本框架，水面约占颐和园的3/4，园中有点景建筑物百余座、大小院落二十余处。其中佛香阁、长廊、石舫、苏州街、十七孔桥、谐趣园、大戏台等都已成为家喻户晓的代表性建筑。园中景点大致分为三个区域：

宫廷区：以庄重威严的仁寿殿为代表的宫廷区，包括勤政殿、二宫门两进院落，总体布

局呈规则式。

前山前湖区：该区是颐和园的主体。前山的中轴线上，金碧辉煌的佛香阁、排云殿建筑群起自湖岸边的云辉玉宇牌楼，经排云门、二宫门、排云殿、德辉殿、佛香阁，终至山巅的智慧海，重廊复殿，层叠上升，贯穿青琐，气势磅礴。巍峨高耸的佛香阁八面三层，踞山面湖，统领全园。前湖中布列一条长堤，三个大岛，三个小岛。长堤“西堤”及其支堤将前湖划分为里湖、外湖、西北水域等三个面积不等的水域。蜿蜒曲折的西堤犹如一条翠绿的飘带，堤上六桥，婀娜多姿，形态互异。整个前山前湖区呈规则式与自然式的混合形式。

后湖后山区：“后山”主要为万寿山的北坡，“后湖”指后山与北宫墙之间的水道，也称为“后溪河”。后山山势较前山稍缓，南北最大进深约280m，有两条山涧——东桃花沟和西桃花沟。后溪河自西端的半壁桥至东端的谐趣园，全长一千余米，建有“买卖街”，总体呈自然式布局，如图2-15所示。

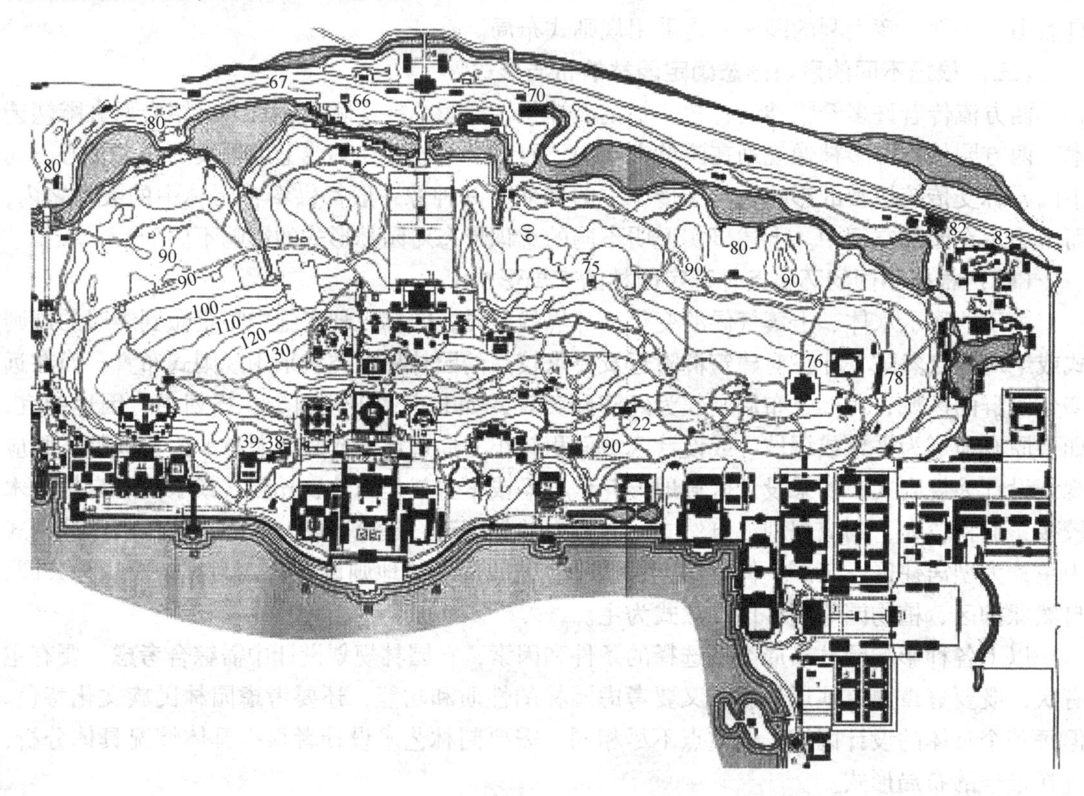

图2-15　颐和园总体布局图

★ 实训

一、实训题目

根据给出的图样进行总体布局及布局形式特点的分析，如图2-16所示。

二、实训目的

了解园林总体布局的重要意义，学会园林总体布局的分析方法，掌握总体布局图的绘制。

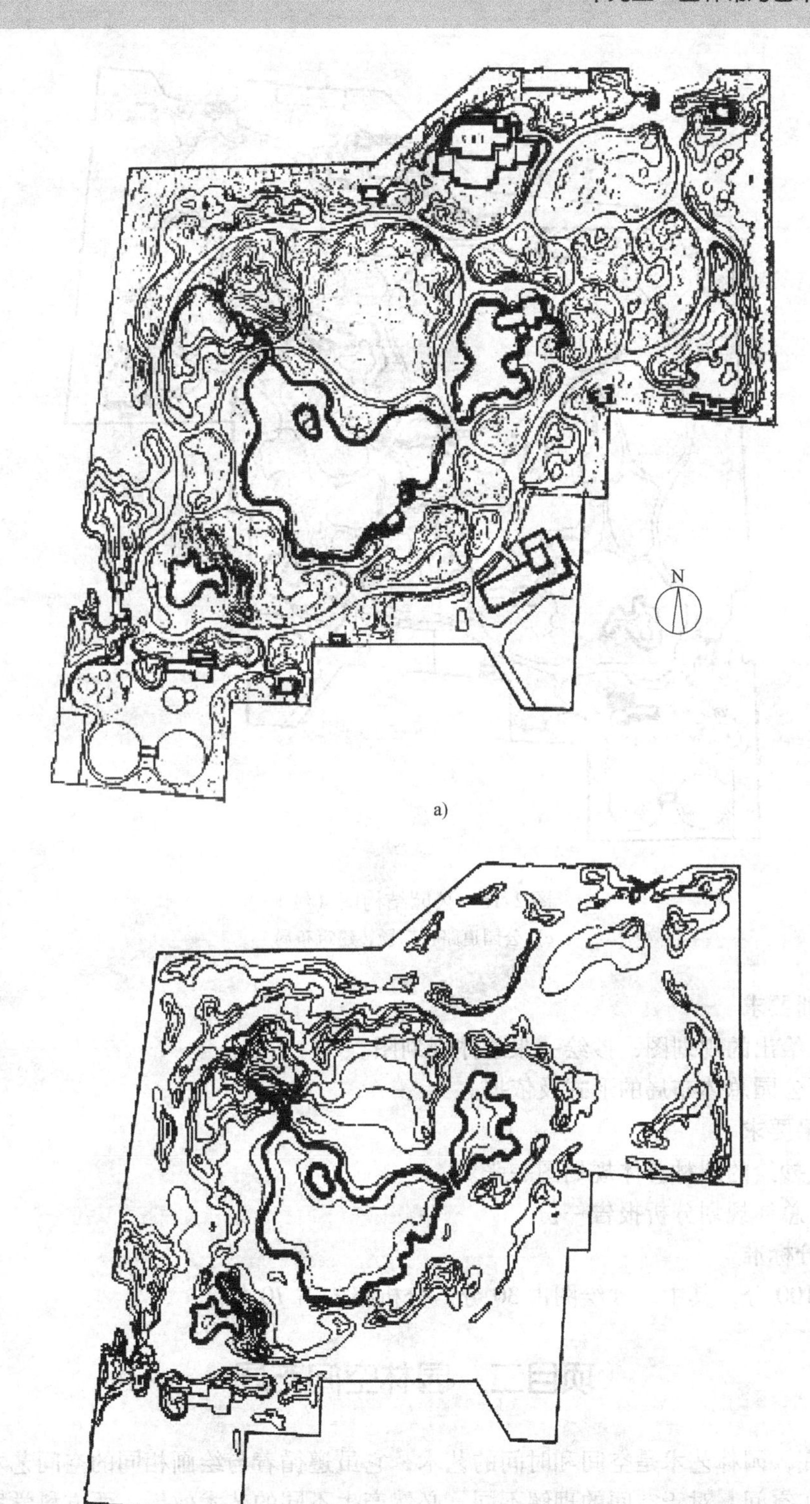

图 2-16　公园结构图

a）公园总体设计平面　b）公园山体水系结构

c)

图2-16　公园结构图（续）
c）公园道路、广场、建筑布局

三、实训要求

1）根据给出的规划图，抄绘一张总体规划图。

2）分析公园总体布局的形式及依据。

四、成果要求

1）完成抄绘的园林总体规划图一张。

2）写出总体规划分析报告一份。

五、评分标准

满分为100分，其中，抄绘图占30分，分析报告占70分。

项目二　园林空间布局

归根结底，园林艺术是空间和时间的艺术，它虽遵循着与绘画相同的空间艺术原理，但更是一种真实空间。对于空间的理解不同，必然产生不同的艺术效果。西方科学家把空间理解为一个三向量的盒子，从外面看是个实体，从内部看是个空间，可以用代数、几何学及物理学等进行求证。东方对空间的理解主要受宗教思想的影响，对空间是用心灵去感受的，把空间理解为虚无的，既无形又无量的概念，是不可捉摸的。对空间理解的不同，造就了东西方园林在空间布局上的巨大差异。

园林空间艺术布局是在园林艺术理论的指导下，在园林总体布局的基础上对所有空间进行巧妙、合理、协调、系统安排的艺术，目的在于给游人创造或设定一个欣赏美景的景观点和景观空间序列，使整个园林构成一个既完整又开放的美好境界，达到引人入胜、流连忘返的效果。而布局的关键在于设计蓝图，规划布置，通常从静态、动态两方面进行空间艺术布局。

一、园林静态空间布局艺术

静态空间艺术是指相对固定空间范围内的内外审美感受，也可称为静态风景，主要是为游人创造在相对固定的空间中的赏景感受，其观赏的位置和效果之间有着内在的影响。

（一）园林静态空间的类型

园林空间根据境界物的不同分为不同种类，主要有以地形为主构成的空间，以植物（主要是乔木）为主构成的空间，以及以园林建筑为主构成的空间（庭院空间）和三者配合共同构成的空间这四类。

1. 以地形为主构成的空间

（1）地形能影响人们对空间范围和气氛的感受　平坦、起伏平缓的地形在视觉上缺乏空间限制，给人以轻松感和美的享受。斜坡、崎岖的地形能限制和封闭空间，极易使人产生兴奋和放松的感觉。凸地形提供视野的外向性；凹地形具有内向性，是一个不受外界干扰的空间，通常给人以分割感、封闭感和秘密感。

（2）地形可采用多种方式来创造和限制外部空间　空间的形成可通过如下途径：对原有基础平面添土造型；对原有基础进行挖方以降低平面；增加凸面地形的高度使空间完善；改变海拔高度来构筑成平台或改变水平面。

当使用地形来限制外部空间时，下面的三个因素在影响空间感上则极为关键：空间的底面范围，封闭斜坡的坡度，地平轮廓线。这三个变化因素在封闭空间中同时起作用。一般人的视线在水平视线的上夹角40°~60°到水平视线的下夹角20°的范围内，而当三个可变因素的比例使视角达到或超过45°（长和高为1:1）时，则视域达到完全封闭；而当三个可变因素的比例使视角小于18°时，其封闭感便失去。因此，我们可以运用底面范围、坡度和地平轮廓线的不同结合来限制各种空间，或从流动的线形谷地到静止的盆地空间，塑造出空间的不同特性。例如，采用坡度变化和地平轮廓线变化而底面范围保持不变的方式，可构成天壤之别的空间。一般为构成空间或完成其他功能如地表排水、导流等，地表层绝不能形成大于50%（或2:1）的斜坡。

利用、改造地形来创造空间、造景，在古典园林和现代园林中有很多成功的案例，如颐和园的万寿山和昆明湖；长风公园的铁臂山和银锄湖。这种手法一般多见于中型、大型园林的建设中。因其影响深、投资多、工程量大，故经常在使其满足使用功能、观景要求的基础上，以利用原有地形为主、改造为辅，根据不同的需要来设计不同的地形。例如，群众文体活动场地需要平地，拟利用地形作看台时，就要求有一定大小的平地，并在外面围以适当的坡地；安静游览的地段和分隔空间时，常需要山岭坡地。园林中的地形有陆地和水体，二者必须有机地结合，山间有水，水畔有山，使空间更加丰富多变。这种山、水结合的形式，在园林设计中广为应用。就低挖池，就高堆山，掇山置石，叠洞凿壁，除了增加景观外，更重要的是限制和丰富空间。

2. 以植物为主构成的空间

植物在景观中除观赏外，还有更重要的建造功能，即它与建筑物的地面、顶棚、围墙、门窗一样，是构成、限制、组织室外空间的因素。由它形成的空间是指由地平面、垂直面以及顶平面单独或共同组成具有实在的或暗示性的范围组合。在地平面上，以不同高度和种类的地被植物、矮灌木来暗示空间边界，或者是一块草坪和一片地被植物之间的交界，虽不构成视线屏障，但也暗示空间范围的不同。垂直面上可通过树干、叶丛的疏密和分枝的高度来影响空间的闭合感。同样，植物的枝叶（树冠）限制着伸向天空的视线。因此，在运用植物构成室外空间时，只有先明确目的和空间性质（开旷、封闭、隐秘、雄伟），再选取、设计相应的植物。

3. 以园林建筑为主构成的空间

以亭、台、楼、阁、轩、榭、廊、墙等园林建筑组成的园林空间可形成封闭、半开敞、开敞、垂直、覆盖空间等不同的空间形式。我国现存的明清古典园林中多具典范，也积累了极为成熟的经验，如颐和园中的谐趣园、苏州园林等。这些园林的特点是以建筑物为境界物，多以水体为构图主体，植物处于从属地位，综合小庭、庭院空间，妙用山石、花木、门窗，通过联系、转换、过渡，使园林艺术达到炉火纯青的境界。

另外，在以园林建筑为主的园林空间中，室内景园也是一个重要的形式。它是一种具有景效的室内园，占地少且带有顶盖，将自然景物巧妙地从外界引进，使之具有庭园风味和野外气息。随着现代园林的发展，这种方式越来越受到重视。塑造室内景园并以此作为构成室内空间的手段，在具体运用上形式多样，可用渗透对比的手法扩大空间，用过渡、引申手法联络空间，用点缀补白手法丰富空间，这些手法互相结合，可形成不同特性、不同主题的专类室内景园。例如，石景园、水景园、盆景园等，并被广泛利用在门景、厅景、廊景、梯景、室景等不同区域的景域空间中。

4. 综合空间

综合空间是指植物、地形、建筑在景观中通常相互配合、共同构成的空间。例如，植物和地形结合，可强调或消除由于地形的变化所形成的空间；建筑与植物相互配合，更能丰富和改变空间感，形成多变的空间轮廓；植物、地形和建筑三者共同配合，既可软化建筑的硬直轮廓，又能提供更丰富的视域空间，如园林中山顶建亭、阁，山脚建廊、榭，就是很好的结合，如北京的颐和园、北海公园等。

除了以上类型，园林空间也可按照空间的功能分为生活居住空间、游览观光空间、安静休息空间、体育活动空间等；按照地域特性分为山岳空间、台地空间、谷地空间、平地空间等；按照开朗程度分为开朗空间、闭锁空间和纵深空间等。

（二）园林静态空间的艺术构图

在一个相对独立的环境中，随着诸多因素的变化，人的审美感受会相应的各不相同。有意识地进行空间处理，就会产生丰富多彩的园林空间艺术效果。

1. 风景界面与空间感

（1）风景界面　局部空间与大环境的交接面就是风景界面，如图 2-17 所示。风景界面是由天地及四周景物构成的。

（2）空间感　以平地（或水面）和天空构成的空间特征，有旷达感；以峭壁或高树夹持，其高宽比大约为 6:1 ~8:1 时，空间有峡谷或夹景感；由六面山石围合的空间则有洞府

图 2-17　风景界面局部

感；以树丛和草坪构成的不小于 1∶3 的面积比空间，有明亮亲切感。以大片高乔木和矮地被植物组成的空间，给人以荫浓景深的感觉；一个山环水绕、泉瀑直下的围合空间则给人以清凉世界之感；一组由山环树抱、庙宇林立的复合空间，给人以人间仙境的神秘感；一处四面环山、中部底凹的山林空间，给人以深奥幽净感；以云烟水域为主体的洲岛空间，给人以仙山琼阁的联想。还有，中国古典园林的咫尺山林，给人以小中见大的空间感；大环境中的园中园，给人以大中见小（巧）的感受。

由此可见，巧妙地利用不同的风景界面组成关系，进行园林空间造景，将带给人静态空间的多种艺术魅力。根据空间感的不同，由风景界面所组成的各类园林空间可以分为以下三种：

（1）开敞空间　人的视平线高于四周景物的空间是开敞空间，开敞空间中所见的风景是开朗风景。开敞空间中，视线可延伸到无穷远处，视线平行向前，视觉不易疲劳。开敞空间形成的开朗风景，其艺术感染是目光远大，心胸开阔，壮观豪放。古人诗句“孤帆远影碧空尽，唯见长江天际流”、“登高壮观天地间，大江茫茫去不返”都是开敞空间与开朗风景的写照。

面对开朗风景，如果游人的视点很低，与地面的透视角很小，则远景模糊不清，甚至只看到大面积的天空、白云。如果把视点的位置不断提高，不断加大成角透视，远景的鉴别率就会逐渐提高。视点越高，视野也会越开阔。视点低，视野范围小，易取得平静的意境；视点高，可扩展空间范围，取得登高望远的艺术效果，如园林中常见的开敞空间有大湖面、大草坪、海滨以及各类登高望远处等，如图 2-18a 所示。

（2）闭锁空间　人的视线被四周屏障遮挡的空间是闭锁空间，闭锁空间中所见的风景是闭锁风景。屏障物顶部与游人视线所成角度越大，则闭锁性越强；反之，成角越小，闭锁性也越小。这也与游人和景物的距离有关，距离越小，闭锁性越强；距离越大，闭锁性越小。闭锁空间给人以亲切感、安静感，近景感染力强，四周景物琳琅满目，但空间闭合度如果小于 6°或空间直径小于景物高度的 3 倍时，便有井底之蛙的感觉。景物过于闭塞，使人容易感觉疲劳。园林中常见的闭锁空间有四合院、林中空地、周围群山环绕的谷地以及园墙高筑的园中园等，如图 2-18b 所示。

（3）纵深空间　在狭长的空间中，如道路、河流、山谷两旁有建筑、密林、山丘等景物阻挡视线，所形成的这种狭长的空间就叫纵深空间。人的视线注意力很容易被引导到纵深空间的端点，端点上的这种风景称为聚景，其特点是景物有强烈的纵深感，如果把主景放在端点上，能使主景更为突出。狭长空间两侧的景物仅起引导、陪衬和对比作用。

园林中常见的纵深空间有狭长的山谷、两侧植物浓密的园路等，如图2-18c所示。

a)

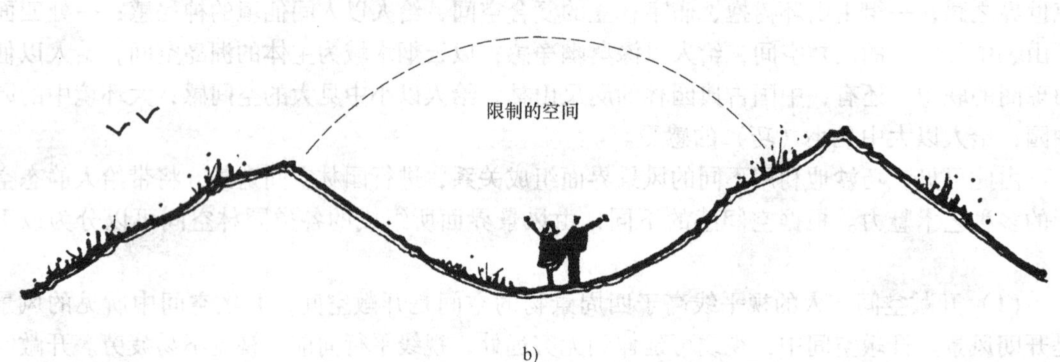

b)

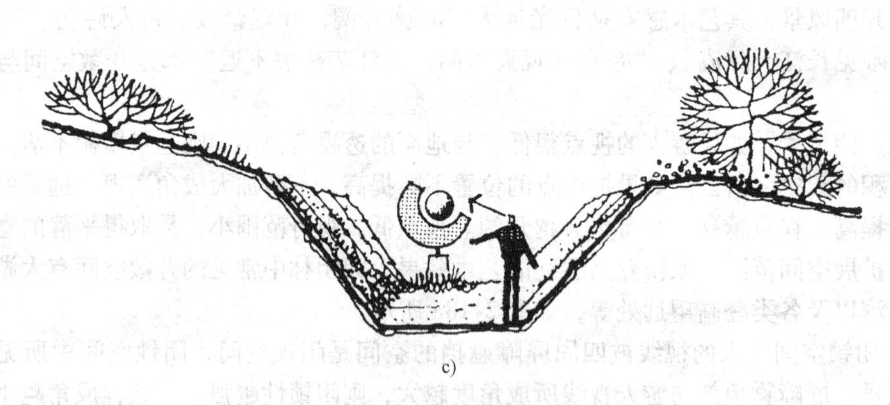

c)

图2-18　空间的类型示例

a）西安世园会大水面带来的开敞空间　b）闭锁空间　c）纵深空间

园林中的空间构图，不要片面强调开朗，也不要片面强调闭锁。同一园林中，既要有开朗的局部，又要有闭锁、纵深的局部，开朗与闭锁、纵深综合应用，开中有合，合中有开，三者共存相得益彰。

2. 静态空间的视觉规律

上述各种空间感，多半是由人的感觉、触觉或习惯感觉产生的。经过科学分析，利用人的视觉，可以创造出预想的艺术效果。

（1）最宜视距 正常的人的清晰视距为25～30m；明确看到景物细部的视距为30～50m；能识别景物类型的视距为250～270m；能辨认景物轮廓的视距为500m；能明确发现物体的视距为1200～2000m，此时已无最佳观赏效果。远观山峦，俯瞰大地，仰望太空等，是畅观与联想的综合感受。利用人的视距进行造景和借景，将取得事半功倍的效果。

（2）最佳视距 人的正常静观视场，垂直角度为130°，水平角度为160°。但按照人的视网膜鉴别率，最佳垂直角小于30°，水平角度小于45°，即人们静观景物的最佳视距为景物高度的2倍，宽度的1.2倍，以此定位设景则景观效果最佳。但是，即使在静态空间内，也要允许游人在不同的位置赏景。景物观赏的最佳视点有三个位置，即垂直视角为18°（景物高的3倍距离）、27°（景物高的2倍距离）、45°（景物高的1倍距离），如图2-19所示。如果是纪念雕塑，则可以在上述三个视点距离的位置，为游人创造较为开阔平坦的休息场地。

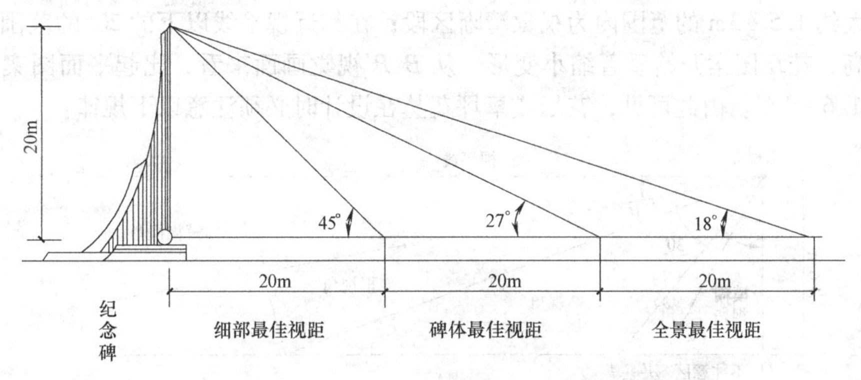

图2-19 静态空间最佳视域示意图

（3）三远视距 除了正常的景物对视外，园林设计时还要为游人创造更为丰富的视景条件，以满足游赏需要。园林讲究利用自然地形的起伏变化或以人工方法堆山叠石，以使其具有高低错落的变化。人在其中会时而登高，时而就低，登临高处时不仅视野开阔，而且由于自上向下看，所摄取的图像即俯视角度；反之，自低处向上看，所得图像即仰视角度。这种视角的变化也可以增添情趣。《园冶》所说："楼阁之基，依次定在厅堂之后，何不立半山半水之间，有二层三层之说？下望上是楼，山半拟为平屋，更上一层，可穷千里目也"，描绘的就是这种因视角改变而产生的效果。借鉴画论三远法，可以取得一定的效果。

1）仰视高远。一般认为，视景仰角分别为大于45°、60°、80°、90°时，由视线的消失程度可以产生高大感、宏伟感、崇高感和威严感。若大于90°，则产生下压的危机感。这种视景法又称为虫视法。在中国皇家宫苑和宗教园林中常用此法突出皇权神威，或在山水园林中创造群峰万壑、小中见大的意境。例如北京颐和园的中心建筑群，在山下德辉殿看佛香阁，则仰角为62°，产生宏伟感，同时，也使观者产生自我渺小感。

2）俯视深远。居高临下，俯瞰大地，为人们的一大游兴。园林中常利用地形或人工造景，创造制高点以供人俯视，绘画中称为鸟瞰。俯视也可产生深远、深渊、凌空感。当小于

0°时，则产生欲坠的危机感。例如登泰山而一览群山小，居天都而有升仙、神游之感，也产生人定胜天感。

3）中视平远。以视平线为中心的30°夹角视场，可平视远方。利用或创造平视观景的机会，将给人广阔宁静的感受，坦荡开朗的胸怀。因此，园林中常要创造宽阔的水面、平缓的草坪、开敞的视野和远望的条件，这就把天边的水色云光和远方的山、廊、塔影借来身边，一饱眼福。

三远视距都能产生良好的借景效果，当然，根据“俗则屏之，嘉则收之”的原则，对远景的观赏应有选择，但这往往没有近景那么严格，因为远景给人的是抽象概括的朦胧美，而近景才能给人具象细微的质地美。

（4）花坛设计的视角规律　独立的花坛或草坪花丛都是一种静态景观，花坛一般位于视平线以下，根据人的视觉实践发现，当花坛距离游人渐远时，所看到的实际画面也随之而缩小变形。不同的视角范围内，视觉效果各有不同。如图2-20所示，设人的平均视高为1.65m，在视平线以下的90°角中，靠近人的30°或40°角范围内，在距观察者所在地大约0.97～1.4m的范围内不被注意，为视觉模糊区段；在邻近的另外30°角范围内，在距观察者所在地大约1.5～3m的范围内为视觉清晰区段；在靠近视平线以下的20°的范围内，随着角度的抬高，花坛图案开始显著缩小变形，从*B*-*B*′视觉画面来看，比起平面图案实际宽度已缩小为1/6～1/5。由此可见，花坛或草坪花丛在设计时必须注意以下规律：

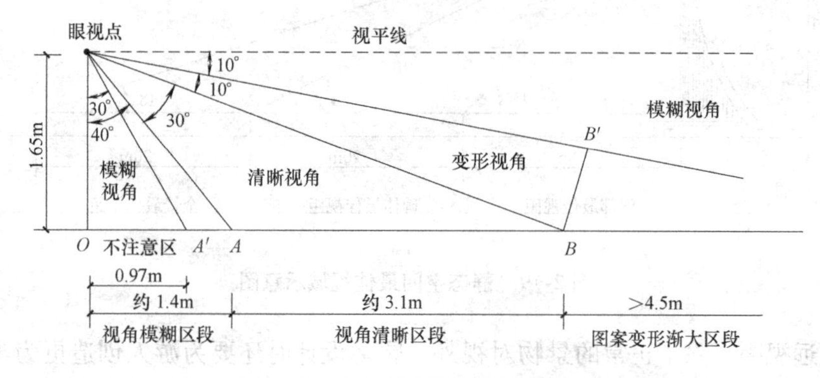

图2-20　花坛设计的视角视距规律

1）一个平面花坛，在其半径大约为4.5m左右的区段，观赏效果最佳。

2）花坛图案应重点布置在离人1.5～4.5m之间，而在靠近人1～1.5m的区段，只铺设草坪或一般地被植物即可。

3）在人的视点高度不变的情况下，花坛半径超过4.5m时，花坛表面应处理成斜面。如图2-21所示，当倾角≥30°时，花坛已成半立体状；倾角为60°时，花坛表面达到了最佳状态，因为这样既便于观赏，又便于养护管理。

4）当立体花坛的高度达到视点高度2倍以上时，应相应的提高人的视点高度。

5）如果人在一般平地上观赏大型花坛或大面积草坪花丛时，可采用降低花坛或草坪花丛高度的办法，形成沉床式效果，这在法国庭院花园中应用较早。

6）当花坛半径加大时，除了加大花坛坡度外，还应把花坛图案成倍加宽，以克服图案缩小变形的缺陷。

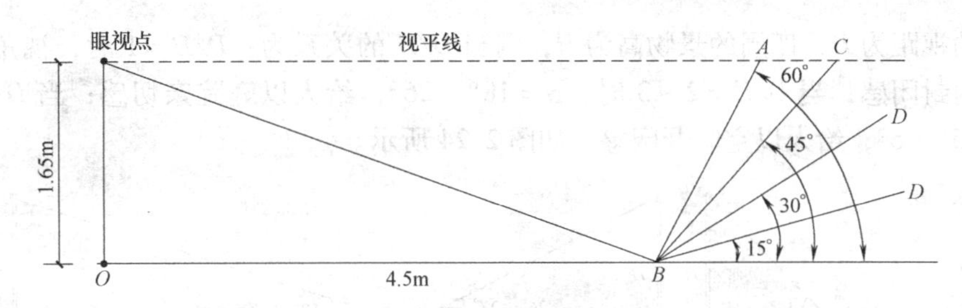

图 2-21 平面花坛坡度的改变可产生良好的视觉效果

总之，上述视角视距分析并非要求我们拘泥于固定的角度和尺寸关系，而是要在复杂的情况下，寻求一些规律性的方法以创造尽可能理想的静态观景效果。

（5）静态空间尺度规律 既然风景空间是由风景界面构成的，那么界面之间相互关系的变化必然会给游人带来不同的感受。

例如在一个空旷的草坪上或在一个浅盆盆景底盘上进行植物或山石造景时，其景物的高度 H 和底面宽 D 的关系在 1∶6～1∶3 之间时，景观效果最好，如图 2-22 所示。

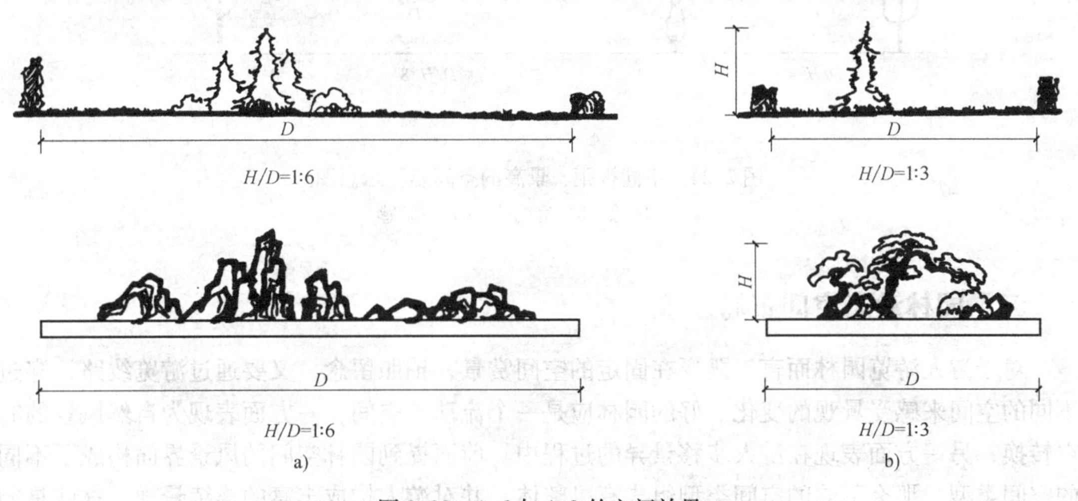

图 2-22 1∶6 与 1∶3 的空间效果

另外，在室内和室外布置展品时，因其环境空间的不同而对景物的合适视距也有不同之外。一般认为室内视距 L = 展品高度 $H\times 2$ 为宜；而到室外草坪广场上布置展品，则 $L=3.7(H-h)$ 为宜（h 为人视点高），如图 2-23 所示。

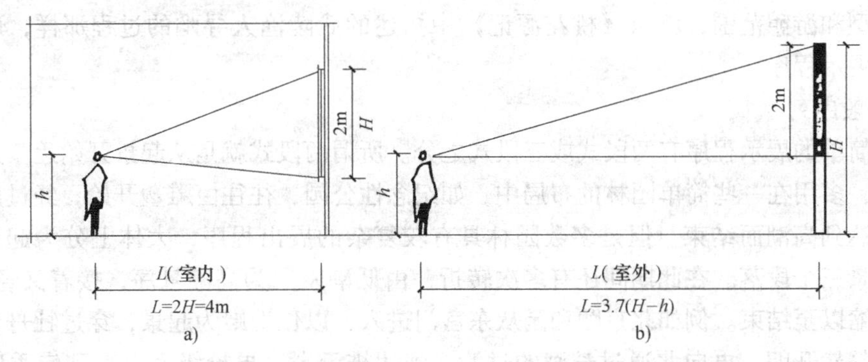

图 2-23 室内、室外空间和尺度的关系

当人的视距为 D，四周的景物高为 H，则当 D/H 的关系为：$D/H=1$ 时，视角 $\alpha=45°$，给人以室内封闭感；当 $D/H=2\sim3$ 时，$\alpha=18°\sim26°$，给人以庭院亲切感；当 $D/H=4\sim8$ 时，$\alpha\leqslant5.5°\sim6°$，给人以空旷开阔感，如图2-24所示。

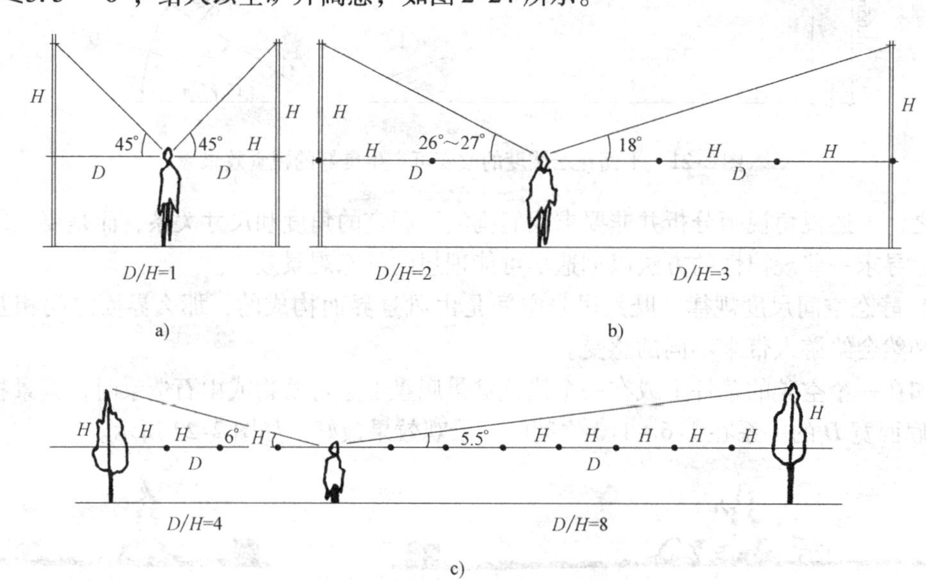

图2-24　不同视距、景高的空间感受示意图

a）封闭感　b）庭院感　c）空旷感

二、园林动态空间布局艺术

对于游人游览园林而言，既要在固定的空间赏景，拍照留念，又要通过游览线路，穿过不同的空间来感受景观的变化。好的园林应是一个流动的空间，一方面表现为自然风景的时空转换，另一方面表现在游人步移景异的过程中。前面提到园林空间的风景界面构成了不同的空间类型，那么不同的空间类型组成有机整体，并对游人构成丰富的连续景观，这就是园林景观的动态序列。如同写文章一样，有起有结，有开有合，有低潮有高潮，有发展也有转折。

（一）园林动态空间的展示程序

中国古典园林多半有规定的出入口及行进路线，明确的空间分隔和构图中心，主次分明的建筑类型和游憩范围，就像《桃花源记》中描述的武陵渔人寻幽的过程那样，形成了一种景观的展示程序。

1. 一般序列

一般简单的展示程序有两段式或三段式之分。所谓两段式就是从起景开始逐步过渡到高潮而结束，多用在一些简单园林的布局中，如纪念性公园，往往由雕塑开始，经过广场，进入纪念馆达到高潮而结束。但是多数园林具有较复杂的展出程序，大体上分为起景——高潮——结景三个段落。在此期间还有多次转折，由低潮发展为高潮景序，接着又经过转折、分散、收缩以至结束。例如北京颐和园从东宫门进入，以仁寿殿为起景，穿过牡丹台，转入昆明湖而豁然开朗，再向北通过长廊的过渡，到达排云殿，再拾级而上直到佛香阁、智慧

海，到达主景高潮。然后向后山转移再游后湖、谐趣园等园中园，最后到北宫门结束。此外，还可自知春亭，南去过十七孔桥到湖心岛，再乘船北上到石舫码头，上岸再游主景区。但无论怎么走，均是一组多层次的动态展示序列。一般序列示意图如图2-25所示。

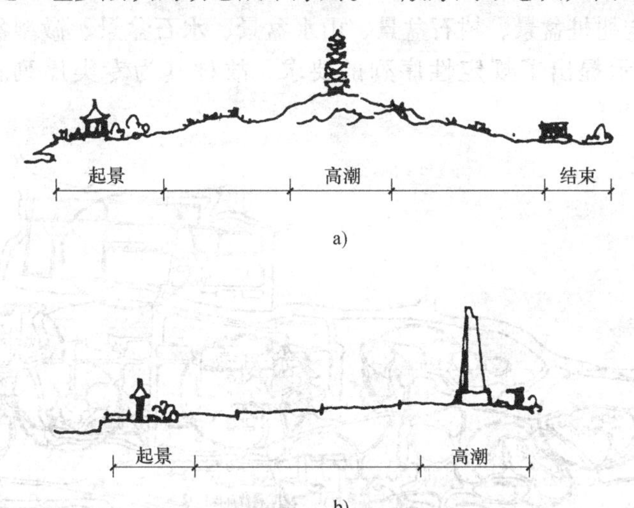

图2-25 一般序列示意图

a）三段式①→②→③ b）两段式①═②

2. 循环序列

为适应现代生活节奏的需要，多数综合性园林或风景处采用了多向入口、循环道路系统、多景区景点划分（也分为主次景区）、分散式游览线路的布局方法，以容纳成千上万的游人。各序列环状沟通，以各自入口为起景，以主景物为构图中心，以综合循环游憩景观为主线来方便游人，以满足园林功能需求为主要目的来组织空间序列，这已成为现代综合性园林的特点。循环序列示意图如图2-26所示。

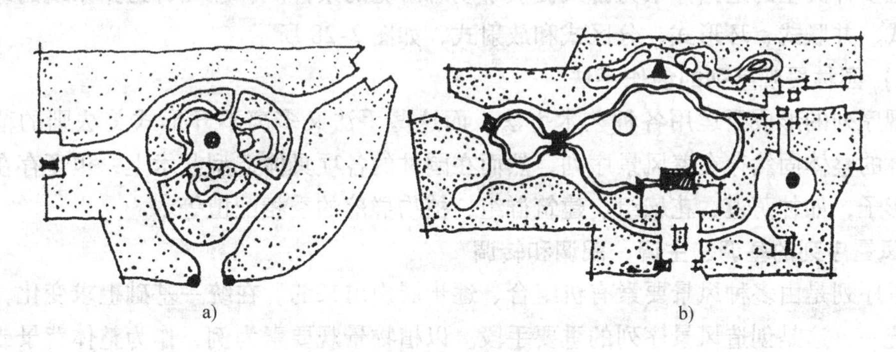

图2-26 循环序列示意图

a）单循环序列 b）复循环序列

3. 专类序列

以专类活动为内容的专类园林有着其各自的特点，像植物园多以植物演化系统来组织园景序列，如从低等到高等、从裸子植物到被子植物、从单子叶植物到双子叶植物，或按照哈钦松系统，或恩格勒系统，或克朗奎斯特系统等。还有不少植物园因地制宜地创造自然生态

群落景观，以形成其特色。又如动物园一般从低等动物到鱼类、两栖类、爬行类，再到鸟类、食草类、食肉类及哺乳动物，最后到国内外珍奇动物乃至灵长类高级动物类等，从而形成完整的景观序列，并创造出以珍奇动物为主的全园构图中心。某些盆景园也有专门的展示序列，如盆栽花卉与树桩盆景、树石盆景、山水盆景、水石盆景、微型盆景和根雕艺术等，这些都为空间的展示提出了规定性序列的要求，故称其为专类序列。专类序列示例如图 2-27 所示。

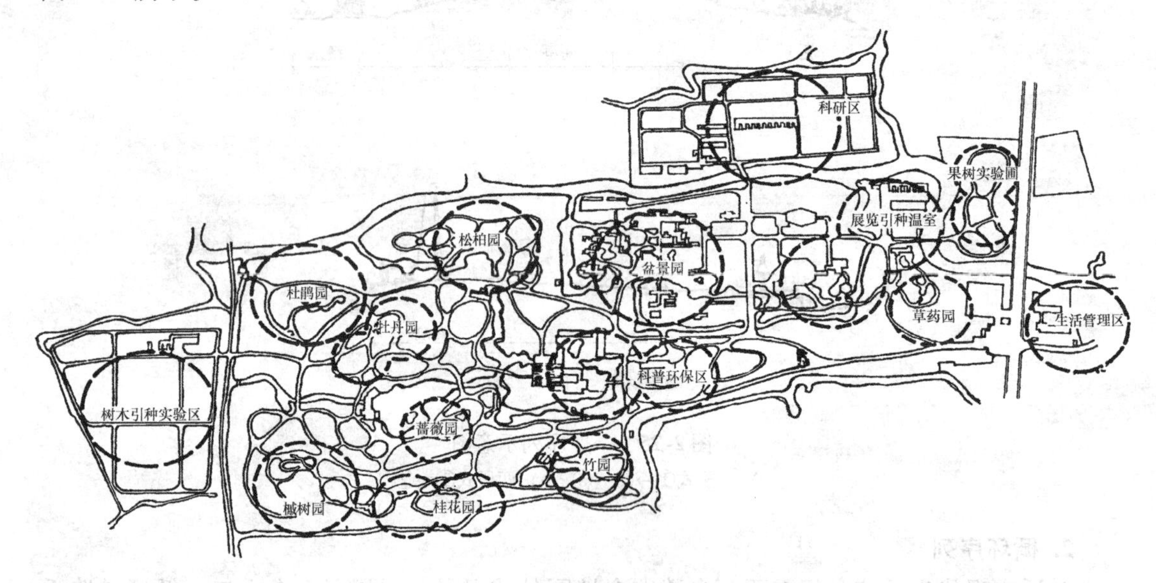

图 2-27　专类序列示例

（二）园林道路的类型

园林空间序列的展示，主要依靠道路系统的导游职能，因此道路的类型就显得十分重要，而且多种类型的道路体系为游人提供了动态游览的条件。一般园林道路系统的组织类型有串联式、并联式、环形式、分区式和放射式，如图 2-28 所示。

（三）园林景观序列的创作手法

景观序列的形成要运用各种艺术手法，而这些手法又多离不开形式美法则的范围。同时，园林的整体固然存在着风景序列，然而在园林的各项具体造型艺术上，也还存在着序列布局的影子，如林荫道、花坛组、建筑群组、植物群落的季相配植等。

1. 风景序列的基调、主调、配调和转调

风景序列是由多种风景要素有机组合、逐步展现出来的。在统一基础上求变化，又在变化中求统一，这是创造风景序列的重要手段。以植物景观要素为例，作为整体背景或底色的树林可谓基调，作为某序列前景和主景的树种为主调，配合主景的植物为配调，处于空间序列转折区段的过渡树种为转调，过渡到新的空间序列区段时，又可能出现新的基调、主调和配调，如此逐渐展开，就形成了风景序列的调子变化，从而产生渐变的观赏效果，如图 2-29 所示。

2. 风景序列的起结开合

风景序列的构成可以是地形起伏、水系环绕，也可以是植物群落或建筑空间。无论是单

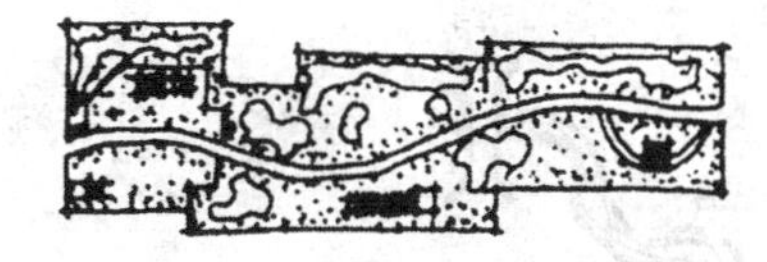

a)

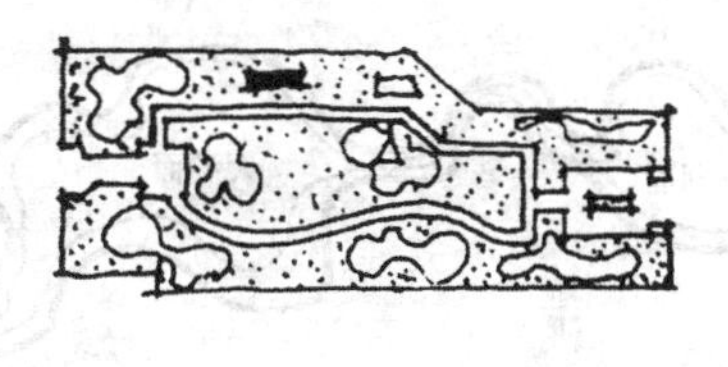

b)

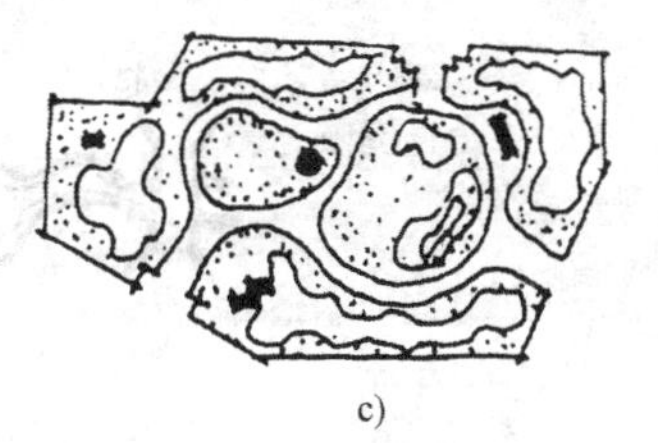

c)

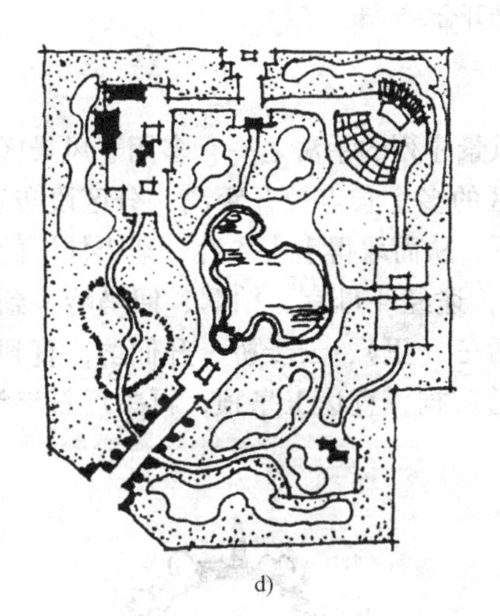

d)

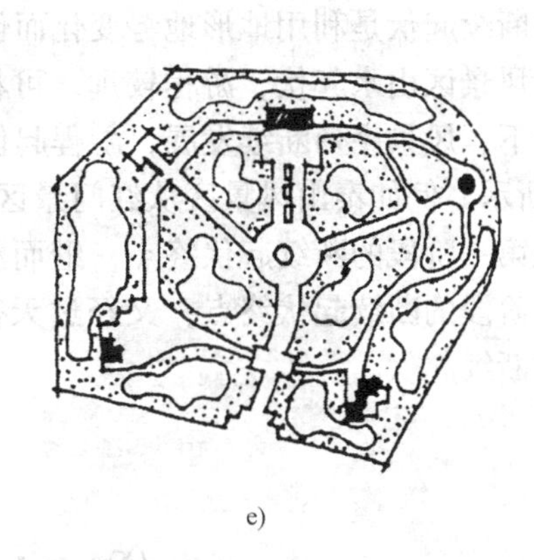

e)

图 2-28　园林道路系统的类型

a）串联式　b）并联式　c）环形式　d）分区式　e）放射式

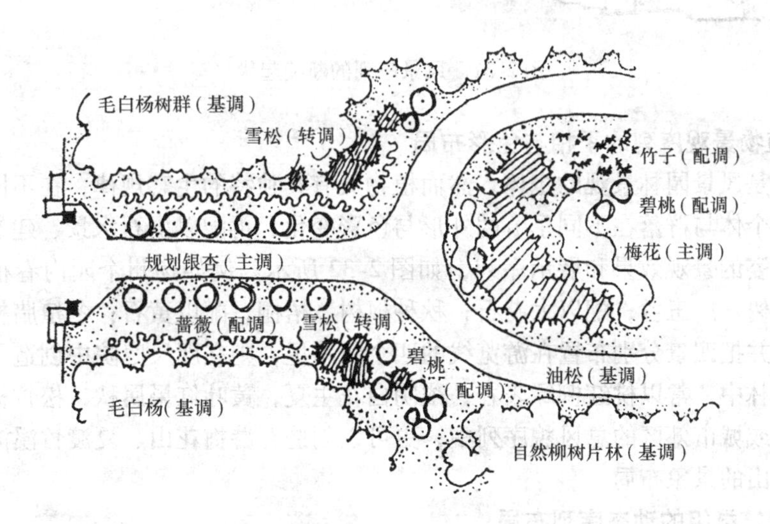

图 2-29　公园入口绿化基调、主调、配调和转调示意图

一的，还是复合的，总是有头有尾，有放有收，这是创造风景序列常用的手法。以水体为例，水之来源为起，水之去脉为结，以收放变换而创造水之情趣，如图 2-30 所示。这种传统的手法，普遍见于古典园林之中。例如北京颐和园的后湖，承德避暑山庄的分合水系，南京的白鹭洲公园的聚散水系等。

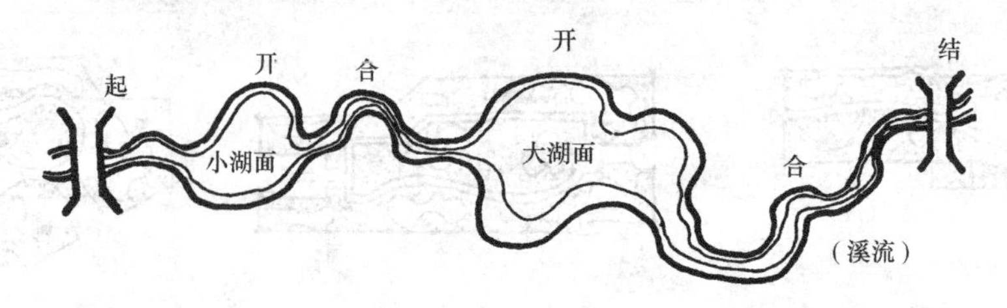

图 2-30　风景序列的起结开合

3. 风景序列的断续起伏

风景序列的断续起伏是利用地形地势变化而创造风景序列的手法之一，多用于风景区和郊野公园。一般风景区山水起伏，游程较远，可将景区的多个景点拉开距离，分区段布置，在游步道的引导下，风景序列断续发展，游程起伏高下，从而取得引人入胜、渐入佳境的效果，如图 2-31 所示。例如泰山风景区从红门景区开始，途经斗母宫、柏洞、回马岭，到中天门景区，这是第一阶段的断续起伏终点；继而经快活三（里）、云步桥、升仙坊，直到南天门，这是第二阶段的断续起伏终点；又经过天街、碧霞祠，直达玉皇顶，再去后石坞等，这是第三阶段的断续起伏。

图 2-31　风景序列的断续起伏

4. 园林植物景观序列的季相与色彩布局

园林植物是风景园林景观的主体，然而植物又有其独特的生态规律，在不同的立地条件下，利用植物个体与群落在不同季节的外形与色彩变化，再配以山石水景、建筑道路等，必将出现绚丽多姿的景观效果和展示序列，如图 2-32 所示。例如扬州个园内春植青竹，配以石笋；夏种槐树、广玉兰，配以太湖石；秋种枫树、梧桐，配以黄石；冬植腊梅、天竹，配以白色英石，并把四景分别布置在游览线的四个角落里，则在咫尺庭院中创造了四时季相景序。一般在园林中，常以桃红柳绿表春，浓阴白花主夏，黄叶红果属秋，松竹梅花为冬。在更大的风景区或城市郊区的总风貌序列中，更可以创造春游梅花山、夏渡竹溪湾、秋去红叶谷、冬踏雪莲山的景象布局。

5. 园林建筑群组的动态序列布局

风景建筑在风景园林中只能占 1% ~2% 的面积，但它往往是某景区的构图中心，起到画龙点睛的作用。由于使用功能和建筑艺术的需要，建筑群体的组合以及对整个园林中的建筑布置，均应有动态序列的安排。对建筑群组而言，应该有入口、门厅、过道、次要建筑、主题建筑的序列安排；对整个风景园林而言，从大门入口区到次要景区，最后到主景区，都有必要将不同功能的建筑群体有计划地安排在景区序列线上，形成一个既有统一展示层次，又有变化多样的组合形式，以达到应用与造景之间的完美统一。承德避暑山庄湖区建筑群组

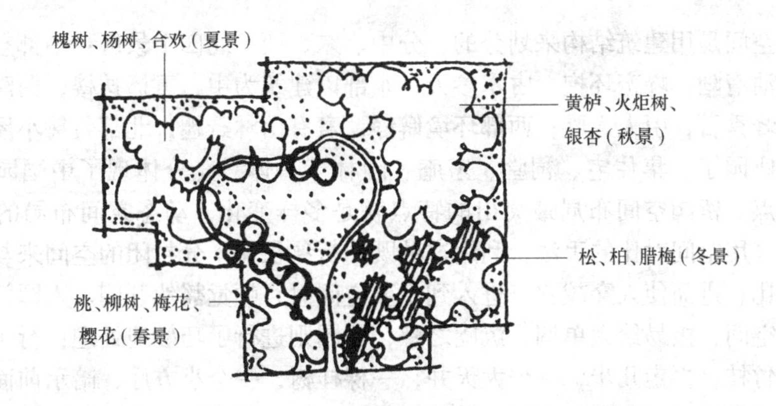

图 2-32 园林植物景观序列的季相与色彩布局

的序列布局如图 2-33 所示。

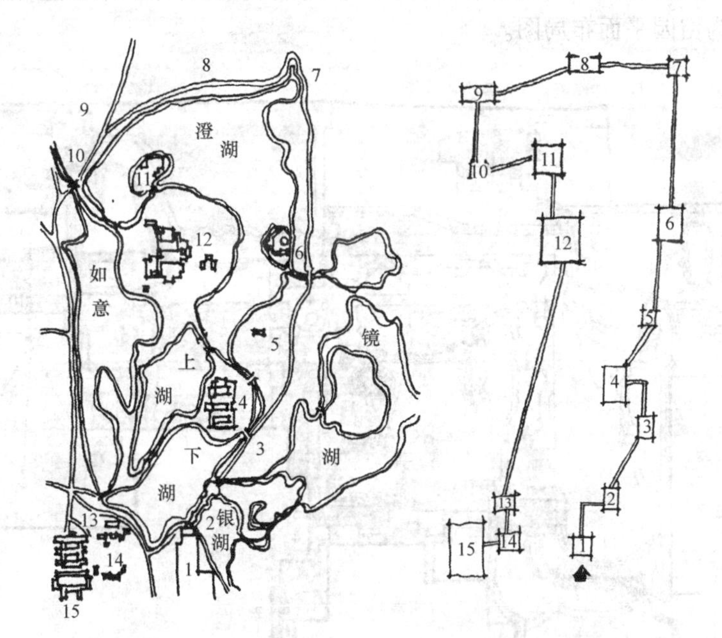

图 2-33 承德避暑山庄湖区建筑群组的序列布局

1—东宫 2—水心榭 3—清舒山馆 4—月色江声 5—新所 6—上帝阁 7—热河泉（船坞） 8—万树园 9—试马埭 10—水流云在 11—烟雨楼 12—如意洲 13—万壑松风 14—松鹤斋 15—正宫

★ 实例分析

留园总体布局分析。

留园是江南四大名园之一，规模宏大，在苏州园林中首屈一指。其总体布局是园林紧邻于邸宅后，呈前宅后院的形式，全园布局紧凑，结构严谨。它综合了江南造园艺术，以建筑结构见长，善于运用大小、曲直、明暗、高低、收放等变化。组合景观、高低布置恰到好处，营造了一组组层次丰富、错落有致、有节奏、有色彩、有对比的空间体系，建筑与园境相映成趣。

园林主体空间是用建筑结构来划分的，分中、东、西、北四个景区：中部空间由以山水见长，池水明洁清幽，峰峦环抱，古木参天；东部以建筑为主，重檐迭楼，曲院回廊，疏密相宜，点缀奇峰秀石，引人入胜；西部环境僻静，富有山林野趣；北部竹篱小屋，颇有乡村田园风味。整座园子，集住宅、祠堂、家庵、园林于一体，充分体现了中国园林可居、可游、可赏的特点。留园空间布局最突出的特点就是多样变化，动态空间布局的安排引人入胜，入口部分采用空间对比的手法，利用这种既曲折狭长又十分封闭的空间来与园内主要空间进行强烈对比，进而使人穿越它，进入到主要空间时，顿觉豁然开朗。入园门后，窄暗的巷道、逼仄的空间，极易给人单调、沉闷之感，留园则进行了巧妙地处理：行十数步，一个小天井，几株竹枝；再走几步，一个大天井，一棵桂树，一个小方厅，暗示前面有景。抬头有一方门额“长留天地间”点出园名，弄堂的尽头迎面是一大片花格的漏窗，可以隐隐约约地看到花园水池，但却看不清楚，把游人期待的心境提升到极致。走进留园，使人领略到忽张忽弛、忽开忽合的韵律节奏感，处处恪守着中国传统园林布局中注重疏密对比这一构图原则。图2-34为留园平面布局图。

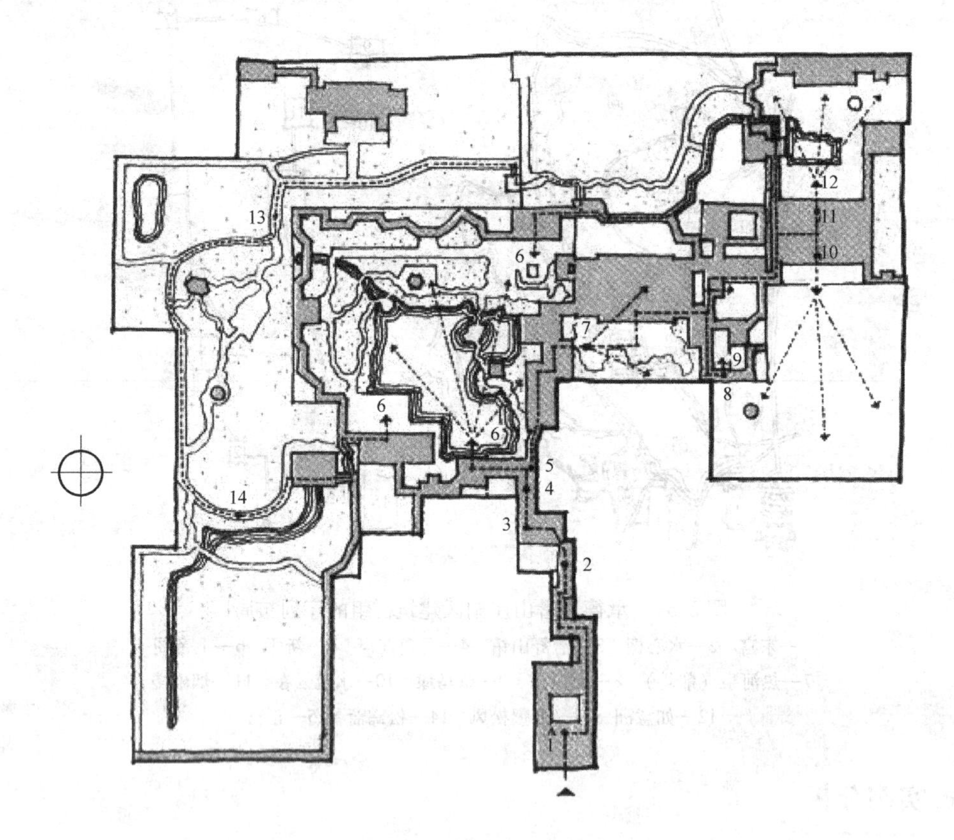

图2-34　留园平面布局图

1—留园入口　2—入口折廊　3—留园门厅　4—古木交柯　5—曲廊进口　6—绿荫　7—五峰仙馆院　8—石林小屋　9—石林小院　10—鸳鸯厅（南）　11——鸳鸯厅（北）　12—冠云楼前院　13—留园北部　14—留园西部

★ 实训

一、实训题目

园林空间序列的分析。

二、实训内容

图 2-35 为沧浪亭的平面图，请根据平面图分析其园林空间布局及景观序列的创作方法。

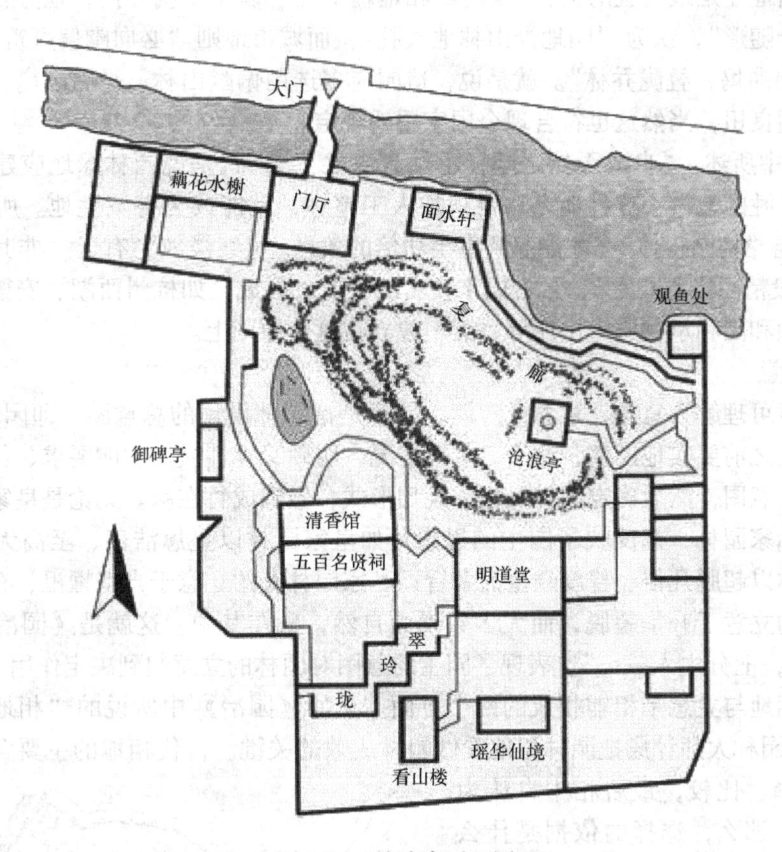

图 2-35　沧浪亭平面图

三、实训要求

以文字的形式分析该园的静态空间布局、动态空间布局及景观序列创作方法。

四、评分标准

满分为 100 分，其中，静态空间布局占 40 分，动态空间布局占 40 分，景观序列创作方法占 20 分。

项目三　园林艺术布局

一、相地与立意

（一）相地

所谓相地是指园址的选择、勘察与评价。凡建造园林，必定会选择一处适宜的园址。那么，怎样的园址才是最适宜的呢？《园冶》相地篇中说“园基不拘方向，地势自有高低，涉门成趣，得景随形”，认为“园地惟山林地最胜”，而城市地则“必向幽偏可筑”，旷野地带应“依乎平岗曲坞，叠陇乔林”。就是说，造园应多选用偏幽山林、平岗山窟、丘陵多树的地段，少占用良田，当然这也符合现今国家用地规定。

《园冶》中所述：“自成天然之趣，不烦人事之工”，就是说园林绿地应建立在风景优美、有山水之胜的地方，这种地方只要稍加人工整理，就能成为游览胜地。所以只有“相地合宜”才能“构园得体”，才能起到事半功倍的效果。《红楼梦》有云“非其地而强为其地”，“虽百般精而终不相宜”，自古以来，名园胜景之形成，如杭州西湖、安徽黄山、江西庐山、北京颐和园和承德避暑山庄等，无不建立在这个原则上。

（二）立意

园林立意可理解为意志、意念或意境。立意是指园林设计的总意图，即园林设计思想。它强调了规划之前要实地勘察、测绘，掌握情况，明确绿地性质、功能要求、创意构思、指导思想及造园意图，然后确定园林风格和规划形式，做到成竹在胸。无论是皇家园林、寺观园林，还是私家园林，都反映了园主的思想，如皇家园林以皇恩浩荡、至高无上为主要意图；寺观园林以超脱凡俗、普度众生为宗旨；私家园林有的立意于光宗耀祖、有的立意于拙政清野、有的立意于升华超脱，而大多数崇尚自然，乐在其中。这就是《园冶》中所说的“……三分匠，七分主人……”，表现了园主的意图对园林的立意起到决定作用。

园林的相地与立意是相辅相成的两个方面。正如《园冶》中所说的“相地合宜，构园得体”，明代园林大师计成把园林相地看做园林成败的关键。古代相地的主要含义就是：园主经多次选择、比较，最后相中自认为理想的地址。那么，选择的依据是什么呢？园主在选择园址的过程中，已经把他的造园思想与园址的自然条件、社会状况、周围环境等因素进行过综合的比较、筛选。因而，不难看出相地与立意是不可分割的，是园林前期创作过程中必不可少的。

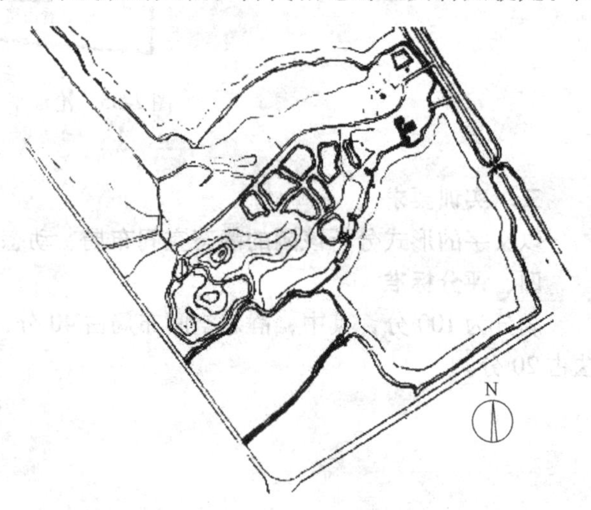

图 2-36　杭州花港观鱼地形图

随着社会的进步与城市建设的发展，出现另一种情况，即有关部门在确定园林项目的过程中，不能理想地选择园址，而只能选择城市中不宜建房、地形条件较差的区域，如图 2-36 所示杭州的花港

观鱼公园，园址原为水塘地，面积仅有0.2hm^2，亭墙颓断，野草丛生，除浅水塘外，一片荒芜。所以，在园林设计中，如何“因地制宜”而达到“构园得体”，也是园林规划设计师的重要工作之一。

二、明确园林性质

明确园林的性质。园林性质一经明确，就意味着主题的确定。

三、确定主题与主体

主题与主体的意义是一致的，主题必寓于主体之中。以花港观鱼公园为例，顾名思义，花港观鱼公园应以鱼为主题，花港是构成观鱼的环境。也就是说，不是在别的什么环境中观鱼，而是在花港这一特定环境中观鱼，正因为在花港观鱼，才产生了“花着鱼身，鱼嘬花”的意境。这与在玉泉观鱼大异其趣。因此，花港观鱼部分就成为公园构图的主体部分。同理，曲院风荷公园的主题为荷，荷花到处都有，所不同的是其环境，即在曲院这个特定的环境中观荷，则更富诗情画意。于是，荷池就成为这个公园的主体，主题荷花寓于主体之中。主题必寓于主体之中是常规，当然也有例外，如宝塔的位置便不在西湖这个主体之中，但却成为西湖风景区的主景和标志。

主题是根据园林的性质来确定的，不同性质的园林主题并不一样，如上海鲁迅公园是以鲁迅的衣冠冢为主题的，北京颐和园是以万寿山上的佛香阁建筑群为主题的，北海公园是以白塔山为主题的。

四、布置主景的位置

主题是绿地规划设计思想及内容的集中表现，从整体到局部，整个构图都应围绕这个主题做文章。主景是主题的点睛之笔，主景一经明确，就要考虑它在绿地中的位置以及它的表现形式。如果绿地是以山景为主体的，可以考虑把主景放在山上（如广州越秀公园的五羊雕塑是放在山上的），这就是主景升高的方法；如果是以水景为主体的，可以考虑把主景放在水中，这就是视线交点法；如果以大草坪为主体，主题可以放在草坪重心的位置，这就是构图重心法。一般较严肃的主题，如烈士纪念碑或主雕可以放在绿地轴线的端点或主副轴线的交点上，这就是轴线对称法。

主景与主题确定之后，还要根据功能与景观要求，区划出若干个分区，每个分区也应有其主题中心，但局部的主题中心，都应服从于全园的构园中心，不能喧宾夺主，只能起陪衬与烘托作用。

五、功能分区的确定

园林布局是园林综合艺术的最终体现，任何一项园林工程，必须有合理的功能分区，以及有序的景区、景点组织。

整个园林观赏活动的内容，归结于“点”的观赏、“线”的游览两个方面，也就是通常所说的静观和动观。在分析园林观赏点和游览路线之前，首先要了解园林的功能分区。

在园林总体布局中，功能分区是首先要解决的问题。园林既是一个游憩空间，又是一个生活空间，所以古今中外，任何一座成功的园林都要解决功能分区的问题。由于绿地性质的不同，其功能分区必然相异。例如，颐和园总面积为290hm^2，分成三个功能区域：宫廷区、生活区和苑林区。宫廷区位于整个园林的东北端，由仁寿殿、玉澜堂等建筑组成，主要功能是作为皇帝审批奏折的临时场所；宫廷区的西北就是生活区，宫廷区以西就是广大的苑林区。再如法国的凡尔赛宫，占地面积约1500hm^2，主要由两个功能区组成：高坡上主要由宫殿组成的行宫区和行宫以南广大的宫苑区。现代园林的功能分区则更具体更明确，如现代综合性公园的功能分区就是根据市民对公园的要求而分的，主要分为：科学普及及文化娱乐区、安静休息区、体育活动区、儿童活动区、老年人活动区及公园管理区等。下面具体分析公园的功能分区：

公园中的休息活动大致可分为动与静两大类。“静”主要包括安静休息区和老年人活动区；“动”则包括科学普及及文化娱乐区、体育活动区和儿童活动区等。公园规划设计的目的之一是为这两类休息活动创造优越的条件。

安静休息在公园的活动中应是主导方面，满足人们休憩、呼吸新鲜空气、欣赏美丽风景、调节精神的要求，这也是城市其他用地难以代替的。公园是城市的“天窗”，是大自然的“信息库”。公园中树木花草多、空气新鲜、阳光充足，生境优美，还有众多的植物群，吸引着众多游人来此休憩。所以安静休息区在公园中所占面积应最大，分布应最广，大都由丰富多彩的植被与湖山结合起来，构成大面积风景优美的绿地，包括山上、水边、林地、草地、各种专类花园、药用植物区以及经济植物区等。结合安静休息，为挡烈日、避风雨、点景与赏景而设置园林建筑，如在山上设楼台以供远眺，在路旁设亭以供游憩，在水边设榭以供凭栏观鱼，在湖边僻静处设钓鱼台以供垂钓，沿水边设长廊以供廊游，接花架作室内向室外的延伸，设茶楼以品茗等。游人在园林中可在林中散步，坐赏牡丹，静卧草坪，闻花香，听鸟语，送晚霞，迎日出，饱餐秀色，尽情享受居住环境中所享受不到的园林美。

公园中动的休息包括的内容十分丰富，大致可分为四类，即文艺、体育、游乐以及儿童活动等。文艺活动有跳舞、音乐欣赏，还有书画、摄影、雕刻、盆景以及花卉等展览；体育活动诸如棋艺、高尔夫球、棒球、网球、羽毛球、航模和船模等比赛活动；游乐活动名目繁多；还有儿童活动的各种项目。对上述众多的活动项目，在规划中取其相近的作相对集中，以便管理。同时也要根据不同性质活动的要求，选择或创造适宜的环境条件。比如露天舞池宜安排在林中草坪内，与外界作相对隔离，为跳舞活动创造优美的环境，使舞者产生高雅的情趣；露天音乐厅宜放在远离闹区的僻静之处，设在与观众席有一水之隔的小岛上，或与演奏台相对应的岸边上，用树墙围成一个弧形的场地，听众静静聆听从水面上飘来的音乐，使人神往；棋艺虽然属于体育项目，但它需要在安静环境中进行；书画、摄影、盆景以及插花等各种展览活动，也需要在环境幽美的展览室中进行；还有各种游乐活动，需要用乔灌木花草将其分隔开来，避免互相干扰。总之，在公园中进行的一切活动，与城市其他地方进行此类活动的最大的区别在于：公园有绿化完美的环境，在这儿进行各项活动都有益于休息、陶冶心情，使人精神焕发。凡活动频繁、游人密度较大的项目及儿童活动部分，均宜设在出入口附近，便于集散人流。

经营管理部分包括公园办公室、圃地、车库、仓库和公园派出所等。公园办公室应设在

离公园主要出入口不远的园内，或者为了与外界联系方便，也可设在园外的适当地点，但要注意不影响执行公园管理工作。其他设施一般布置在园内的一角，不被游人穿行，并设有专用出入口。

以上列举的功能分区，要根据绿地面积大小、绿地在城市中所处的位置、群众要求及当地已有文体设施的情况来确定。如果附近有单独的游乐场、文化宫、体育场或俱乐部等，在公园中就无需再安排相类似的活动项目了。

总之，公园内动与静各种活动的安排，都必须结合公园的自然环境进行，并利用地形与树木进行合理的分隔，避免互相干扰。但动与静的活动很难分开。例如在风景林内设有大小不同的空间，这些空间可以用作日光浴场、太极拳练习场等，也可用来开展集体活动，这就静中有动，动而不杂，能保持相对安静；又如湖和山都是宁静的部分，但在开展爬山和划船比赛活动时，宁静暂时被打破，待活动结束，又复归平静。即使活动量很大的游乐活动，也宜在绿化完善的环境中进行，使活动中渗透着一种宁谧，使游人得到更多的放松与休息。所以功能分区，对于儿童游戏部分、各种球类活动及园务管理部分是必要的，而其他活动可以穿插在各种绿地空间之内，动的休息和静的休息并不需要有明确的分区界线。

六、景点与游赏路线的布置

（一）景点的布置

凡具有游赏价值的风景及历史文物，并能独立自成一个单元的境域成为景点。景点是构成绿地的基本单元。一般的园林绿地均由若干个景点组成一个景区，再由若干个景区组成风景名胜区，若干个风景名胜区构成风景群落。

北京圆明园有大小景点 40 个，承德避暑山庄有大小景点 72 个。景点可大可小，较大者，如西湖十景中的花港观鱼、柳浪闻莺、曲院风荷、三潭印月等，由地形地貌、山石、水体、建筑以及植被等组成的一个比较完整而富于变化的、可供游赏的空间景域；而较小者，如雷峰夕照、秋瑾墓、断桥残雪、双峰插云、放鹤亭等，可由一塔、一墓、一桥、一峰、一亭组成。

例如杭州市花港观鱼公园，充分利用原有地形特点，恢复和发展历史形成的景观特点，组成鱼池古迹、大草坪、红鱼池、牡丹园、密林区、新花港等六个景区。鱼池古迹为花港观鱼旧址，在此可以怀旧，作今昔对比；花港的雪松大草坪不仅为游人提供气魄非凡的视景空间，同时也提供了开展集体活动的场所；红鱼池供观鱼取乐；牡丹园是欣赏牡丹的佳处；密林区有贯通西里湖和小南湖的新花港水体，港岸自然曲折，两岸花木簇锦，芳草如茵，所以说，密林既起到空间隔离作用，又为游人提供了一个秀丽娴雅的休息场所；新花港区有茶室，是品茗坐赏湖山景色的佳处。

景色分区往往比功能分区更加深入细致，要达到步移景异、移步换景的效果。各景色分区虽然有相对独立性，但在内容安排上要有主次，在景观上要相互烘托、相互渗透，在相邻两个景观空间之间要留有过渡空间，以提供景色转换的过渡，这在艺术上称为渐变。处理园中园则例外，因为在传统习惯上，园中园为园墙高筑的闭合空间，园内景观设计自成体系，不存在过渡问题，这就是艺术上的急转手法在园林设计中的体现。

（二）游赏路线的布置

在合理的功能分区和景色分区的基础上，组织游赏路线，创造系列构图空间，安排景点、景区，创造意境，是园林布局的核心内容。

游赏路线又称为导游线，是连接各个景点、景区及功能区的纽带。实际上，游赏路线就是园路，因为园路本身的职能之一就是组织观赏程序、疏导游览人流的集散和导向。园林游赏路线主要指贯穿于全园各景区、主要景点之间的联系与贯通的线路，也就是园林中主路的结构和系统，小路只起到辅助的作用。而真正的游赏路线是游人在参观游览中随意、自由、错综复杂的路线。

游览路线的安排取决于风景序列的展示程序。总结历来园林布局，游览路线的组织可归纳如下：

1. 水景区

水景区一般多作环湖游览，主要原因就是人们与生俱来的亲水性。苏州古典园林的千姿百态，均有一个共同的布局特点，就是水池居中，桥岛相连，四周山石、建筑、花木环抱。

2. 山林区

山林区的道路多分布在沿山脊或山谷走向，可向上观赏高远景致，向下观赏俯视景观。山林区的游览路线最忌笔直、方向重复或树状的分支，而是应追求环形、均衡分支、自成循环系统。

需要特别指出的是，在许多古典园林，如拙政园、留园，以及一些现代园林，如柳浪闻莺公园、杭州植物园等，并没有一条明确的游赏路线，风景序列不清，加上园林的面积很大，空间组成复杂，层层院落和弯弯曲曲的岔道很多，游人入园以后，路线选择的随意性很大，初游者犹如进入迷宫。这种游览路线带有迂回、往复、循环不定等特点，而中国园林的特点，就妙在这不定性和随意性上，一切安排若似偶然，或在有意与不经意之间，最容易使游赏者得到精神上的满足。

★ 实例分析

北京紫竹院公园布局程序分析。

紫竹院原是一座庙宇的名字，此处的湖泊历史悠久，是高梁河的发源地。新中国成立前，这里湖面淤积，土地荒芜，新中国成立后，在坑塘荒野的基础上，进行大力整理，废田还湖，挖湖造山。

根据公园原址的地理情况——以湖泊为主，公园的性质——北京市的市级公园，北京的历史人文等文化传统——中国古代都城、古文化盛行等情况，紫竹院公园采用了自然式的布局形式。

规划布局模拟自然山水，形成一堤二岛三湖轮廓多变的园林空间。以水为主，以山为辅，环湖堆山，基本形成环抱之势，主要地形集中在公园东北部和西南部。全园采用地面排水，地面水大部分汇集于湖内。湖中岛皆为堆山，与主峰隔湖相望，打破湖面和平地的单调，使景观富于变化。湖面集中在公园西部，东部以绿地居多。围绕湖面，西岸是垂钓区，南岸是澄碧山房，中部是青莲岛与明月岛。建筑简朴轻巧，隐于山水之间。北京紫竹院公园总平面如图 2-37 所示。

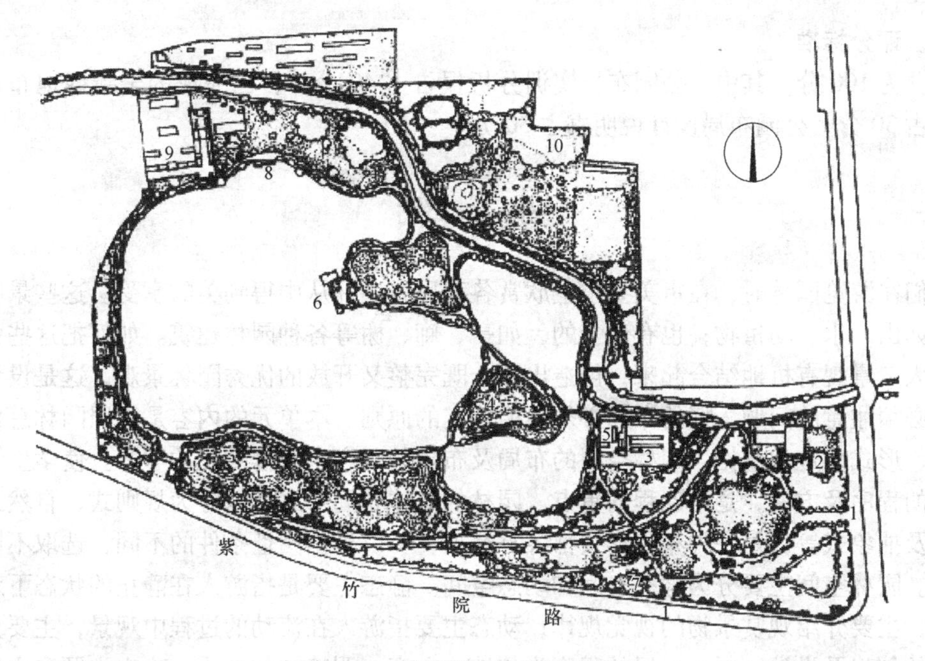

图 2-37 北京紫竹院公园总平面

1—入口 2—管理处 3—文娱展示 4—揽翠亭 5—小卖部 6—水榭 7—儿童游戏场 8—码头 9—紫竹院 10—樱花园

★ 实训

一、实训题目

园林绿地规划布局实例分析。

二、实训目的

通过园林绿地规划布局实训，了解园林布局中的注意事项，掌握园林布局的程序和方法。

三、实训区的选择要求

在当地就近选择一个市级综合性公园作为分析对象，要求公园面积 $>15hm^2$，园林布局合理，造景艺术水平较高。

四、资料提供及实训实施

（1）资料提供

1）1∶500 的公园总平面图及地形图。

2）公园周边环境资料，主要包括交通、单位、人群等。

（2）实训实施　由教师带领学生到所选定的园林进行实地参观考察，学生分组进行现场讨论分析并记录资料。

五、成果要求

1）完成一份公园布局实训分析报告。

2）针对该公园的实际自己完成一份全新的绿地布局规划设计图。

3）完成公园布局设计说明书。

六、评分标准

满分为100分，其中，公园布局实训分析报告占40分，自己完成的全新绿地布局规划设计图占30分，公园布局设计说明书占30分。

小　结

人们在游览园林时，在审美要求上欣赏各种风景，并从中得到美的享受。这些景物有自然的，如山、水、动植物；也有人工的，如亭、廊、榭等各种园林建筑。如何把这些自然的景物与人工景观有机地结合起来，创造出一个既完整又开放的优秀园林景观，这是设计者在设计中必须注意的问题。好的布局必须遵循一定的原则。本单元的内容是按照园林总体布局的形式、形式确定的依据、园林空间的布局及布局的程序来安排知识的学习。使学生掌握园林布局的程序及方法，是本课程的重点。园林的总体布局形式可以分为规则式、自然式、混合式以及抽象式等，每一种布局形式都各有特点，可以根据园址条件的不同，选取不同的布局形式。园林空间主要分为静态空间和动态空间。静态主要是指游人在静止的状态下观赏园林景物，主要介绍观赏景物的视觉规律；动态主要指游人在流动的过程中观景，主要介绍动态序列的创建及设计。园林布局的程序为相地、立意，明确园林性质，确定主题和主体，布置主景的位置，确定功能分区，布置景点与游览线。综上所述，根据不同的地形条件、不同的建园思想，选取不同的布局形式，并确定以静态空间为主还是以动态空间为主，再根据空间布局确定观景点或游览线。

园林构图艺术

[知识目标]

(1) 掌握园林构图中形式美的表现形态。

(2) 掌握园林构图中形式美的法则及其在园林构图中的应用。

(3) 掌握园林构图中景观艺术表现手法及技巧。

(4) 掌握园林色彩的基本知识及其构图艺术处理。

[能力目标]

(1) 能够运用形式美的法则和造景手法进行园林景观设计。

(2) 能够运用园林构图理论进行园林空间的创造。

(3) 提高对园林艺术的鉴赏能力和创作水平。

项目一　园林构图中形式美的法则及其应用

一、园林构图中形式美的表现形态

自然界中，景物常以其形式美而影响人们的审美感受。景物都是由外形式和内形式组成的，外形式是由景物的材料、质地、形态、线条、光泽、色彩和声响等因素构成；内形式是由上述因素按不同规律而组织起来的结构形式或结构特征。比如一般植物都是由根、茎、叶、花、果实、种子组成的，然而由于其各自特点和组成方式的不同，从而产生了千变万化的植物个体和群体，构成了乔、灌、藤、地被等不同的植物形态。

形式美是人类社会在长期的社会生产实践中发现和积累起来的，它具有一定的普遍性、规定性和共同性。但是人类社会的生产实践和意识形态在不断改变，并且还存在着民族、地域性及阶级、阶层的差别。因此，形式美又带有可变性、相对性和差异性。

从外在形态方面加以归纳，形式美的表现形态主要有线条美、图形美、体形美、光影色彩美、质感和肌理美及朦胧美等几个方面。

(一) 线条美

线条是构成园林景物外观的基本要素，园林景物的轮廓线和边缘线都是由线条构成的，在园林构图中有着重要作用。从造型意义上看，线是最富有个性和活力的要素；视觉形象上的线既有长度，又有宽度和厚度；线在视觉上表现出方向、运动和生长；线可以用来连接、联系、支撑、包围或贯穿其他视觉元素。

1. 线的方向与线型

（1）线的方向　一条线的方向影响着它在视觉构成中所发挥的作用。对于观察者而言，具有一定长度的线段在空间中又具有方向感，如水平、竖直或倾斜。在空间中处于水平或垂直方向的线体在视觉上呈现为静止和稳定的状态。比如一条垂直线可以表达一种与重力平衡的状态，或者标示出空间中的一个位置。

（2）线型　自然的各种线型具有不同的视觉印象和审美特征。比如长条横直线有横向扩张感，代表广阔宁静，常常给人以平衡的感觉；竖线给人上升、挺拔、积极向上之感，代表尊严、权力，给人以严肃、端庄的感觉；短直线表示阻断与停顿；虚线给人延续、跳动的感觉；斜线使人联想到山坡、滑梯，意味着危险和运动；曲线则给人柔和、流畅、细腻和活泼的感觉。

2. 线在平面构图与立面构图中的作用

在园林设计中，线的作用主要表现在联系和连接作用，如道路、长廊和景观廊道等。线是联系或连接两个园林空间常用的要素，有明显的导向性。有时这些不同的线是和谐的，有时则互相交叉引起紊乱和冲突。例如街道就是一种典型的线型空间，是道路功能的拓展。

（1）线在平面构图中的作用　在园林平面构图中，线条主要体现在园路的线型、乔灌木的林缘线、模纹材料的图案线及广场等硬质铺装的外轮廓线上。其中园路的线型设计是非常重要的，因为园路在构图中起到骨架作用，对园林的主题风格有着重要的影响。用直线类组合而成的图案和道路，给人秩序、规则的感觉；而以曲线类组合而成的图案和道路，则给人自然、休闲、轻松的感觉。直线型的园路，路段的长度与对景画面的宽度及高度，要适合人们行进时赏景的距离和速度，太短则不能满足，太长又觉得不够紧凑。而路两侧的景观常作对称的布置，以衬托出主景，显示主景庄严雄伟的气氛。为了控制好画面，沿路有时设上一些平淡的树木作框架，以勾勒出美好的对景。如图3-1所示，曲线形的园路，可分为规则式与自然式两种。规则式曲线是由圆弧组成的，它有一个圆心存在，对景就设在圆心上，因此赏景者是等距离地围绕着对景转，看到不同角度上对景的画面，比单纯的直线多变化，且多趣味。自然式的曲线多呈S形，是由几个长短不同的直线连续构成的，具有流动感，在园林设计中合理利用，可以使人为造景充满生命，更加贴近自然。

（2）线在立面构图中的作用　在园林立面构图中，线条主要体现在建筑的外轮廓线和乔灌木的林冠线上。在建筑中，线条的运用是千变万化、非常丰富的。例如，在哥特式古典建筑中，垂直上升线条的运用，不仅起到了承载上部压力的作用，同时将西方宗教文化也蕴含于其中，使得建筑的神秘感与威严感油然而生。另外，在园林种植设计中，乔灌木的林冠线必要时一定要高低错落，这样才能产生动感、丰富立面的表现，如图3-2所示。

（二）图形美

图形是由各种线条围合而成的平面图形，在园林中应用非常之广，如园林的分区布局、建筑的外轮廓线、广场、水池、花坛等的设计。图形通常分为规则式图形和自然式图形两类。常见的规则式图形有圆形、方形、三角形，一般有明显的规律变化，给人庄严、秩序之

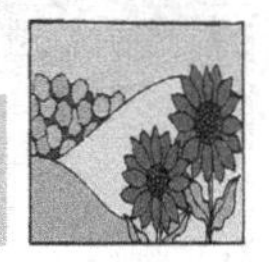

图 3-1　曲线形的园路

图 3-2　具有动感的林冠线

感；不规则图形包括不规则的多边形和各种曲线构成的图形，用于表达自然、休闲、流动之感，反映人们对大自然的向往，如图 3-3 所示。

例如园林的门窗在建筑设计中可以看成是可移动的图形，除了具有交通及采光通风的作用外，在空间处理上，可以把两个相邻的空间既分隔开来，又联系起来。由于造园和空间划分的需要，出现了造型多样的门洞，如苏州拙政园的圆形门洞、苏州同里退思园入口处的长方形门洞、留园曲溪楼通向明瑟楼的六边形门洞、沧浪亭某小园的人口处葫芦形门洞，都可看作图形在园林中的体现。

（三）体形美

体形是指由各种物质构成的园林实体，如山石、水体、园林建筑、植物、雕塑小品等。不同类型的景物有不同的体形美，同一类型的景物也具有多种状态的体形美。

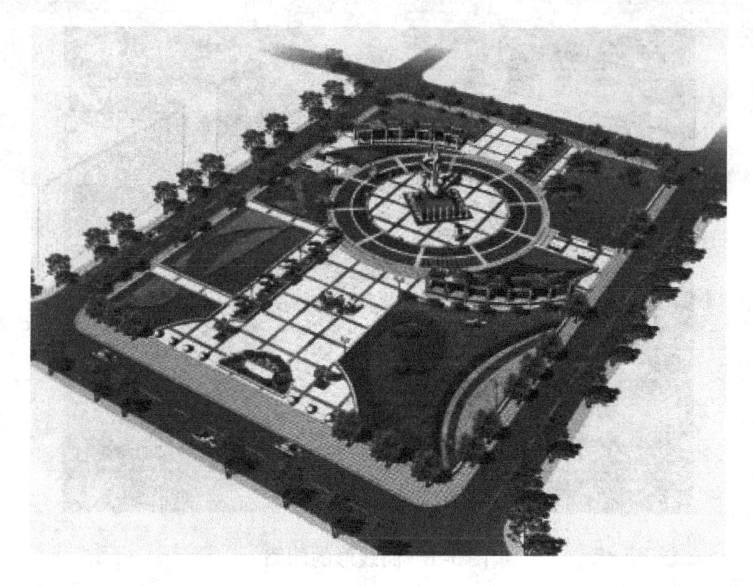

图 3-3　图形美的表现

1. 立体花坛的体形美

立体花坛现已经成为构成园林绿化景观的重要组成部分，大多是运用小灌木或一、二年生的草本植物，结合园林色彩美学及装饰绿化原则，经过合理的植物配置，将植物种植在立体构架上而形成具有立体观赏效果的植物艺术造型。立体花坛通过各种不尽相同的植物特性，以其独有的空间语言、材料和造型结构，神奇地表现出各种形象，向人们传达各种信息，让人们感受到它的形式美感和审美内涵，是集园艺、园林、工程、环境艺术等学科于一体的绿化装饰手法，如图 3-4 所示。

图 3-4　利用植物组成的立体花坛

2. 雕塑的体形美

雕塑是构成园景的重要元素之一。园林雕塑配合园林来构图，大多位于室外，题材广泛。园林雕塑通过艺术形象可反映一定的社会时代精神，表现一定的思想内容，既可点缀园景，又可成为园林某一局部甚至全园的构图中心。欣赏雕塑，必须在特定的环境中去体会，从而获得雕塑的意念；即通过组织空间、组织大自然，使观者强化自身的存在意识。而且，雕塑艺术是人为的艺术，是创造人与环境、人与自然、人与社会心理联系的艺术，也是创造者和欣赏者心理联系的艺术。

雕塑的题材不拘一格。按内容，园林雕塑可分为纪念性雕塑、主题性雕塑和装饰性雕塑。纪念性雕塑纪念历史人物或事件，如南京雨花台烈士群像、上海虹口公园的鲁迅像、青岛中山公园的孙中山像等；主题性雕塑表现一定的主题内容，如广州市的市徽“五羊”、南京莫愁湖的莫愁女等；装饰性雕塑题材广泛，人物、动物、植物、器物都可作为题材，如北京日坛公园曲池胜春景区中展翅欲飞的天鹅和各地园林中的运动员、儿童及动物形象等。按形式，园林雕塑可分为圆雕、凸雕、浮雕、透雕等，使用材料包括永久性材料（金属、石、水泥、玻璃钢等）和非永久性材料（石膏、泥、木等）。园林雕塑常用永久性材料的是圆雕；凸雕、浮雕、透雕则常与建筑结合；冰雕、雪塑是东北园林在冬季特有的一种雕塑艺术。

几何体形象的雕塑往往以其独特的造型、抽象的形体来表达一定的象征意义。它主要通过两种手法来表达其象征意义，一是对客观形体加以简化、概括或强化；二是利用几何形的抽象性，运用点、线、面、块等抽象符号加以组合。几何雕塑以简洁抽象的形体激发观者对美的无限想象。几何雕塑往往比较含蓄、概括，具有强烈的视觉冲击力和现代意味，如图 3-5 所示。

图 3-5　简洁抽象的几何雕塑

雕塑可配置于规则式园林的广场、花坛、林荫道上，也可点缀在自然式园林的山坡、草地、池畔或水中。在园林中设置雕塑，其主题和形象均应与环境相协调，雕塑与所在空间的大小、尺度要有恰当的比例，并需要考虑雕塑本身的朝向、色彩以及与背景的关系，使雕塑与园林环境互为衬托，相得益彰。

3. 园林建筑的体形美

园林建筑要满足人们休闲和文化娱乐的要求，除了具有实用性，还要有较高的艺术性。因此，在园林建筑中，建筑的“形”是非常重要的。以亭为例，亭有圆亭、方亭、三角亭、八角亭、燕尾亭、蘑菇亭等，形象各异而且创造的景观也各不相同。在古典园林建筑中，圆亭多具有斗拱、挂落、雀替等装饰，如北京天坛公园中的两个套连在一起的双环亭，是重檐式，它与低矮的长廊组成一个整体，显得圆浑雄健。在现代园林建筑中，亭逐步演变为伞亭、蘑菇亭等，这种亭在新建的公园游览区比较流行，因为它有一种强烈的时代感。例如伞亭一般为钢筋混凝土结构，只在中心有一根支柱，顶为一层薄板，因而最为轻巧。伞亭拼合一起还可以任意组合灵活的平面。例如桂林杉湖岛上的蘑菇亭，由一组圆形的水榭与三个独立单柱圆形亭子组成，若从高空俯视，湖心岛的平面呈现美丽的梅花图案。

（四）光影色彩美

马克思说过，“色彩的感觉是一般美感中最大众化的形式”，可见色彩在园林景观中占据着非常最重要的地位。色彩，具有强烈的生理属性和情感效应，人们往往运用丰富的色彩语言表达自己特有的理想憧憬、情操内涵和生活情趣，如蓝色表达宁静、安逸的感觉，红色表达活泼、积极的情趣。

园林色彩的构成，主要由山景色彩、水景色彩、植物色彩、建筑色彩四大项构成。山景色彩包括森林植被、峭壁岩石和溪流瀑布等的色彩，特别是植被随着季节的变化而呈现不同的季相，夏季郁郁葱葱，秋季色彩斑斓；水景色彩变化万千，因其对太阳光的散射、反射和吸收以及受周围植物、岩石等影响而呈现不同的颜色，如九寨沟的湖水呈现艳丽的蓝绿色，给人梦幻般的感觉；植物是园林造景中色彩最丰富的要素，从淡绿到深绿，从粉到红，几乎能见到的颜色都能够从不同植物的叶、花、果、枝干体现出来，对彩叶植物的合理运用尤其是现代园林景观中的一道亮丽的风景线；建筑色彩有助于使建筑环境更富于人情味而克服建筑材料的冷漠感，也可以改变建筑的体积感和形体，还可以配合人的行为需要来促进空间的功能，如可使空间感觉更暖或更冷、舒畅或压抑，甚至可以通过色彩使建筑和空间具有某种象征意义。园林景观中，可将这四大项色彩协调地融合在一起运用，表达一定的主题，如图3-6所示。

图3-6　南昌秋水广场喷泉的光影色彩美

（五）质感和肌理美

1. 质感

质感是由构成园林物体的材料表现出来的。不同的质感带给人的感觉不一样，如粗糙的质感让人感到力量、男性化；光滑的质感让人联想到女性的温柔、优雅；金属和岩石的质感

让人感到坚硬；草地和树叶的质感让人感到柔软、轻盈。

质感主要分粗质型、中质型和细质型三种。一般情况下，粗质型具有质朴、厚重和粗犷的视觉心理反应。从另一方面来说，粗质感也具有负面的心理效果，如果使用不当也会产生粗俗、简陋、笨拙的不良后果。细质感则具有精致、高雅、寂静的视觉心理影响。当然它也有消极的一面，即使用不当时会产生平淡、单调的后果。至于中间质感则具有温和、软弱、平静的视觉心理影响，也是一种调和过渡的感觉形态。

2. 肌理

肌理指的是物体表面的质感和纹理感。植物、山石以及园林中其他各种各样的物体都有不同形式的肌理，肌理的自然形成反映了世间万物在自然界中的存在方式。松树粗糙的树皮与荷花光滑的叶片显示了不同肌理与生命的存在方式及其生存环境。

肌理分为自然肌理和创造肌理两大类。自然肌理就是自然形成的现实纹理，如木、石等没有经过加工的原始肌理。创造肌理是由人工造就的现实纹理，即原有材料的表面经过加工改造，形成与原来的触觉不一样的一种肌理形式，通过雕刻、压揉等工艺，再进行排列组合而形成。肌理产品在平面设计、产品设计、建筑设计中是不可或缺的因素。肌理应用得恰当，可以使设计具有魅力。另外，肌理的构成形式可以与重复、渐变、发射、变异、对比等形式综合运用。

（六）朦胧美

朦胧模糊美产生于自然界，如雾中景、雨中花、云间佛光、烟云细柳。它是形式美的一种特殊表现形态，能使人产生虚实相生、扑朔迷离的美感。它给游人留有较大的虚幻空间和思维余地，在风景园林中常常利用烟雨条件或半隐半现的手法给人以朦胧隐约的美感。

在园林中巧用天时地利气候因素，创造烟雨朦胧的景观，是一种独特的造景手法。例如避暑山庄有“烟雨楼”，因处于水雾烟云之中，再现了浙江嘉兴南湖的云烟之美，如图3-7所示；北京北海公园则有“烟云尽态亭”的迷人景点。朦胧创造出距离的美感，而这种美感只有通过人们的想象，去丰富它的内涵，去美化它的质感，去增添它的神秘。

图3-7　朦胧美的表现

二、形式美法则及其在园林构图中的应用

园林设计构图要在统一的基础上灵活多变，在调和的基础上富有对比的气息，使园中整个景点序列富有一定的韵律和节奏，这就要求在设计时以一定的美的法则作为指导。

（一）多样与统一

多样与统一又称为统一与变化的原则。园林艺术应用统一的原则是指园林中的组成要素在体形、体量、色彩、线条、形式、风格等方面，要求有一定程度的相似性或一致性，给人以统一的感觉。由于一致性的程度不同，引起统一感的强弱也不同。园林绿地中，十分相似的园林组成部分能产生整齐、庄严、肃穆的视觉效果，但过分一致又会导致呆板、单调和乏味。所以园林构图中要求统一中有变化，或是变化中有统一，这就是常说的多样与统一的原则。

在一些纪念性公园、烈士陵园等场所，常在主干道两旁种植成列的松柏，营造庄严肃穆的氛围，如图 3-8 所示。再如北京天坛的西门入口干道和南京中山陵道路两旁都是如此。而其他性质的园林绿地则不需要过多统一，而要求变化中的统一。

图 3-8 明孝陵主干道两旁的松柏

自然景观中，如沙漠景观、湿地景观、草原景观等，每一种具有明显特性的风景，都给人以不同的感受和情感反应。凡是给人愉悦感觉的景观，都是由于它的各个组成部分之间具有明显的协调统一。

在园林设计中，将不同的园林要素有机地组合起来，应当注意以下几点：

1. 形式的统一

形式的统一是园林设计首先要考虑的问题。

例如颐和园中的建筑，都是按照当时的《清式营造则例》中规定的法式建造的。木结构、琉璃瓦、油漆彩画等，均表现出传统的民族形式，各种亭、台、楼、阁的体形、体量、功能等，却变化多端，给人既变化又统一的感觉。而有些游乐园，如英国皇家植物园丘园，有中国宝塔、日本门楼等；又如深圳的著名景点“世界之窗”，表现出世界各地的建筑艺术风格，使游人深感兴趣。以上这些将国外建筑引入本国公园中的做法，虽然给人们带来了新鲜感，但却影响了整个公园的统一性。因此，如果不是“建筑展览会”，现代园林应当重视

形式的统一，否则就会给人不统一的感觉。

除园林建筑要求形式的统一之外，在园林的总体布局上也要求在形式上统一。设计之初就要确定采取何种形式的布局，是曲折淡雅的自然式，还是严整对称的整齐式，或是自然式和整齐式二者恰当地形成混合式。经过审慎地思考，按既定的形式统一全园，不得混杂。

2. 材料的统一

园林中非生物性的布景材料，以及由这些材料形成的景物，也要求统一。例如堆假山的石料、指路牌、灯柱、宣传画廊、栏杆、花架等，常常具有功能和艺术的双重效用，点缀在园内时，都要求各自制作的材料是统一的。

现代园林，出现了不少新型的园林建筑，新颖、轻巧、简洁，一反木结构的常规，也深受人们的喜爱，如图3-9所示。由于建筑材料决定了结构，结构决定着形式。如果新材料的利用创作出新的建筑形式，那么，为园林开创新的面貌是完全可能的。

图3-9　现代流行的膜体结构

3. 线条的统一

在堆山砌石方面尤其要注意线条的统一。成功的假山是用一种石料堆成的，它的色调比较统一，外形及纹理比较接近，但是互相堆叠在一起，就要注意整体上的线条问题。因为自然界的石山，其表面的纹理相当统一，如云南石林，各峰的纵线条十分明显，如图3-10所示。所以人工假山也要遵循这个规律。

4. 局部与整体的统一

一些公共园林绿地，服务性比较固定，如体育公园、儿童公园、纪念性公园等，性质比较专一，其局部要服从整体，不能远离主题。也有一些综合性质的公共园林绿地，内容多样，有儿童活动区、老年活动区、体育锻炼区、安静休息区等。各区均有它的特殊内容，但相互间的协调也必须达到"局部与整体的统一"，绝不能在安静休息区安装喧闹的过山车等设施或旱冰场等场所。目前，城市需要大众化的娱乐活动，从儿童

图 3-10 云南石林各峰纹理的统一

到成年都不可缺少，但在用地紧张的情况下，许多娱乐活动场所向公园争夺土地，造成极不协调的安排，这就需要在园林设计过程中，尤其要注意局部与整体的统一问题，避免出现局部与整体不统一的景观。

公共园林绿地，无论是分布在市区还是郊区，都不是孤立存在的，无论这处园林的性质如何，都要当它是一个局部，与四周环境结合起来，统一进行规划和设计。例如颐和园，若没有西部群山的环抱和玉泉山的塔影，整个昆明湖的景致将会大打折扣。相反，局部对外部的影响，可以扩大到几公里，甚至几平方公里，例如某植物园建立一座 30 多米高的烟囱，在它四周几公里之外就可以看见，给人以工厂的感觉，而想不到那里会是植物园。园林中各局部的视觉协调，才能给人以视觉美；各局部的功能上协调，才能产生功能美。但这种“美”在园林建设中常被忽视，主要就是因为局部与整体缺少统一的规划。

园林中的变化是产生美的重要途径，通过变化使园林美具有协调、对比、韵律、联系、分隔、开朗、封闭等多样与统一的效果，许多造型艺术的表现手法都是以多样与统一为基础的。所以说，多样与统一的原则是园林艺术构图中最基本的法则。

（二）比例与尺度

1. 比例

比例是指园林中的要素在体形上具有适当协调的关系，其中既有要素本身各部分之间长、宽、高的比例关系，又有要素之间、个体与整体之间的比例关系。这两种关系并不一定用数字来表示，而是属于人们感觉上、经验上的审美概念。

园林各组成要素在空间、体量、体形以及其自身之间的比例关系是至关重要的。只有整体空间比例合适时，才能创造优美的空间环境。

（1）整体平面比例　整体平面比例主要指山石、道路、植物、水体、建筑等各园林要素在整体平面上的关系，如陆地和水面、山地和陆地、道路和整体园林等的比例。

（2）园林要素垂直方向上的比例　垂直方向上的比例主要指山体与建筑，建筑与高大

的乔木，建筑与园林山石、小品，与矮生花、灌木等各要素的高度在垂直方向上的比例，如图3-11所示。

图3-11　树木与山石在垂直方向的比例

（3）体积（体量）的比例关系　体积（体量）的比例关系有两方面的含义，即要素自身的比例和各要素之间的比例。要素自身长、宽、高三个向量的比例，决定了要素自身的景观效果；各要素之间在空间体量上的比例关系，决定了园林的整体空间效果。

2. 尺度

尺度既有比例关系，还有匀称、协调、平衡的美学要求，其中最重要的是与人的体形标准之间的关系。园林的服务对象是人，所以人的平均身高、肩宽、步长、足长及坐高等，都与园林中许多小品和设施有直接的关系，如门廊、栏杆、座凳等都必须与人体的尺度相协调。除实际生活中要求的尺度标准外，还要注意意识形态上超脱生活以外的宏大的尺度要求，如宗教上、政治上的一些建筑物及其附属园林绿地，都超过了人体的尺度。在园林设计时，既要注意景物本身的比例，又要考虑其与四周景物的比例，一般根据以下几个方面进行尺度的处理：

（1）以人的身高为设计标准　园林中的栏杆、园墙、座椅等一般都是以正常人的尺寸为依据进行设计的，如防护性栏杆的高度为1.1～1.2m；装饰性栏杆的高度为15～30cm；台阶的宽度通常为30～40cm；园林围墙的高度为1.5～1.8m；防护性墙的高度为2.0～2.5m；座椅以人的小腿长度为设计依据，通常为40～60mm，如图3-12所示。

图3-12　座椅尺度设计

（2）依据不同的地域进行处理　由于

国土面积小，日本园林的面积较小，无论树木、置石或其他园林小品，都是小型的，尺度宜人，使人感到亲切。而欧洲、美国等大型园林，如在华盛顿国会大厦前的宽敞轴线上，水池、草地、大乔木、纪念碑等都是大型的，使人感到宏伟。这种亲切感或宏伟感尺度适当，都是符合各自的地域和民族特点的。

（3）依据园林的功能来决定　不同的园林形式，有不同的功能要求，如中国的故宫和颐和园属于皇家园林，空间大，尺度大，气势宏伟，金碧辉煌；而古典园林的代表——网师园和拙政园则为私家园林，空间小，尺度小，娇小玲珑，粉墙花影。随着现代园林的发展，人们对空间的要求已经超越了过去对园林空间的理解，所以园林空间的尺度常常很大、通透、开阔。

人们习惯用人的身高、活动范围去衡量人的视觉感知关系和审美依据。当对比要素给人的视觉尺寸与真实尺寸一致的时候，景物的局部及整体之间与人就会形成一个合乎常理的比例，或形成一个合乎常理的空间和外观，这时人们会感到亲切、自然。例如北京王府井步行街的人拉车雕塑，皇城根遗址公园的对弈雕塑等，都给人亲切自然的感觉。

如果视觉尺寸小于或大于真实的尺寸，就会营造出不同的景观效果，使人感觉到不同的园林意境。当视觉尺寸小于真实尺寸时，人们会感到小巧、别致，如日本枯山水园林，当视觉尺寸大于真实尺寸的时候，人们会感到宏伟，高大、开阔，甚至高高在上，不可一世，如中国古典皇家园林的颐和园、圆明园等。无论是园林的空间，还是建筑的体量气魄，莫不如此。

在园林设计中，局部—整体，个体—群体，近期—远期相互之间的比例关系，都要与客观现实所需要的尺度结合起来考虑，这是园林设计成败的关键。要形成一个良好的空间造型艺术，任何一个要素在它所处的环境中，都必须有适当的比例和尺度。

3. 比例与尺度的设计要点

（1）人体的尺度要求　人体的平均足长、步长决定了台阶、汀步的宽度；人的平均肩宽决定了几个人并肩而行的路宽；人体的平均坐高与小腿的平均长度决定了坐凳的高度；人体的平均身高决定了门的高度……诸如此类，都直接或间接与人体的尺度有关，所以人体的尺度在园林设计中具有重要的作用，是人性化设计的标准。

（2）建筑材料决定了比例关系　古埃及用条石建造宫殿，宫殿跨度受到石材的限制，所以廊柱的间距很小；以后用砖结构建造拱券形式的房屋，使得室内空间很小而墙很厚；在使用木结构的长远年代中，屋顶的变化才逐渐丰富起来；近代混凝土的崛起，一扫过去的许多局限性，突破了几千年的局限，园林建筑也丰富多彩，造型上的比例关系也得到了解放。

（3）功能和目的决定了比例尺度　在建造宫殿、寺庙、教堂、纪念堂等建筑时，常常采取大的比例，有些部分甚至大大超过人的生活尺度要求，目的是为了表现建筑的崇高和雄伟。这种效果以后又被利用到公共建筑、政治性建筑、娱乐性建筑和商业建筑等方面，以达到各自不同的目的。

关于园林建筑的比例及尺度问题，一般原则是：应该在园中有一个主体建筑，不论其性质如何，设计者应该以主体建筑的高矮、大小等因素，作为全园考虑其他景物的出发点，从比例关系上突出主体建筑物，包括作为配景的其他建筑物，如小品、道路、植物配植、水面等，都要服从主体建筑的“统治”关系。否则，一物不当，则破坏全局。例如某工业区有一个公园，其中轴线上有一座白水泥塑像，因其体形偏大而使全园比例失调。有些要求荫蔽、幽邃、闭锁、小巧的园林，尤其要以小型景物进行合理的安排。

（4）植物配植影响比例关系　建园之始，窗前种植一株小灌木，而在几年之后成了枝叶茂盛的大灌木，就会打破原来的比例关系，并遮挡光线，这种常有的事例在设计时应特别注意。日本传统园林喜用体形小的常绿灌木及针叶树，一方面力求其生长缓慢，一方面加强修剪，相对保持其比例适当的体形。中国的自然式山水园，乔灌木任由它自然生长，结果成为古老的参天大树，艺术效果趋向于幽邃、隐蔽，以致附近的山与亭都显得矮小了。例如苏州的留园，山巅的大银杏就使旁边的亭子显得矮小了。所以植物在生长过程中，园林比例关系也在发生变化。

（5）人工造景与自然山水的比例关系　古画论中说“远山疑无树”，能够引起比例感的是山中的行人或桥、亭等建筑物。例如登上井冈山感到云深不知处，但是偶然见到山涧里的樵夫或山腰上的哨亭，才顿时产生了尺度感，感受到山的雄伟巍峨及自身所处的高险。所以在风景区内为了显示山势的高耸，可以建小型的亭阁之类，相比之下更觉得山景崔巍，山势磅礴。例如福建武夷山的九曲溪边，一座垂直的陡壁之下建了一两座小型的亭阁，使人觉得“亭小显山高”，效果极佳。

至于小水面，欲使其稍有辽阔之感，也可以利用比例的关系。例如苏州网师园池西边的“月到风来亭”及与它衔接的廊，都比一般的亭子稍矮一些，目的就是使人感到水面稍宽。

（6）园林分区的比例关系　一块公共园林的内部需要按功能分区，各区的大小既要符合内容的需要，又要服从与整体面积的比例关系，这是总体规划方面十分重要的环节。例如游览区与非游览区就必须主次分明，以游览区为主，并按不同的方式将其分为若干小区，如按年龄分区、按活动内容分区、按不同的景观分区等，各区的面积大小要以社会调查为依据，以服务半径为参考，有了充分的资料才能做出比例合适的面积划分。

全局的良好比例关系是多方面综合而成的。以上提到的总体规划、自然山水、人工建筑、树木配植、水面及其他许多方面的内容，相互间都存在着比例关系，在设计中，必须加以综合考虑。

（三）均衡与稳定

人们从自然现象中意识到，一切物体要想保持均衡与稳定，就必须具备一定的条件，如山体下部大，上部小；树木下部粗，上部细，并沿四周对应地分枝出叉等。同时，人们通过生产实践也证明了均衡与稳定的原则，并认为凡是符合这样的原则，不仅在实际上是安全的，而且在感觉上也是舒服的。这里所说的稳定，是指园林布局在整体上就轻重的关系而言的；而均衡是指园林布局中左与右、前与后的轻重关系等。

1. 均衡

在园林布局中，要求园林景物的体量关系符合人们在日常生活中形成的平衡安定的概念，所以除少数动势造景外，园林构图一般都力求均衡。均衡可分为对称均衡和非对称均衡。

（1）对称均衡　对称的布局往往都是均衡的。对称布局是有明显的轴线，轴线左右完全对称。对称均衡布置给人庄严、严整的感觉，在规则式的园林绿地中采用较多，多用在纪念性园林、公共建筑的前庭绿化等，如图 3-13 所示。

对称均衡小至行道树的两侧对称，花坛、雕塑、水池的对称布置，大至整个园林绿地建筑、道路的对称布局。在园林构图上，对称布置的手法是用来陪衬主题的，如果处理得当，主题突出，如凡尔赛公园，显示出由对称布置所产生的非凡之美，成为千古佳作。但对称均衡布置时，景物常常过于呆板而不亲切。

图 3-13 对称均衡布置

（2）不对称均衡　在园林绿地的布局中，由于功能、组成部分、地形等各种复杂条件的制约，往往很难也没有必要做到绝对对称均衡的形式，在这种情况下常采用不对称均衡的手法。不对称均衡的构图是以动态观赏时移步换景、景色变幻多姿为目的的。它是通过游人在空间景物中不停地欣赏，连贯前后，以形成均衡的构图。不对称均衡的布置要综合衡量园林绿地构成要素的虚实、色彩、质感、疏密、线条、体形、数量等给人的体量感觉。中国传统园林大多是以不对称均衡的状态存在的。在景物不对称的情况下取得均衡，其原理与力学上的杠杆平衡有相似之处。在园林布局上，重量感大的物体离均衡中心远，重量感小的物体离均衡中心近，二者因此取得平衡。

景物小至山石盆景，如图 3-14 所示，大至整个绿地以及风景区的布局，都可采用不对称均衡布置，带给人自由灵活的感觉，予人轻松活泼的美感，充满着动势，所以又称为动态平衡。

图 3-14 山石盆景

2. 稳定

自然界的物体为了维持自身的稳定，靠近地面的部分往往大而重，往上的部分则小而轻，如山体、土坡等。从这些物理现象中，人们就产生了重心靠下，底面积大可获得稳定感的概念。

在园林布局上，往往在体量上采用下面大，向上逐渐缩小的方法来取得稳定坚固的感觉。中国古典园林中的高层建筑，如颐和园中的佛香阁、西安的大雁塔等，都是通过建筑体量由底部向上逐渐递减缩小，使重心尽可能低的方法，来取得结实稳定的感觉。另外，在园林建筑和山石处理上，也常利用材料、质地给人的不同重量感来获得稳定感。例如园林建筑的基础墙面多用粗石和深色的表面处理，而上层部分采用较光滑或色彩较浅的材料；在土山带石的土丘上，也往往把山石设置在山麓部分，给人以稳定感。

（四）对比与调和

园林艺术中常常提起的小中见大，实际就是调动景观诸要素之间的关系，通过对比、反衬，造成错觉和联想，达到扩大空间感、形成咫尺山林的效果。这多用于较小的园林空间，利用对比手法，以小见大，以少胜多。例如苏州环秀山庄就是在咫尺之境，创造山峦云涌、峭崖深谷、林木葱郁、水天环绕的典型佳作。

对比与调和是运用布局中的某一因素（如体量、色彩等）不同程度的差异，来取得不同艺术效果的表现形式，或是利用人的错觉以互相衬托的表现手法。差异程度显著的称为对比，在园林绿地中采用对比处理，能彼此对照，互相衬托，可使景色生动活泼，更加鲜明地突出各自的特点；差异程度较小的表现称为调和，是彼此和谐，互相联系，产生完整的效果。园林景色要在对比中求调和，在调和中求对比，使景色既要丰富多彩，又要突出主题、风格协调，如图3-15所示。

图3-15　河马汀步与其他石块汀步在对比中求调和

1. 对比

园林中可以从许多方面形成对比，如体形、体量、方向、开合、明暗、虚实、色彩、质感等，都能在园林设计者的精巧构思下形成园景的对比。形成对比常用的手法有以下几种：

（1）烘托手法　利用植物烘托植物，容易得到较好的效果。中国古诗中所谓“万绿丛中一点红”的意境就是利用植物烘托植物得到的效果，以常绿树作为背景衬托开花灌木，在体形、色彩方面均能产生对比，效果很好。另外，以植物烘托建筑的手法也很常用，其中包含着人工与自然的对比、质地、线条、色彩的对比等，烘托的效果极好，如图3-16所示。

（2）优势手法　必须采用对比的场合，一方面是被突出的景物，称为主景，另一方面是充当配角的配景，二者必定要有一方面占有绝对的优势，有显著的突出才能获得对比的效

图 3-16　植物与建筑质地、线条、色彩的对比

果。必须注意，优势不一定以面积和数量来表现，如果色彩鲜明或位置高耸，也可以形成优势。作为配角的一方面，它的内容要有最大限度的统一，内部协调，才能更好地为主角服务。例如北京天安门前的人民英雄纪念碑，四周配以暗绿色的松林，就是一个对比手法很恰当的设计。

（3）山水结合的对比手法　山势高耸是指垂直方向，水面平坦是指水平方向，山水结合就形成了垂直与水平方向上的对比。在形体上“山小显水大，水小显山高”，也是一种对比，明确要突出的内容，就可以人为地安排山势和水面与之形成对比。

（4）大小面积的对比手法　大园气势开敞，通透、深远、磅礴；小园封闭、亲切、细巧、曲折，如果在大园中建立小园，游人就会产生新奇的感觉，如颐和园中建立谐趣园，通过大园与小园的对比，就取得了很好的艺术效果。

（5）背景的对比手法　古诗上所谓“杂树映朱阑”，“青嶂插雕梁”，说明背景安排适当是造园中效果最明显的手法。例如常绿树前的白色大理石雕像，无论是色彩还是质地，都进行了恰当的对比，使主题十分突出，如图 3-17 所示。其他如白色栏杆前的一丛红花，苏州粉白墙上的竹影等都是背景反衬的效果。反之，如果白玉兰的背景是天空，喷泉的水柱背景也是天空，那么，其结果是游人无所收获，观赏效果很差。

图 3-17　白色大理石雕以常绿树作为背景

2. 调和

调和即协调、和谐，是指事物和现象各方面相互之间的联系与配合，达到完美的境界和多样化中的统一。在园林中，调和的表现是多方面的，如体形、色彩、线条、比例、虚实、明暗等，都可以作为调和的对象。景物的相互调和必须相互有关联，而且含有共同的因素，甚至相同的属性。

（1）相似调和　如果形状相似而大小或排列上有变化，称为相似调和。当一个园景的组成部分重复出现，如果在相似的基础上进行变化，即可以产生和谐感，如图 3-18 所示。

图 3-18　黄杨球与红花檵木球在形体和排列上相似调和

（2）近似协调　如果两种近似的体形重复出现，可以使变化更为丰富并具有和谐感，如方形与长方形的变化，圆形与椭圆形的变化都是近似协调。自然式的园林中蕴藏着许多美景，如果细加分析，其中确有许许多多近似的调和，如植物体叶片之间大同小异，本身就是一个近似调和的整体，枝条的开张度和匀称的分布形成整个树冠的体形轮廓，它与附近的同种树木又形成近似的调和。一片松林、竹林之所以引人入胜，主要是存在令人愉悦的和谐感。再加上小河蜿蜒，与它嵌合的小路迂回地伴随，也使人沉醉于和谐的美感之中。

（五）节奏与韵律

在视觉艺术中，节奏与韵律本身是一种变化，也是连续景观达到统一的手法之一，是多样统一这个原则的引申部分。园林空间构图的艺术性在很大程度上是依靠节奏和韵律来实现的。有些“韵律感”是可见的，如两个树种交替种植的行道树，用在西湖上的一株杨柳一株桃，形成春天桃红柳绿的迷人景观，如图 3-19 所示。

1. 植物配植的韵律

植物配植的韵律指行道树用一种或两种以上植物重复出现形成韵律，如图 3-20 所示。一种树木等距排列可组成简单的韵律；而两种树木或一种乔木及一种花灌木相间排列就显得活泼得多，称为“交替韵律”；如果三种植物或更多品种的植物交替排列，就会获得更丰富的韵律感。人工修剪的绿篱可以剪成各种形式的变化，如方形起伏的城垛状、弧形起伏的波浪状，平直加上尖塔形或球形等，如同绿色的墙壁一样，形成一种“形状韵律”。绿化植物红叶石楠，嫩梢为红色，随季节发生色彩的韵律变化；很多色叶树种春夏为绿色，在秋天才变成红色，这些都可以被认作“季相韵律”，如图 3-21 所示。

图 3-19　西湖桃红柳绿的迷人景观

图 3-20　厦门环岛路植物重复出现形成韵律

图 3-21　同一景点在不同季节表现不同景观

花坛的形状变化，植物内容、色彩及排列纹样的变化，结合起来就是花园内最富有韵律感的布置。欧洲园林中大面积使用图案式花坛，给人强烈的韵律感。另外一种称为“花镜”，植物的种类不多，按高矮错落作不规则的重复，花期按季节而此起彼落，全年欣赏不绝，其中高矮、色彩、季相都在交叉变化之中，如同一曲交响乐的演奏，因而韵律感十分丰富。

沿水边种植木芙蓉、夹竹桃、杜鹃花等，倒影成双，也是一种重复出现，一虚一实形成韵律；一片林木，树冠形成起伏的林冠线，与青天白云相映成趣，风起树摇，林冠线随风流动，也是一种韵律；植物叶片、花瓣、枝条的重复出现也是一种协调的韵律。园林植物产生的丰富韵律可谓取之不尽。

2. 山水道路的韵律

山峦起伏，山的轮廓线在天空中划出一组曲度近似的线条，形成“渐变的韵律”，山石堆砌的艺术中讲求统一中有变化，同一方向上的纹理重复出现也显现出韵律感；大水面一平如镜或水天一色使人感到单调，但轻风拂来水面吹起涟漪，波纹细浪的出现立即产生韵律感；鱼儿啃着水面的莲叶，出现圈圈的环纹向外扩散也是一种韵律。又如中国传统的铺装道路，常用几种材料铺成四方连续的图案，如图 3-22 所示，使游人一边步游，一边享受道路铺装的韵律。

图 3-22　道路铺装形成韵律

有高差的坡地，必要时可设计为一层层的平台园或用踏步形成的组合。人在登山的时候，每上 12 ~ 20 层踏步需要稍加休息，这时留出 1 ~ 2m 长的平台或放一条石凳，正如音乐中的“休止符”一样。无论踏步是宽是窄，在设计上必须处理好“踏步—平台—踏步”这个重复的规律，既方便游人，又产生美好的韵律感。

3. 园林建筑的韵律

美国的哈姆林认为“中国建筑的韵律内容丰富、巧妙而渐变”，仔细分析起来确实如此，如重复出现的屋檐、瓦当、斗拱、门窗上的花格、曲廊的回折、栏杆的花纹等，既有条理，又有含蓄的渐变，韵律感十分丰富，如图 3-23 所示。

图 3-23　栏杆的花纹具有很强的韵律感

4. 整体布局的韵律

一个园林是一个相对而言的整体，其中少不了山水、花草树木，及少量的园林建筑。这些景物都不是单独出现的，既重复出现，又不是呆板地相似重复，其中就有十分复杂而活泼的韵律。例如水景或水面的安排，自然式园林可以将溪流与湖沼进行各种曲折形状的变化，形成有开有合，有宽有窄，有大有小的重复变化，比起单纯的一泓池水要富于韵律。另外，整体印象上的韵律感仍旧离不开统一当中有变化的原则，如果是重复的变化，各种景物要尽量避免相似的重复变化，使布景的效果韵味无穷。

以上简单地介绍了产生韵律的几个方面，西方的园林设计者都善于在整齐式的园林中表现韵律，实际上有时一目了然反而易使人乏味。东方园林成功地在自然式中表现韵律，使人在不知不觉中体会到造园艺术性高且比较含蓄，这也正是耐人寻味的地方。

★ 实例分析

1. 日本枯山水园林分析

著名的枯山水园林由于面积较小，无论树木、置石或其他园林小品，都是小型的，使人感到亲切适宜，如图 3-24 所示。枯山水园林满足了人们在特定环境下对山水美的渴望，它的许多理念都带有禅学的精髓。营造枯山水庭园，常使用常绿树、苔藓、沙、砾石等静止、不变的元素，园内几乎不使用任何开花植物，乔灌木、小桥、岛屿甚至园林不可或缺的水体等要素均被一一剔除，仅留下岩石、沙砾和自发

图 3-24　日本枯山水园林

生长于荫蔽处的一块块苔地，以达到美化环境的要求。

枯山水的确给人一种宁静安详的感觉。初入庭院，其与众不同的造景方式顿时会把人牢牢吸引住，没有蜿蜒的小溪、郁郁葱葱的乔灌木，视觉冲击力最大的即是大片的白色沙砾，造景大师以如此纯白的沙砾作为流动的河流，给人一种静中有动的感觉，引发人无限的遐想。这种设计使庭院仿佛一座河流中的岛屿，宁静祥和的心境是游人最想体会到的。这是一种精神园林。与郁郁葱葱、小桥流水式的华丽庭园相比，枯山水乍看毫不惊艳，但静坐且面对它，能使人渐渐体味到人生的真谛。枯山水园林以此将尺度与比例原则完美地用于造园中。

2. 苏州园林分析

同样，苏州园林由于园子本身的面积不大，因而园内常用比较矮小的植物山石来布置，从而给人宽敞开阔的感觉，如图 3-25 所示。

图 3-25　苏州园林矮小的植物山石布置

3. 小品与绿地对比分析

如图 3-26 所示的绿地，蘑菇形小品与草地和周围的植物在色彩和质地上形成明显的对比，但是在形体和环境上却给人协调感，也正是由于这种对比，才使蘑菇小品更加突出，以彰显主题。如图 3-27 所示，厦门大学校园绿地中的鲁迅雕塑与周围环境形成良好的对比协调关系。

图 3-26　蘑菇形小品与周围环境的对比协调

图 3-27　厦门大学雕塑与周围环境的对比协调

★ 实训

一、实训题目

园林形式美法则在园林中的应用分析

二、实训目的

通过对学校周围的园林绿地景观的调查、取景，了解各园林要素设计的形式美法则，能够把学到的形式美及形式美法则知识应用于实际分析，掌握园林要素设计中形式美法则运用的方法和技巧；并培养学生准确地观察和分析问题的能力。

三、实训区的选择要求

指定校园绿地或某一公园绿地作为实训区域。

四、资料提供

形式美法则的基本理论。学生根据自己对形式美法则的理解，对各个不同景点的园林要素等进行分析。

五、成果要求

分析报告，分析对形式美法则（多样与统一、比例与尺度、均衡与稳定、对比与调和、节奏与韵律）的认识及其在园林造景中如何运用的看法。

六、评分标准

满分为 100 分，其中，出勤及学习态度占 40 分，分析报告占 60 分。

项目二　园林构图中景观艺术表现手法

景观艺术表现手法即造景手法，其指导思想源于自然，又高于自然，做到虽由人造，宛如天开，主要有以下几种表现手法：

一、主配手法

俗语说“牡丹虽好，还需绿叶扶持”，这正好说明主景与配景的关系，在绿叶的衬托之下，红花才能取得更加动人的效果。“主峰最宜高耸，客山须是奔趋”，说明主景突出、客景烘托的主配关系。

主景是整个园区的重点，是园林空间的构图中心，往往最能体现园区特色，是全园视线的控制焦点。配景起陪衬作用，使主景突出，主景因配景而突出，配景因主景而增色。二者相得益彰又构成一个统一的艺术整体。然而，主配景的关系有时又是相对的，一个主区的配景又是某个分区的主景。但是，在一个区域内只能有一个固定的主题。

在园林造景中既强调主景的突出，又重视配景的烘托，既不能喧宾夺主，又不能不考虑配景。园林设计中为了突出主景，常用以下手法：

(一) 抬高或降低主景法

把主景对象在空间尺度上抬高或降低，都会取得强化景观对象、吸引游人视线的作用。抬高主景通常有两种方法，一是把主景置于较高的地形上，如山上建亭，亭为主景；二是增大主景自身的尺度，使得主景在一定的空间尺度上占有统治地位，如天安门广场上的人民英雄纪念碑，是广场上最高的建筑物，加上开阔广场的对比，主景的位置尤为突出。又如颐和园万寿山上的佛香阁置于较高地形上，再加上昆明湖的衬托，越显其雄伟壮观。南京中山陵的中山纪念堂、广州越秀公园的五羊雕塑（图 3-28）等，都是因主景升高而更加突出的处理。

图 3-28　广州越秀公园的五羊雕塑

如果把主景置于一个“凹”形空间中，往往也有突出其核心位置的作用。因为凹形空间具有内敛性，其动势集中的焦点为其中心区域，所以位于该区域的观赏对象往往成为凹形空间的主景。较大空间的实例如西湖，它三面环山，为典型的凹形空间，湖中最大的天然岛屿“孤山公园”是景区的核心。现代园林中多用下沉广场来造景，如北京植物园月季园喷泉广场则是下沉式的。

（二）轴线布景法

规则式布局中有明显轴线时，可以考虑充分发挥轴线的作用，把需要突出的主景安排在轴线合适的位置上，可起到突出主景的作用。具体应用时，一般把主景布置到轴线的端点或几条轴线的交点上。

（三）透景线焦点法

一个景点通过精心的安排，可以让游人从不同的方位欣赏，这样在视点和景点之间就存在通透的视线，该视线即为透景线，或称为风景视线。比如某景点存在多方位的多条透景线，即位于多条透景线的交点上而成为视线焦点，该景点被观赏的频率则最高，从而突出它在风景区的主导地位。

（四）对比法

在设计过程中，要注意让主景与配景或其环境产生对比，如体量、形态、色彩、质地等方面，通过配景的衬托来突出主景。例如白色的不锈钢雕塑安排在常绿树前的草坪上，不论在色彩上，还是在质地上，雕塑和常绿树、草坪都会形成强烈反差，从而达到突出雕塑的目的，如图3-29所示。

图3-29　不锈钢雕塑和草坪在色彩和质地上形成强烈反差

（五）动势向心法

在自然式园林中，往往没有一个明显的轴线或交点，但在四周环抱的空间里，如水面、广场、庭院等，其四周的景物往往具有向心的动势，这些动势线可集中到水面、广场、庭院中的焦点上。主景若布置在动势集中的焦点上，则能得到突出的效果。例如西湖四周的景物和山势，基本朝向湖中，使得湖中的孤山成了焦点，格外突出。

（六）风景序列渐进法

一个综合型的园林往往由多个景点构成，把这些景点有机地联系在一起，形成整体，即形成一个风景序列。整个风景序列在组合安排中，就像文学作品的跌宕起伏，有序景、起景、过渡、转折、高潮、结景、尾景等。把园区的主景安排在风景序列的“高潮”处，就可以强化和突出其主景的位置。

（七）重心处理法

把主景布置在园林绿地的构图重心上，包括规则式园林的几何中心和自然式园林的空间构图重心。在规则式园林中，将主景布置在几何中心上；在自然式园林中将主景布置在构图的重心上，如杭州武林门广场构图中心，放置一组雕塑喷泉，成为广场的主景。园林主景或主体如果体形高大，很自然容易获得主景的效果。但应注意，主景并不在于体量的大小，主要在于它所在的位置。如果在轴线的两旁种植高大的树木，而在轴线的端点仅设一小亭，亭虽小，却是该轴线的主景，高大的乔木只起到了配景的作用。所以在园林中选择和安排主景的位置是非常关键的。主景的位置选择适当，再加上位置的抬高或降低，则最能引人注目。

二、抑景与扬景

西方园林以开朗明快，宽阔通达，一目了然为其偏好；而中国园林却以含蓄有致，曲径通幽，引人入胜为特色。尽管现代园林有综合并用二者的趋势，然而作为造园艺术的精华，二者都有保留并发扬的价值。如何在园林设计中取得引人入胜的效果呢？中国的文学及画论给出了很好的启示，如“山重水复疑无路，柳暗花明又一村”，“欲露先藏，欲扬先抑”等，这些都符合东方的审美观。中国古典园林在布局上多是采用欲扬先抑，引人渐入佳境的创作手法。例如运用影壁、假山等作为入口屏障；利用绿树作为隔景；利用地形的变化来组织空间；利用道路系统的组织使得园林景物依次出现；利用虚实院墙的隔而不断，利用园中园、景中景的形式等，都可以创造引人入胜的佳境。在无形中增加了空间层次，拉长了游览路线，给游人带来无限的乐趣。

1. 抑景

抑景也称为障景，指在园林中通过抑制视线，引导空间的屏障景物。园林的主要构图和高潮，并不是一进园区就展现于眼前的，而是采用欲扬先抑的手法，来提高主景的艺术效果。例如颐和园要经过三道门和两个院落，绕过一道假山，才能见到园内的景色；苏州狮子林、留园等也都要绕过院落和长廊才能欣赏到园景，但也绝非一览无余，还需漫步览胜。

抑景常应用山、石、植物、建筑等，多数用于入口处，或自然式园路的交叉口，或河湖转弯处，使游人在不经意间视线被阻挡，并被组织到引导方向，如图 3-30 所示。苏州园林善于利用半壁廊将景物藏在壁的后面，在壁上设有漏窗，使景物透过漏窗若隐若现、若断若续地显现出来，使游人产生一种迫不及待、急于窥视全貌的心理，这就大大提高了主景的艺术魅力。这也是先抑后扬的造景手法所起到的作用。

2. 扬景

游人在观赏点欣赏景点时，观赏点与景点之间必须留出透视线（即风景视线），否则就无法观赏该景点。有了好的景点，必须选择好观赏点的位置和视距。透视线的布置，从隐显上来说，一般是小园宜隐，大园宜显。扬景即采用开门见山的透视线，这是采用显的手法，用对称或均衡的中轴线引导视线前进，中心内容、主要景点，始终呈现在前进方向上，利用

图 3-30　入口处利用植物作为障景

人们对轴线的认识和感觉，使游人始终知道主轴尽端是主要景观所在，在轴线两侧，适当布置一些次要景色，然后一步一步去接近。这在纪念性园林和平坦用地上有特定要求的园林中采用较多，如南京中山陵，北京天坛公园等。

三、实景与虚景

实景是指布置在园中的建筑、山石、水体、植物、园路、广场及其组合构成的真实景观，是园中空间范畴内的现实之景；虚景是指没有固定形状、色彩之物，如光影、声、香、云雾、“景在园外”的艺术境界。实景空间是有限的，而虚景空间是无限的。所谓的“小中见大”、“咫尺千里”等，指的就是园林所表现的两种空间关系。“小”、“咫尺”是现实景观空间，“大”、“千里”则是艺术想象空间。现实景观空间是物质空间，艺术想象空间则是审美想象空间。现实景观空间是确定不变的，比较理性，艺术想象空间是不确定的、变化的，比较感性。

园林中的“实景”与“虚景”的关系是互为存在条件的。没有实景，虚景则失去了物质基础；没有虚景，实景也就缺乏灵气。虚实空间上的对比变化遵循着“实者虚之，虚者实之”的规律，因地而异，变化多端。有的以虚代实，用水面倒影衬托庭院，有的以实显虚，在墙体上开凿漏窗，使景区拓延、通透，更具灵气。

从某种意义上说，疏和密中也包含虚和实的特点。例如形象组织得疏一些就显得空，而形象组织得密一些就显得实。藏与露也是这样的，藏得深而使人感到恍惚迷离就是虚的一种表现，而袒露于外的东西就给人实的感觉。至于浅与深的联系，一般认为，凡清空的地方多能使人感到深沉，而实质的处所往往使人有浅露的感觉。这样说来并非贬实而褒虚，应当看到二者的关系是相辅相成的，虚是借实的对比而存在的，没有实就显不出虚，所以从这种意义上说，虚又是从实派生出来的。

（一）常见园林要素虚实空间的塑造

1. 水景空间

水是园林艺术中不可或缺的造园要素，是园林的灵魂。古今中外的园林，对于水体的运

用都非常重视。在各种风格的园林中，水体均有不可替代的作用。水有虚涵之美，可以给人舒畅空旷的感受，对于突破狭小园林空间的束缚来说是很有效的手段。即使是一斗碧水映着蓝天，也可使人的视线无限延伸，在感观上扩大了空间。

小空间中，水景处理可以通过建筑和绿化，将曲折的池岸加以掩映，造成池水无边的视觉假象。或筑堤架桥横断于水面，或点以步石，增加景深和空间层次，使水面有幽深之感。当水面很小时，可用乱石为岸，并植以细竹、野藤等，令人有深邃山野风致的审美感觉。例如成都的升庵桂湖，原是明代名士杨慎年轻时期的寓所，因湖堤植桂而得名。桂湖园占地面积并不大，空间基本处于半封闭状态。首先是沿着西、南两面城墙围闭成的狭长空间地带，挖土成湖，水景成为小小宅园的主景。桂湖园是这样处理它的水景空间的：湖中植荷，湖堤植桂，冉冉桂香，田田荷叶，使人心爽神怡，情意荡漾，恍若置身于自然，而忘却身处的只是咫尺之园。

2. 植物景观空间

植物造景是园林造景的主体。利用植物的各种天然特征，如色彩、形态、大小、质地、季节变化等，本身就可以构成各种各样的自然空间，再根据园林中各种功能的需要，与小品、山石、地形等相结合，更能够创造出丰富多变的植物空间景观效果。广州兰圃是运用植物构造园林空间的一个例子，其面积虽小，但植物景观丰富，上有古木参天，下有小乔木、灌木及草本地被，中层还有附生植物和藤本，园内基本上是以植物来分割和组织空间的，使人在游览时犹如身临山野，显得幽深而宁静。而“移竹当窗”、“粉墙竹影”的植物景观则主要适合于面积较小的园林空间，是拓展空间效果的有效手段。丰富多样、各具特色的植物景观和层出不穷、含蓄不尽的植物空间意境，使游人感受到的空间比实际大得多。

植物造景中，虚实空间的划分不是绝对的。在这里，虚实具有某种相对意义，如密林与疏林，前者为实，后者为虚；而在疏林与草地景观中，前者却为实，后者为虚；又如高绿篱与矮绿篱比较，前者为实，后者为虚；而矮篱或花卉密植色块与草坪空间比较起来，前者为实，后者为虚。这里划分虚实空间的意义，在于通过各种植物的艺术搭配，营造出或开敞或封闭的、灵活多变的空间环境，把虚实的理论运用到植物景观的营造中，例如私密空间一定是实体空间，为了形成私密的空间环境，可以用高篱或密林作屏蔽，为了让草坪空间不致太单调，可以密植低矮花木形成充盈的色块。总之，植物配置是形成虚实相生的园林环境的一种很重要的手段。

3. 建筑空间

建筑也是中国园林不可或缺的组成要素。园林建筑除具有使用和观赏的双重作用外，还有空间情态等作用，这便是园林建筑的多重性。张萱题倪云林画《溪亭山色图》有两句诗：“江山无限景，都聚一亭中”，这就是亭子的作用，就是把外界大空间的无限景色都吸收进来。中国园林的其他建筑，如台、榭、楼、阁，也都是起这个作用，都是为了使游览者从小空间进到大空间，突破有限，进入无限，能使游览者引发对人生、对历史的感悟。

就建筑自身来讲，也包含虚和实两个方面，虚所指的则是空间，实则指的是形体。在古典园林中，构成建筑物里面的要素可以分为虚、实两大类。实的部分主要是墙，对于江南园林来讲就是白粉墙，它在园林景观处理中占有特别重要的地位；虚的部分主要是门窗空洞以及透空的廊子，它与粉墙之间所构成的虚实对比异常强烈；还有一些要素，如隔扇、漏窗，介于二者之间，可以看成是半虚半实的要素，可起调和与过渡的作用。园林建筑的立面处理可以借助以上三种要素的巧妙组合而获得优美动人的效果。

为了求得对比，通常应避免虚实各半、平分秋色，而要力求使其一方占主导地位，而另一方居于从属地位。此外，还应该使虚实两种因素互相交织穿插，并做到虚中有实，实中有虚。以留园为例，其东部主要是西楼以及五峰仙馆等建筑组合形成整体立面，由于墙面所占比重过大，因而实的要素处于主导地位；由绿荫、明瑟楼、涵碧山房等建筑组成的南立面，则空廊、隔扇所占的比重很大，因而虚的要素占主导地位。所以就整个景区来讲，东部立面和南部立面便构成了强烈的虚实对比关系。再就每一立面来说，尽管东部立面以实为主，但由于在实的墙面上又开了一些门窗洞孔，因而实中又有虚，而南部立面虽然以虚为主，却又在其中嵌入了少量的粉墙，使之虚中有实，这样，东、南立面之间，既保持了强烈的虚实对比，又在对比中使虚、实两要素有所渗透、交织，没有突然和生硬的感觉。网师园的情况大体也如此，它的东立面借住宅侧墙为背景，以实为主，实中有虚，而西立面则以虚为主，虚中有实，不仅仅各自本身有虚实对比，而且东、西立面之间也具有虚实对比关系。从以上两个例子可以看出，正是由于虚实对比的关系异常分明，所以园林的整体效果就显得生动活泼。

单就虚实关系处理而论，北方皇家苑囿较江南园林则稍稍逊色。例如颐和园中的谐趣园，以游廊连接各建筑物，虽然有虚实差别，但对比并不强烈。这可能是由于北方园林不大善于运用墙垣作为组合要素以取得效果。其次，北方园林受法式的限制较为严格，开门、窗都有一定的约束，这样就难以利用门窗孔洞的巧妙设置而求得虚实对比与变化了。

4. 园路空间

中国园林所谓“路径盘蹊”等，不外乎是指园路在有限的园林空间内忌直求曲，宜迂回曲折。迂回曲折的园路在组织旋律的同时也放大了空间。园林是一种以有限面积创造无限空间的综合艺术，它所要表现的是咫尺山林的自然意象，地域面积虽小，但可通过园路的起伏、回环、往复，于有限中寻求无限。蜿蜒的曲径增加了游园的时间和空间，使游人左顾右盼都有景，加大了游人感知的审美信息量，从而取得曲径通幽、峰回路转、小中见大的效果。在占地范围较小的园林绿地中，道路规划主要以对角线轴向布置，这样可以拉大空间距离，增加深远感，如图 3-31 所示。

图 3-31　蜿蜒的曲径增加了游园的时间和空间

5. 地形空间

平坦地形是一种虚处理，这种地形的采用，宜让人产生空灵、寂静与开放之感；山地、台地等是一种实处理，对分隔空间起很大作用，会让人产生厚重、伟岸之感。不管哪种形式的地形，在园林设计中过量采用，都不算是成功的例子。因此，平地与山地交替，平坦地形中人工堆起一定范围的土丘，营造山环水抱等都是很好的处理地形变化的办法，让地形在虚空间与实体空间交融，虚实相生才能产生强烈的艺术感染力。

6. 山石空间

园林中的假山营造讲究模仿自然，宛自天成。为了达到作假成真的效果，必须模拟真山的结构。因此，在假山实体中营造一定的虚空间就成为假山营造常用的方法。假山洞就是典型的虚空间，没有假山洞，假山就缺少灵气。苏州狮子林的假山洞，被认为是最有灵气的假山洞，洞与洞环环相扣，错综复杂，既扩大了游赏空间，又增添了游赏情趣。

园林中的置石也讲究虚实处理。古人在制定选石标准时，经常使用的是漏、透、瘦三个字。其中的漏、透就是指的一定的虚空间。古人认为，最有灵气的特置山石一定是虚实空间交替的石材，如苏州留园的冠云峰，高耸、直立，有很多孔洞，且一些孔洞能通透视线，从而形成很好的独立景点。此外，园林中散置和群置山石时，也非常注意虚实空间的变化，例如群置山石要求有断有续、有聚有散、有疏有密、高低错落，实际上这些要求也可以理解为虚实空间的交替变化，如图 3-32 所示。

图 3-32　假山虚实空间的交替变化

以上分别探讨了虚实在不同园林要素中的应用，但园林是一个完整的统一体，各园林要素之间必定互相衔接、互相渗透，使各景区之间又要保持有机联系，又富于变化，使整体园林成为一个有节奏的、统一和谐的空间整体。

（二）其他园林要素虚实空间的塑造

1. 光影

光有日光和月光之分，影有投影和倒影之分。皇家园林多用日光之词来比喻皇恩浩荡、如日普照，如北京圆明园曾有的“朝日辉”等，月光妩媚清丽，是阴柔之美的典型。由于圆月给人以完美团圆的联想，月光清亮而不艳丽，因此月光是园林追求宁静境界的最好配景，如苏州网师园的“月到风来亭”，就是以赏月为主体的景点。计成《园冶》中所言的“梧阴匝地”、“槐荫当庭”和“窗虚蕉影玲珑”等都是对植物阴影的欣赏。苏州留园“绿荫轩”，临水敞轩，西有青枫挺秀，东有榉树遮日，夏日凭栏，却能领悟明代高启“艳发朱光里，丛依绿荫边”的诗意。至于水中的倒影，计成有“池塘倒影，拟入鲛宫”，“动涵半轮秋水”的描述。造园中巧妙利用虚实组合的借景手法，增加了层次，丰富了园景，从而达到拓展空间的目的。

2. 香气

香气是指以植物所散发的芳香为主要表现手段，如苏州拙政园有“远香堂”、沧浪亭的“闻妙香室”、留园的“闻木樨香轩”和怡园的“藕香榭”等。这些名称不仅表达了该景点周围所种植物的特点，而且将那特有的短暂香气定格在名称中，让人感到幽远的清香。在现代园林设计中，芳香植物的运用在植物配置中越来越受到关注，月季、栀子、桂花、梅等植物的香味让人心旷神怡。

3. 声音

声音是指以园林环境中不同声响来传达意境，如苏州拙政园的“留听阁”取自“留得残荷听雨声”，还有杭州的“柳浪闻莺”都是此类意境的经典之作。扬州个园中的“宜雨轩”和苏州拙政园的“听雨轩”，都表达了人们对雨之滋润、雨之奏乐的期望。园林中琴声悠扬，这种背景音乐令人如入仙境，“此曲只应天上有，人间能得几回闻”，这种感觉在优美的园林环境中尤为强烈。吴江退思园中的“琴台”，窗前小桥流水，隔水对着假山小亭，东墙下幽篁弄影。在此操琴，真有高山流水之趣，尽得意境。

4. 云雾

云雾是指利用云雾气象形成的朦胧美来衬托景观，如嘉兴的“烟雨楼”、承德避暑山庄的“四面云山”等皆属此类。朦胧美景观易引起人们的遐想，一方面在于设计师的匠心独运，另一方面在于观赏者的想象和再创造，为园林空间的拓展增添了无限广阔的天地。

四、框景与夹景

（一）框景

框景是指有意识地设置门窗洞口或其他框洞，使观者在一定位置通过框洞看到景物。框景能约束并引导人们的视线，同时可以摒除粗俗而选取精美景色摄入视野，宛如经过剪裁的一幅图画。例如上海豫园的瓶形洞门，美丽的画面在瓶面上影动，楚楚动人；苏州拙政园的“梧竹幽居亭”，四面辟洞门，构成重叠奇妙的框景；北海的“看画廊”，一侧有墙，墙上有节奏地开了景窗，游人在廊子里行走，从景窗里看到一幅幅天然图画。这些都是精心巧妙安排的佳作。框景是具有立体感的画面，使自然美上升为艺术美，加强了风景艺术性的效果。

框景的作用在于把园林绿地的自然美、绘画美与建筑美高度统一在一幅立体的“风景画面”中。因为有简洁景框作为前景，所以可使视线高度集中于“画面”的主景上，给人以强烈的艺术感染。特别是在框景上方题有“画中游”或“别有洞天”之类的景题，人走进门洞，仿佛进入画中，更增添了几分诗情画意。框景手法是中国园林的特点，尤其在古典园林当中十分常见，利用树木的枝干作为取景框，摄取最佳画面的手法在中国古典园林中极

为常见，如图 3-33 所示。

图 3-33 利用树木的枝干作为取景框

（二）夹景

远景在水平方向的视界很宽，但其中的景色又并非都很动人。因此，为了突出理想景色，常将左右两侧以树丛、树干、土山或建筑等加以屏障，或利用道路两侧整齐的行道树形成左右遮挡的狭长空间，产生明显的透视效应，而且可以增加景观的层次感，使之有较好的观赏效果，这种手法称为夹景。夹景是运用轴线、透视线突出对景的手法之一，可增加园景的深远感，同时起到突出主景的作用，如图 3-34 所示。

图 3-34 夹景手法在园林中应用

风景点的远方，或自然的山，或人文的建筑（如塔、桥等），本身都很有审美价值，如果视线的两侧大而无挡，就显得单调乏味。如果运用夹景手法，将两侧用建筑物或者树木花卉屏障起来，便会使风景点更显得有诗情画意。比如在颐和园后山的苏州河中划船，远方的苏州桥是主景，为两岸起伏的土山和美丽的林带所夹峙。

五、前景与背景

就距离远近、空间层次而言，景有前景、中景与背景之分，也可分为近景、中景与远景。一般情况下，前景和背景都是为了突出中景的。中景的位置宜于安排主景，这样的园景，富有层次的感染力，给人以丰富的感觉。有时因不同的造景要求，前景、中景、背景不一定全部具备。例如在纪念性园林中，需要主景气势宏伟、空间广阔，因此要以低矮的前景、简洁的背景来烘托。另外，在一些大型建筑物的前面，为了突出建筑物，使视线不被遮挡，只设计一些低于视平线的水池、花坛和草地作为前景，而背景则借助于蓝天白云。

园林中的一些垂直景物，如墙面、绿篱、栏杆等，可以适当地作为背景，以衬托前面的花卉、树木、雕塑等，使之更为鲜明、突出、轮廓清晰，如图3-35所示。

图3-35　墙面作为背景衬托前面的树木山石

中国古典园林非常重视这种背景的作用，如苏州园林中的粉墙与竹影结合，形成风移影动的画面是黑白对比之下的艺术效果；绿色背景主要是利用观叶植物，选择枝叶紧密、叶色浓暗、终年常绿的树木为背景的效果最好。如一些丛生竹类均很理想。绿色的背景前面适于放置白色的雕像，或明色（白、粉红、黄）的花坛，或开红色花的灌木，均能衬托的作用。在现代设计中，砖红色背景时常遇到，在墙垣或屋角布置花镜、花坛、花灌木均可利用砖红色的背景。背景是暖色调，前景就用冷色调的植物，如亚麻、桔梗、飞燕草或一些开白花的植物。如果用金盏菊、天人菊、万寿菊、花菱草之类的暖色花卉，势必显得过分喧闹，而且花色也看不清楚了。白色或灰色的背景也有不少，如白油漆的栏杆，白色水泥墙的建筑，前面的植物无论花色如何，绿叶均能很突出地显现出来。除去白色花，其他各花色均能与白栏杆为邻，获得良好的背景效果。遇到灰色水泥墙的背景，也可以先在墙基种上常绿绿篱或爬上一些攀缘植物，然后再以这个绿色为背景安排前景。

另外，远山、蓝天、大水面均可以充当园林的背景。近处的园林景物在园内也都不是孤立的、静止的，它们可以互为背景。从一个角度上欣赏，甲景是乙景的背景，而在另一个角

度来看，可能乙景又是甲景或丙景的背景。或者在今年，背景与前景的关系很好，但明年植物生长的结果可能破坏了背景的作用，所以，这种十分隽永的背景关系也很少有，尤其是在植物的安排上，要年年费心考虑。

六、漏景与添景

（一）漏景

漏景是指虚隔的两个空间透过虚隔物而可看到对方的景物。看到局部的为漏景或泄景；看到大部的为透景。漏景是框景的发展形式。框景的景色清楚，而漏景的景色被窗格或疏枝遮蔽了一些，若隐若现，比较含蓄，给人“犹抱琵琶半遮面”的感觉。园林中往往在围墙、穿廊的侧墙上，开辟许多美丽的漏窗，以便透视园外的风景。漏窗的窗棂可以是几何图案、果实图案、植物图案、动物图案等，游人通过这些五彩缤纷的图案，观赏窗外景色，别有情趣，如苏州网师园“殿春簃”的窗景，苏州西园、留园、沧浪亭的窗景，都是中国古典园林中经典的建筑艺术小品，如图 3-36 所示。

图 3-36　苏州园林中的漏窗

（二）添景

在园林中，为求得主景或对景具有丰富的层次，在缺乏前景和背景的情况下，在景物前面增加建筑小品或补种几株乔木，或在景物后面增加背景，使层次丰富起来的手法称为添景。添景可用建筑的一角或树木花卉等。用树木作添景时，树木体形宜高大，姿态宜优美。比如在湖边看远景时，有几丝垂柳枝条作为近景的装饰就很生动。

湖南衡阳的麻姑仙境景区，采取“点石成景，引水造景，修路出景，植树添景”的造景手法，使麻姑仙境成为名副其实的人间仙境，如图 3-37 所示。

七、内景与借景

借景是指有意识地把园外的景物“借”到园内的视景范围中来。借景是中国园林艺术

图 3-37　植树添景手法的应用

的传统手法。一座园林的面积和空间是有限的，为了扩大景物的深度和广度，丰富游赏的内容，设计时应注意运用借景的手法，收无限于有限之中。

风景园林作为一个有限空间，就免不了有其局限性，利用巧妙的借景手法，给有限的园林空间造就无限的优美风光。中国园林中，运用借景手法的佳作颇多。例如北京颐和园的“湖山真意”远借西山为背景，近借玉泉山，在夕阳西下、落霞满天的时候赏景，景象曼妙。承德避暑山庄，借磬锤峰一带山峦的景色。苏州园林各有其独具匠心的借景手法，拙政园西部与中部分别为两座园林，西部假山上设有两亭，邻借拙政园中部之景，一亭尽收两家春色，还有借北寺塔之景被誉为最经典的借景，如图 3-38 所示；留园西部舒啸亭土山一带，近借西园，远借虎丘山景色；沧浪亭的看山楼，远借上方山的岚光塔影。滕王阁借赣江之景造就“落霞与孤鹜齐飞，秋水共长天一色”的奇观，如图 3-39 所示；岳阳楼近借洞庭湖水，远借君山，展现了气象万千的山水画面。

图 3-38　苏州拙政园借北寺塔之景

园林中所借之景不仅包括具有一定观赏价值的山、水、石、花、木等自然景物，而且包括自然界多种多样的声音，如寺庙的暮鼓晨钟、溪谷泉声、林中鸟语、松海涛声，还有雨打芭蕉、柳岸莺啼、鸟唱蝉鸣、鸡啼犬吠、残荷夜雨之音；此外还可以通过借日出、日落、月色和云霞等天文气象景物，如闻名于世的泰山日出，杭州西湖的“三潭印月”、“平湖秋月”和避暑山庄的“月色江声”和“梨花伴月”，武夷山风景区的著名景观“翠云升送雨”即借云霞之景；园林当中还可借用植物散发的幽香来增添园林的雅韵。这些所借之景都可为园林增添诗情画意。

图3-39　滕王阁借赣江之景

（一）借景方式

1. 远借

远借是把园林远处的景物组织进来，所借者可以是山、水、树木、建筑等。例如北京颐和园远借西山及玉泉山之塔；避暑山庄借僧帽山、磬锤峰；无锡寄畅园借惠山，济南大明湖借千佛山等。

2. 邻借

邻借是把园子邻近的景色组织进来。周围环境是邻借的依据，周围景物只要是能够利用成景的都可以利用，不论是亭、阁、山、水，还是树木、小品等。例如苏州沧浪亭园内缺水，而临园有河，则沿河做假山、驳岸和长廊，不设封闭围墙，从园内透过漏窗可以领略园外河中景色，园外隔河与漏窗也可望园内，园内、园外融为一体。

3. 应时而借

应时而借是指借一年中的某一季节或一天中某一时刻的景物，主要是借天文景观、气象景观、植物季相变化景观和即时的动态景观将四季景观、气象因子等各种与园林相关的因素均组织到园林景观中来，朝借晨露，晚借夕阳，春借桃柳，夏借荷塘。日出、朝霞、落日、晚霞、夏雨、冬雪等都是可借之景。例如西湖十景中的苏堤春晓、曲院风荷、平湖秋月、断桥残雪、花港观鱼、柳浪闻莺、双峰插云、南屏晚钟是在园林景观营造的应用上典型的应时而借，如图3-40所示。

4. 仰借

仰借是利用仰视借取园外景观，以借高景物为主，如古塔、高层建筑、山峰、大树，也包括碧空白云、明月繁星、长空飞鸟等。比如北京的北海借景山，南京的玄武湖借鸡鸣寺均属仰借。仰借时视觉较易疲劳，观赏点应设亭台座椅。

5. 俯借

俯借是指利用居高临下来俯视观赏园外景观，如登高四望，四周景物尽收眼底。比如登上庐山，眺望九江夜景；登临深圳地王大厦，俯瞰一江之隔的中国香港等，均属于俯借。

（二）借景手法

1. 开辟赏景透视线

对于赏景的障碍物进行整理或去除，如修剪掉遮挡视线的树木枝叶等。在园中建轩、

图 3-40　西湖十景的断桥残雪是典型的因时而借

榭、亭、台，作为赏景点，仰视或平视景物，纳烟水之悠悠，收云山之耸翠，看梵宇之凌空，赏平林之漠漠。

2. 提升视景点的高度

使视景线突破园林的界限，取俯视或平视远景的效果。在园中堆山，筑台，建造楼、阁、亭等，让游者放眼远望。

3. 借虚景

例如朱熹的“半亩方塘”，圆明园四十景中的“上下天光”，都俯借了“天光云影”；上海豫园中花墙下的月洞，透露了隔院的水榭。

八、季相造景

运用大自然景色的四季变迁，创造春夏秋冬景观，是中国造园艺术的一大特色。四季造景表现在景区划分、植物配置、建筑景点、假山造型等方面。例如利用花卉造景者有春桃、夏荷、秋菊、冬梅的表现手法；用树木造景的有春柳夏槐、秋枫冬柏；利用山石造景的有扬州个园的春石笋、夏湖石、秋黄石、冬宣石的做法；运用意境造境的有柳浪闻莺、曲院风荷、平湖秋月、断桥残雪。总之，按照四时特征造景，利用四时景观赏景，早已成为人们的习惯。

植物题材是园林构图的主题，植物的季相变化引起了园林风景的变化。在风景的构图中，对于这种景观的季相变化，并不是听任自然而不经安排的。而是把园林景观在一年四季中的变化，根据园林多功能的综合要求与艺术节奏结合起来，做出多样统一安排，这就是园林季相构图，季相的变化是一年一度的，周而复始，重复出现，因而称为季相交替构图。以北方地区（限北京以南）植物的物候变化来看，构成园林绚丽季相的露地植物从 3 月下旬到 9 月中旬，腊梅、迎春、山桃、连翘、榆叶梅、杏、玉兰、海棠、丁香、紫藤、牡丹、玫瑰、月季、珍珠梅、紫薇、木槿、合欢等依次开放，年复一年，周而复始。从落叶树的荣枯和色叶树的季相变化来分析，四季景观变化不同。特别是在秋季，彩叶树种为秋天营造了绚

丽多彩的园林景观，北京的香山红叶、济南的红叶谷等给人留下深刻的印象，如图 3-41 所示。

图 3-41　济南红叶谷彩叶树种的季相造景

★ 实例分析

1. 颐和园借西山之景分析

站在颐和园往西看，就能看到西山上一座很漂亮的塔，此塔不是颐和园的，而是玉泉山的，这就是“借景”。同样，昆明湖的南北长度也正适合将园内看得见的西山群峰全部倒映湖中。两堤的桃柳又恰到好处地遮挡了围墙，使园内园外的界限消失于无形。而西山之峰峦、两堤之烟柳，加上玉泉山之塔影，自然地拢合为园中一体的景色，如图 3-42 所示。

图 3-42　颐和园借西山之景

2. 利用洞门框景分析

洞门除供人出入，空窗除采光通风外，在园林艺术上又常作为取景的画框，使人在游览过程中不断获得生动的画面。小院往往在洞门、空窗后面置石峰、植竹丛芭蕉之类，形成一幅幅小品图画，这是苏州古典园林常用的手法。常见洞门的形式有圆、横长、直长、长六角、正八角、长八角、定胜、海棠、桃、葫芦、秋叶、汉瓶等多种。洞门和空窗还能使空间互相穿插、渗透，达到增加风景深度和扩大空间的效果，如图3-43所示。

图3-43　洞门作为取景的画框

★ 实训

一、实训题目

园林景观艺术表现手法在园林中的应用分析。

二、实训目的

通过对园林绿地景观的调查、取景，了解各园林要素在设计时所运用的表现手法，能够把学到的造景手法应用于实际分析和设计之中，并掌握园林要素造景设计的方法和技巧；培养学生准确地观察和分析能力。

三、实训区的选择要求

指定校园绿地或某一公园绿地作为实训区域。

四、资料提供

提供园林景观表现手法的理论。学生根据自己对造景手法的理解对资料进行分析。

五、成果要求

撰写分析报告，分析对园林景观表现手法（主配手法、抑景与扬景、实景与虚景、框景与夹景、前景与背景、漏景与添景、借景、季相造景）的认知及其在园林造景艺术中的运用。

六、评分标准

满分为100分，其中，出勤及学习态度占40分，分析报告占60分。

项目三　园林色彩构图

一、园林色彩的基本知识

（一）光与色

光与色的关系十分复杂，物体反射出来的颜色也千差万别。德国物理学家和生理学家赫姆霍尔兹创造了“三色学说”，后经美国的孟塞尔加以完善，一直沿用到现在。孟塞尔的分类描述主要依据色彩的三个要素，即色相、明暗度及纯度，用立体的形象组合在一起，加以说明三者的关系和变化，一般称为“孟塞尔颜色系统”。

1. 色相

色相即物体反射了日光光源所表现出来的颜色，如红、黄、蓝等颜色。

2. 明暗度

明暗度是由光的明暗程度而引起颜色的变化，相对于黑与白而言。比如黄色比较明亮，即距离白色近，距离黑色远，称为亮调子；蓝紫色距离黑色近，距离白色远，是一种暗调子。在黑白之间是各种程度的灰色，各种颜色如果与不同的灰色比较，就很容易区别出它的明暗度。

3. 纯度

纯度又称为“浓度”或“饱和度”，是指一种颜色本身的浓淡或深浅的变化。太阳光谱是通过三棱镜的分光而显现的，光谱上面显示出来的各种颜色称为“正色”、“纯色”或“饱和色”，某个颜色如果掺入白色即变淡、变浅，掺入黑色即变深、变浓，其实这都是降低饱和度的一种手段。这种减少的程度称为纯度，在孟塞尔颜色系统中用五个等级来表示在各种明暗度之下与正色之间的纯度变化。

各种色相及色相之间的颜色，大致可以分为10种，即红、红紫、紫、蓝紫、蓝、蓝绿、绿、黄绿、黄、红黄。将这10种连接成为一个环形，称为色环，孟塞尔颜色系统将这个色环围绕着一个垂直的轴心，上面刻有明暗度的9种变化，半径（水平方向）是将轴心与色环结合在一起的5个纯度等级，这样就形成一个完整的孟塞尔颜色系统的形象图，如图3-44所示。

按孟塞尔的系统分析，每一种色相定有5种纯度，9种明暗度，10种色相，总计有450种不同的变化，使用起来比较简便。

图3-44　孟塞尔颜色系统的形象图

（二）园林色彩常用的名词

1. 环形光谱

环形光谱即上述的色环，按太阳光谱的顺序连成一个环形，用来解释各种色相之间的关系比较方便。

2. 对比色相

在色环上垂直相对的两种色相称为对比色，如红色与蓝绿色、橙与蓝、黄与蓝紫等均为对比色。又引用几何学上“两角相加为180°时互为补角”的定理，将这两种位置相对的颜色也称为“补色”，如图3-45所示。在园林上用对比色相配的景物即产生对比的艺术效果。

3. 邻补色

在色环上直线相对的两色是对比程度最强的色相，但是与对比色邻近的色相配在一起，对比稍为缓和一些，如黄与蓝，红与蓝，红与黄等，均称为“邻补色”，如图3-45所示。园林中邻补色常用在花坛配色。

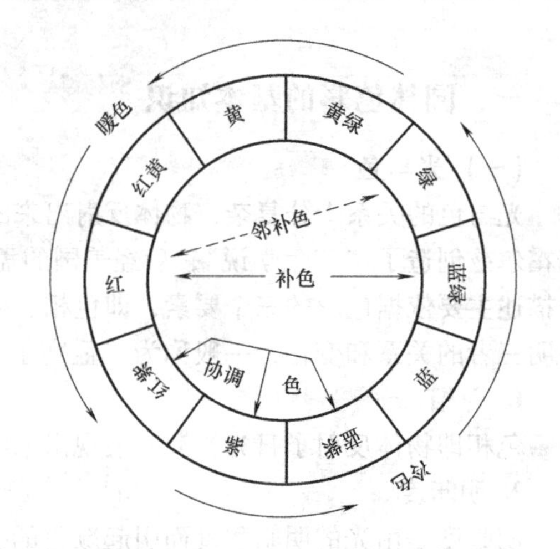

图3-45　色环上各色关系与性质

4. 冷色与暖色

红、橙、黄及其近似的一系列的颜色，给人以温暖的感觉，称为“暖色”；相反，绿、蓝、紫这一系列的颜色，使人有凉爽的感觉，称为“冷色”。与这些冷色或暖色有联系的大量颜色的变化，均有或冷或暖的感觉倾向，所以合称为“色性”，或称为“冷暖度”。在园林中应用时，常与其他三要素（色相、明暗度、纯度）一并考虑。

5. 色调

颜色的组合如同音乐。一个景点或景区，甚至一个公园，就像一曲交响音乐一样，必须有一个统一的“调子”，使色彩统一为冷色调、暖色调、明色调或暗色调等。这样才便于安排植物和建筑油漆等与色彩有关或与气氛有关的合理设计。

6. 协调色

红、黄、蓝称为三原色，其中二者相混即成的橙、绿、紫称为二次色。在园林应用中，这些二次色与合成这个二次色的原色配合在一起，均可获得良好的协调效果，如绿色与蓝色、绿色与黄色、或黄绿蓝用在一起，都有舒适的协调感。其他如橙与黄、橙与红、紫与红、紫与蓝搭配使用，均很协调。

二次色再相互混合而形成三次色，如红橙、黄橙、黄绿、蓝绿、蓝紫、红紫等，与合成它们的二次色配合在一起，也同样获得协调的效果。自然界各种园林植物的色彩变化万千，凡是具有相同基础的色彩，如红蓝之间的紫、红紫、蓝紫与红、蓝原色相互组合均可以获得协调，这在园林中的应用已经十分广泛。

还有更复杂的复色，是色环上距离较远的色相混合而成。许多花卉的颜色是难以捉摸的复色，由于奇特而引人喜爱。随着游人欣赏水平的日益提高，对园林色彩的追求也日新月异，如何使这些复色也获得协调的效果，应该细致地加以分析。

任何一种色相，它本身的浓淡变化（即纯度或明暗度的变化）配合在一起都会产生十分恰当的协调，称为“单色协调”。最常见的是自然界中深深浅浅的绿色，如草坪、树林、针叶树阔叶树混合在一起，加上地被植物等，虽无花朵，也使人感到清新宜人、和谐可爱。原因是那里存在着单色协调。“记得绿罗裙，处处怜芳草”，仅仅是绿色也会给人深刻的

印象。

（三）色彩感觉的一般规律

1. 色彩的温度感觉

色相环中，以橙色为中心的一半色彩为橙色系，以青色为中心的一半色彩为青色系。橙色系波长较长，伴随的温度效应高，给人以热感，称为暖色系。红、红橙、橙、黄橙、红紫等颜色均属于暖色系，人们见到后马上会联想到太阳、火焰、热血等物象，产生温暖、热烈、危险等感觉。青色系的波长较短，伴随的温度效应低，给人以冷感，称为冷色系。蓝、蓝紫、蓝绿等颜色均属于冷色系，人们见到后马上会联想太空、冰雪、海洋等物像，产生寒冷、理智、平静等感觉。

色彩的冷暖感觉，不仅表现在固定的色相上，而且在比较中还会显示其相对的倾向性。比如同样表现天空的霞光，用玫红色勾勒早霞那种清新而偏冷的色彩，感觉很恰当，而描绘晚霞则需要暖感强的大红了。但如与橙色对比，前面两色又都加强了寒感倾向。人们往往用不同的词汇表述色彩的冷暖感觉。暖色——阳光、不透明、刺激的、稠密、深的、近的、重的、男性的、强性的、干的、感情的、方角的、直线型、扩大、稳定、热烈、活泼、开放等。冷色——阴影、透明、镇静的、稀薄的、淡的、远的、轻的、女性的、微弱的、湿的、理智的、圆滑、曲线型、缩小、流动、冷静、文雅、保守等。

绿色和紫色属于中性色。黄绿、蓝、蓝绿等色，使人联想到草、树等植物，产生青春、生命、和平等感觉。绿色在温度上居于暖色与冷色之间，温度感适中。园林中常绿的大草坪，在春季鲜嫩黄绿，有温暖的感觉。到了夏季，嫩绿的大草坪有清凉的感觉。紫、蓝紫等色使人联想到花卉、水晶等物品，故易产生高贵、神秘的感觉。至于黄色，一般被认为是暖色，因为它使人联想起阳光、光明等，但也有人视它为中性色。园林运用时，春秋宜多用暖色花卉、暖色照明，夏季则宜多用冷色花卉、冷色照明，实际运用时，白色花卉可与冷色或暖色花卉搭配使用，具有增加邻近色调的能力，互补色的搭配可中和冷暖色的感觉。

2. 色彩的距离感觉

各种不同波长的色彩在人眼视网膜上的成像有前有后。红、橙等光波长的色彩在后面成像，感觉比较迫近；蓝、紫等光波短的色彩则在外侧成像，在同样距离内感觉就比较后退。实际上，这是一种视错觉现象，一般情况下，暖色、纯色、高明度色、强烈对比色、大面积色、集中色等有前进感觉，反之，冷色、浊色、低明度色、弱对比色、小面积色、分散色等有后退感觉。

园林中运用时，可利用色彩的距离感来增加园林空间的层次、深度和感染力。如果空间深度不够，为加强深远的效果，作为背景的树种宜选用灰绿色的树种，如毛白杨、雪松等。

3. 色彩的运动感觉

橙色系伴随的运动感强，青色系伴随的运动感弱，中性色彩受光照度越强，运动感越强，白天色彩的运动感强，黄昏则较弱。同一色相中，明色调、饱和度大的运动感强，反之则弱。色彩搭配时，互补色的配合运动感最强。

园林中运用时，根据设计地点的功能和性质选择色彩及色彩搭配。比如文艺活动场所宜采用运动感较强的色彩及色彩搭配，可选用对比色，以烘托活跃、欢快的气氛；而在安静的休息区、疗养区则宜选用单色调，以营造宁静的感觉。

4. 色彩的方向感觉

橙色系有向外扩散的方向感，青色系有向心收缩的方向感。白色、明色调、饱和度大的色彩是散射的方向感，黑色及暗色调、饱和度低的色彩是吸收的方向感。

色彩搭配时，互补色的组合，散射方向感较强。在园林中运用时，如在草坪上布置花坛或花丛等，宜选用色彩为白色、饱和色、亮度强的花卉，可起到以少胜多的效果，并与草坪取得平衡。

5. 色彩的面积感觉

运动感强、亮度强、呈散射运动方向的色彩，给人以扩大面积的错觉，反之则有缩小面积的错觉。互为补色的两个饱和色相配在一起，面积感更大，物体受光感觉面积较大，背光则感觉面积较小。

园林中，水面的面积感比草地大，草地又比暴露的土面大，受光的水面和草地又比不受光的水面和草地的面积感觉大。因此，在面积较小的园林中，水面多，园林色彩构图采用白色和明色调成分多，就容易产生扩大面积的错觉。

6. 色彩的重量感觉

不同色相的重量感与色相亮度差异有关，亮度强的重量感轻，反之则重，如红色、青色较黄色、橙色厚重，白色较灰色轻，灰色较黑色轻。同一色相中，明色调轻，暗色调重，如明度高的色彩使人联想到蓝天、白云、彩霞、花卉以及棉花、羊毛等使人产生轻柔、飘浮、上升、敏捷、灵活等感觉。明度低的色彩易使人联想到钢铁、大理石等物品，使人产生沉重、稳定、降落等感觉。

色彩的重量感觉在园林中的运用常表现在建筑的色彩上，建筑的基础部分宜用暗色调，基础栽植也宜多选用色彩浓重的品种。

7. 色彩的心理感觉

色彩的感情因人、因时、因地而异。

（1）红色　红色的波长最长，穿透力强，感知度高。它易使人联想起太阳、火焰、热血、花卉等，有温暖、兴奋、活泼、热情、积极、希望、忠诚、健康、充实、饱满、幸福等向上的感觉，但有时也被认为是暴力、危险的象征；深红及紫红给人庄严、稳重、热情的感觉，常见于欢迎贵宾的场合；含白的高明度粉红色，则有柔美、甜蜜、梦幻、愉快、幸福、温雅的感觉。

（2）橙色　橙与红同属暖色，具有红与黄之间的色性，它使人联想起火焰、灯光、霞光、水果等物象，是最温暖、响亮的色彩，让人感觉活泼、华丽、辉煌、跃动、炽热、温情、甜蜜、愉快、幸福，但也有疑惑、嫉妒、伪诈等消极倾向。

（3）黄色　黄色具有轻快、光辉、透明、活泼、光明、辉煌、希望、功名、健康等印象。但黄色过于明亮而显得刺眼，并且与他色相混合，极易失去其原貌。含白的淡黄色显得平和、温柔；含大量淡灰的米色则是很好的休闲自然色；深黄色却另有一种高贵、庄严感。

（4）绿色　在大自然中，除了天空和江河、海洋，绿色所占的面积最大，绿色植物几乎到处可见，它象征生命、青春、和平、安详、新鲜等。绿色最适于人眼的注视，有消除疲劳的调节功能。黄绿带给人们春天的气息，颇受儿童及年轻人的欢迎；蓝绿、深绿是森林的色彩，有着深远、稳重、沉着、睿智等含义。

（5）蓝色　与红、橙色相反，蓝色是典型的冷色，表示沉静、冷淡、理智、高深、透

明等含义。随着人类太空事业的不断发展，它又有了象征高科技的强烈现代感。浅蓝色系明朗而富有青春朝气，为年轻人所钟爱，但也有不够成熟的感觉；深蓝色系沉着、稳定，为中年人普遍喜爱的色彩。当然，蓝色也有其另一面的性格，如刻板、冷漠、悲哀、恐惧等倾向。

（6）紫色　紫色具有神秘、高贵、优美、庄重、奢华的气质，同时也有孤寂、消极的感觉。含浅灰的红紫或蓝紫色，却有着类似太空、宇宙色彩的幽雅、神秘感，为现代生活所广泛采用。

（7）黑色　黑色为无色相、无纯度之色，往往让人感觉沉静、神秘、严肃、庄重、含蓄，另外，也易让人产生悲哀、恐怖、不祥、沉默、消亡、罪恶等消极印象。尽管如此，黑色的组合适应性却极广，无论什么色彩，特别是鲜艳的纯色与其相配，都能取得赏心悦目的良好效果。但是不能大面积使用黑色，否则，不但其魅力大大减弱，相反会产生压抑、阴沉的恐怖感。

（8）白色　白色留给人洁净、光明、纯真、清白、朴素、卫生、恬静等印象。在它的衬托下，其他色彩会显得更鲜丽、更明朗。但过多使用白色还可能产生平淡无味的单调、空虚之感。

（9）灰色　灰色是中性色，其突出的性格为柔和、细致、平稳、朴素、大方，它不像黑色与白色那样，会明显影响其他的色彩。因此，灰色作为背景色彩非常理想。任何色彩都可以与灰色相混合，略有色相感的浅灰色能给人高雅、细腻、含蓄、稳重、精致、文明而有素养的高档感觉。当然滥用灰色也易暴露其乏味、寂寞、忧郁、无激情、无兴趣的一面。

（10）光泽色　除了金、银等贵金属色以外，所有色彩带上光泽后，都有其华美的特色。金色富丽堂皇，象征荣华富贵、名誉和忠诚；银色雅致高贵、象征纯洁、信仰，比金色温和。它们与其他色彩都能配合，几乎达到“万能”的程度。光泽色用于小面积点缀，具有醒目、提神作用，大面积使用则会产生眩光的负面影响，显得浮华而失去稳重感。如若巧妙使用、装饰得当、不但能起到画龙点睛的作用，还可产生强烈的高科技现代美感。

色彩给人的心理感觉是极其复杂的，人所产生的感觉受特定环境条件的影响。比如红色，用在婚礼上具有喜庆、热烈、愉快的气氛；鲜艳的五星红旗象征光明、幸福；鲜血则使人恐惧；某些在红色背景下的事物，还具有强烈的悲壮气氛。色彩的心理感觉还受风俗、习惯、环境、时间、情景的影响。比如黄色，在炎热的夏季有清凉的感觉；在寒冷的冬季有温暖的感觉；在威严的场合，显得富丽堂皇；在庄重的场合，显得明快轻松。

（四）色彩的空气透视与色消视

色彩的空气透视表现在三个方面：一是远景园林经过空气散射，如同有一幅透明的蓝色帷幕；二是空气中的散射光在一天中也不相同，在清晨和黄昏，透过的阳光是红色和橙色的，远景看来会增加红色；三是远景的色彩因空气透视而亮度降低，色相的饱和度也大大降低，并且景物越远越倾向于蓝色，直至被空气本身的色彩所淹没，即所谓色消视现象。

了解了色彩与空气透视的关系，可以有意识地利用它来丰富园景和增加艺术美感，如唐诗：“竹怜新雨后，山爱夕阳时”就道出了雨后和傍晚时看哪些景物能引人入胜。为了强调空间的深远，在布置园林景物，尤其是种植植物时，就可以考虑作为近景的植物宜选明暗对比强烈（如大叶类的树种），叶色属于明色调和色相饱和的种类；而作为远景的植物，宜选用光暗对比柔和（如细叶类的树种），叶色属于灰色调和色相不饱和的种类，如近于灰蓝色

调的云杉、山杨、银白杨、桂香柳等作为远景或远方背景，可以加强空间的深远感。

有时为了强调远方主景或焦点，使主景有突出前方的感觉，则可以用饱和与补色对比的色相去装饰远景，看起来距离就会拉近。

（五）色彩与习俗

不同的国家、民族对色彩有不同的情感。对于同一颜色而言，不同的国家、民族甚至对其有相反的情感。这是由历史背景和文化习俗的不同造成的。例如，红色一般表示刺激性强、激动人心，象征生命、活力。在中国，红色是喜庆、美满、吉祥象征，因此，在各种重大礼仪、庆典或民俗中都喜欢用红色；黄色一般表示轻快明亮，神圣辉煌，在中国封建社会象征着神圣权威。

二、园林色彩的种类和艺术处理

园林是一个绚丽多彩的世界，在园林诸造景因素中，色彩最为引人注目，给人的感受也最为深刻。西方园林色彩浓重艳丽，风格热烈奔放；东方园林色彩朴素合宜，风格恬淡雅致，含蓄隽永。了解色彩的心理联想及象征，在园林景观中科学、合理、艺术地应用色彩，有助于营造出符合人们心理的、有特色的，能满足人们精神生活需要的色彩斑斓、赏心悦目、流连忘返的空间场所。

园林色彩大多数来自植物，还有一些来自非生物方面的土壤、山石、河湖、水面等。人为的色彩可能会对园林造成很大程度的干扰和破坏，如油漆彩画、广告、霓虹灯、砖、瓦、路面等，因此设计者在色彩构图上要十分注意这些人为的色彩，力求减少其比重。

（一）园林景观色彩的种类

1. 自然色彩

园林景观中的天空、山石、水体、土壤、植物、动物等的颜色，属于自然色彩。

（1）天空　天空的色彩，晴天以蔚蓝为主，多云天以灰白为主，阴雨天以灰黑为主。总的来说，天空的色彩以明色调为主。蓝天与白云可把大地的山山水水衬托得明秀。天空色彩还具有瞬息万变的特点，如日出日落带来的晨辉与晚霞，使天空与大地的色彩奇丽而灿烂；佛光、云海、赤壁等自然色彩变幻无穷，如泰山日出、黄山云海、峨眉金顶佛光、武夷丹壁赤霞等。一天中的早晨和傍晚，天空的色彩最丰富，朝霞、晚霞、晨光、夕阳等色彩最为迷人，常成为园林中借景的对象。

当以天空为背景布置主景时，主景宜采用暗色调为主或采用与天空颜色有明显对比的色彩，主景可采用红色、橙色、金黄色、灰白色等，而不宜采用淡蓝色和淡绿色，如以蓝天白云映衬着的鲜艳的五星红旗，北海的白塔，美国的国会大厦、白宫，俄罗斯的克里姆林宫等，都取得很好的效果。在园林中以青铜像作为主景雕塑时，仰角不宜太大，平视将远处的天空作背景，效果最好。实际运用时还应考虑地方的气候特点。

（2）山石　根据不同的自然山体，不同的岩石构造、不同的植被、甚至远近的不同等，自然山石表现出不同的色彩。土山多呈现灰黄色，石山的色彩有较大的变化，如褐红色、土红、棕红、棕黄、青灰色、灰红色等。远山多灰暗，近山多青绿。山石通常呈现暗色调，如灰、灰黑、褐红等，少数呈明色调，如汉白玉、花岗岩。在色相、明暗度、纯度上，山石与园林环境的基色——绿色都有不同程度的对比，在园林景观中巧以利用，既醒目又协调。

在山上布置主景时，主体宜采用明色调，如浙江一带山上的庙宇，一般都是黄色，红

墙、灰瓦、白塔的搭配，使色彩鲜明而且协调。

（3）水体　水体原本没有色彩，但受光源色和环境色彩的影响，从而产生不同的颜色，同时也与水质的清洁度有关，具有动感。蓝色的大海，碧绿的江水，都是园林中不以人的意志为转移的自然色彩。山涧泉水、溪流清澈透明，蔚蓝色的大海波涛汹涌，九寨沟的水色五彩缤纷，漓江山水绿莹碧透。白居易诗曰“一道残阳铺水中，半江瑟瑟半江红”，道出了光对水体颜色的影响。园林中对水体善加利用，可以营造出五光十色的景观，如人造瀑布、喷泉、溢泉、水池、溪流等配上各色灯光，可形成绚丽多彩的景观。

水面主要用来反映天空及水岸附近景物的色彩，水体本身应当清洁，反映出来的景物色彩如同透过一层淡绿色的玻璃而显得更为清晰动人，比如看江中夜月比看天空月亮更耐人寻味。在以水面为背景或是在前景布置景物时，应着重处理主景与四周环境和天空的色彩关系。水边植柳，整体色彩统一在绿色中，桃红柳绿营造出一派协调的风景。

（4）土壤　土壤颜色的形成较为复杂，其颜色有黑色、白色、红色、黄色、青色，不同土壤的颜色在这五种颜色中过渡。土壤在园林中绝大部分被植被、建筑所覆盖，仅有少部分裸露。裸露的土壤如土质园路、空地、树下等，也是构成园林色彩景观的组成部分。

（5）植物　园林植物是园林色彩构图的骨干，也是最活跃的因素，园林植物是园林风景构图的底色，植物的叶、花、果、干的色彩多姿多彩，同时又有季相变化，是构成园林艺术的重要表现素材。春天植物嫩绿、黄绿的色彩展现了一派生机盎然的景象；春夏交接一直到夏季，大地在一片油绿的衬托下，万紫千红、生机勃勃；秋天到处是金黄、橙红色，毛泽东“万山红遍，层林尽染”的著名诗句描绘出秋天的植物色彩，勾起人们的无限遐思；北方冬季的色彩是灰白苍茫、暗绿。我们可以有意识地将园林植物进行人工组合、艺术配置，以建设植物色彩景观。许多著名的园林就是由园林植物四季多变的色彩而构成的难能可贵的画面，如北京香山的黄栌，湖南长沙岳麓山的枫树，西湖孤山的银杏、无患子，南京梅花山的梅花等。

园林植物形形色色，构成了园林色彩的丰富多变。以花为例，就有万紫千红的颜色，有高低不同的植株高度，有伞形、总状、穗状等各式各样的花序，在不同的季节不同的时期，有不同的花卉开放，如图3-46所示。树木的形态，树干的形状、色彩，树冠的形姿，叶色、叶形等，构成了丰富多彩的植物世界。例如，柳树——黄绿、嫩绿；油松——油绿、深绿；雪松——灰绿；美人蕉——艳红；连翘、迎春、软枝黄蝉——金黄灿烂；梨树开花满树白；桃树开花粉红娇艳等。

园林植物配置中要尽量避免一季开花、一季萧瑟、偏枯偏荣的现象，注意分层排列或自由混栽不同花期的花卉，或以宿根花卉合理配置，弥补各自不足。

下面分别列举一些植物名称，介绍花朵之外可以丰富园林色彩的植物。

1）有色彩影响的针叶树。有色彩影响的针叶树包括金钱松、金叶桧、雅金叶紫杉、金叶侧柏、北美蓝云杉和黑云杉等。

2）秋色叶树种。秋色叶树种又分为叶色变红、橙、紫的树木和叶色变黄、金黄、褐色的树木这两类。

① 叶色变红、橙、紫的树木包括茶条槭、红花槭、糖槭、小檗、红瑞木、卫矛、紫薇、枫香、大红栎、五叶地锦、黄栌、盐肤木、火炬树、绵毛荚蒾和三裂叶荚蒾等。

② 叶色变黄、金黄、褐色的树木包括银杏、挪威槭、平基槭、银槭、落叶松、鹅掌楸、

图3-46　形形色色的花卉为园林提供了丰富的色彩

美国鹅掌楸、皂荚、美国皂荚、美国香槐和金钱松等。

3）有美丽的果实可赏的树木。有美丽的果实可赏的树木包括灯台树、栒子属、山楂属、大叶黄杨、冬青属、女贞属、枸杞、金银花属、十大功劳属、南天竹、火棘属、蔷薇属、接骨木属、花楸属和荚蒾属等。

还有许多果树及野生果树类，如海棠、枣、枇杷、石榴、柿树、苹果等植物均有美丽的果实，既可食用又可以观赏。

4）有美丽枝干的树木。有美丽枝干的树木包括白桦、红瑞木、木瓜、白皮松、悬铃木、棣棠和白柳等。还有许多树种均是冬季落叶后枝条现出色彩，这在北方城市冬季景观单调的情况下，很有装饰意义。

（6）动物　园林中动物的色彩给园林环境增添了勃勃生机。动物本身的色彩较稳定，但它们在园林中的位置却无法固定，任其自由活动，可以活跃园林景色。园林中动物的色彩，不仅形象生动，而且点缀风景，为环境增色。例如湖中的白鹅，“鹅、鹅、鹅，曲项向天歌，白毛浮绿水，红掌拨清波”是诗人对鹅与环境色彩的生动描述；鸳鸯戏水，不仅增添水中的色彩和动态美，而且具有美满幸福的寓意；还有鱼翔浅底、鸟儿漫步采食，形象生动，生机盎然；自然界中的丹顶鹤、孔雀、梅花鹿、大熊猫、斑马、长颈鹿、羚羊等动物的色彩不仅给园林增色，而且使园林风景具有动态美；“两个黄鹂鸣翠柳，一行白鹭上青天”也是诗人对大自然景物的生动描写，不仅描述了鸣禽与植物，与环境中黄和绿、白和青的清新、明快的色彩，而且生动刻画了园林空间中一动一静的对比效果。

2. 人工色彩

园林中还有一类色彩构景要素，如建筑物、构筑物、道路、广场、雕像、园林小品、灯具、座椅等的色彩属于人工色彩。这类色彩在园林中所占比重不大，但常用做主景，起画龙点睛的作用，所以非常重要。它们与人们活动的关系极为密切，往往是人们活动最频繁的场所，因此这些园林要素的色彩表现对园林色彩构图起着重要的作用。园林中，主题建筑物的位置、造型和色彩三者结合，其中尤以色彩最令人瞩目。其他人为色彩也能起到装饰和锦上添花的作用。

园林建筑、构筑物的色彩构图应注意与环境的协调，考虑气候因子，形成建筑色彩的风格，表达建筑的功能、性质，同时又应符合民族、地方的传统习惯。一般情况下宜选用对比色。如建在水边宜用淡黄、灰白、淡红等淡雅的色调与水面的色彩取得对比协调；建在山边可选用深红、乳白、浅黄色等凝重明亮的颜色；绿树丛中选用红、橙、黄等暖色调在明度上有对比的近似色。作为主景的园林建筑，色彩要凝重大方、或鲜艳夺目，以取得统领全局的效果；炎热的夏季以冷色调为主，寒冷的冬季以暖色调为主；热带地区用冷色调，寒冷地区用暖色调。

道路、广场在园林中贯穿全园，是园林的脉络，在园林景观构图中多作为配景，所以宜选用比较温和暗淡的色彩，如多为灰、灰白、灰黑、青灰、黄褐、暗红等，色调较暗，运用时应注意与环境的结合。一般地说，不宜将道路、广场处理得很突出、耀眼。近年来由于建筑材料种类的日益增多，道路广场的色彩也变得丰富多彩起来。但道路广场在园林中只作为配景，颜色处理不可过于艳丽，更不能喧宾夺主，要与主景环境协调统一。例如草地中的小游步道宜淡化，常用灰白、土色等。园林区间的过渡带也应淡化处理。园林中的广场有时作为主景，需要强化处理，铺装的色彩可多种多样，色彩活泼，引人注意。

假山石的色彩因材料限制较大，宜选择灰、灰白、黄褐为主，古朴稳重但比较单调，可通过植物的搭配加以弥补。

（二）园林色彩的艺术设计

园林设计在色彩的搭配应用上主要以色相为依据，辅以明度、纯度、色调的变化进行艺术处理。首先依据主题思想、内容的特点、构想的效果，特别是表现因素等，决定主色或重点色是冷色还是暖色、是兴奋色还是冷静色、是华丽色还是朴素色、是柔和色还是强烈色等。之后根据需要，按照同类色相、邻近色相、对比色相以及多色相的配色方案，分别产生不同的配色效果。

1. 同类色相配色

相同色相的颜色，主要靠明度的深浅变化来构成色彩搭配，使人感到稳定、柔和、统一、幽雅、朴素。园林空间是由多色彩构成的，不存在单色的园林，如花坛、花带或花地内只种植同一色相的花卉，当盛花期到来，绿叶被花朵淹没，其效果比多色花坛或花带更引人注目。成片的绿地，田野里出现的大面积的油菜花，道路两旁的郁金香，枫树成熟时漫山红遍的枫树，这些具有相当大面积的同一颜色所呈现的景象十分壮观，令人赞叹。在同色相配色中，如色彩明度相差太小，会使色彩效果显得单调、呆滞，并产生阴沉、不调和的感觉。所以，宜在明度、纯度变化上进行长距离配置，才会有活泼的感觉，富于情趣。

2. 邻近色相配色

邻近色相配色，即在色环上色距很近的颜色相配，得到类似且调和的颜色，如红与橙、黄与绿。一般情况下，大部分邻近色的配色效果，都给人以甘美、清雅、和谐的享受，很容易产生浪漫、柔和、唯美、共鸣的视觉感受，如花卉中的太阳花，在盛花期有红、洋红、黄、金黄、金红以及白色等花色，异常艳丽，却又十分调和。观叶植物叶色变化丰富，多为邻近色，利用其深浅明暗的色调，可以组成细致、调和、有深厚意境的景观。在园林中，邻近色的处理应用是大量的，富于变化的，它能使不同环境之间的色彩自然过渡，容易取得协调生动的景观效果。

3. 对比色相配色

红花还要绿叶扶。对比色相配色差异大，能产生强烈的对比，使环境易形成明显、活跃、华丽、明朗、爽快的情感效果，强调了环境的表现力和动态感。如果对比色都属于高纯度的颜色，对比会非常强烈，显得刺眼、眩目，使人有不舒服、不协调的感觉，因而在园林中应用不多。较多应用的是选用邻补色对比，用明暗度和纯度加以调和，缓解其强烈的冲突。在对比有主次之分的情况下，对比色能协调在同一个园林空间内，如万绿丛中一点红，就比相等面积的绿或红更能给人以美感。对比色的处理在植物配置中最典型的例子是桃红柳绿、绿叶红花，能取得明快的春花烂漫的对比效果。对比色也常用于要求提高游人注意力和给游人深刻印象的场合。有时为了强调重点，运用对比色，主次明显，效果显著，如图3-47所示。

图3-47　心形小品与绿色背景产生强烈的对比

对比色处理也可以应用在较大的园林空间，如故宫建筑群里朱红色的柱子，金黄色的琉璃瓦，翠绿的松柏；园林空间中金黄色的阳光，蔚蓝色的天空；山间别墅红色的建筑，在浓绿的树丛中犹如盛开的玫瑰；河堤岸边的桃红柳绿等。

4. 多色相配色

严格地说，纯粹单色彩的园林空间是不存在的。园林是多彩的世界，多色相配色在园林景观中用得比较广泛。多色处理的典型是色块的镶嵌应用，即以大小不同的色块镶嵌起来，如将暗绿色的密林、黄绿色的草坪、闪光的水面、金黄色的花地和红白相间的花坛等组织在一起。利用植物不同的色彩镶嵌在草坪上、护坡上、花坛中，都能起到良好的效果。渐层也是多色处理的一种常用方法，即某一色相由深到浅，由明到暗或相反的变化，给人柔和、宁静的感受，或由一种色相逐渐转变为另一种色相，甚至转变成对比色相，显得既调和又生动。在具体配色时，应把色相变化过程划分成若干个色阶，取其相间1～2个色阶的颜色配置在一起，而不宜取相隔太近或太远的，如果太近，渐层不明显，太远又失去渐层的意义。渐层配色方法适用于园林中的花坛布置、建筑以及园林空间色彩转换。

再如在园林中常见到的绿色草地，白色花架，红色大理石拼装的小路，紫红色的紫荆花、黄色的连翘、迎春，都可以很好地融合在白色的建筑群中。杭州花港观鱼中的牡丹园是

园林植物多色处理的佳例，牡丹盛开时有红枫与之相辉映，有黑松、五针松、白皮松、构骨、龙柏、常春藤以及草地等不同纯度的绿色作陪衬，构图协调统一。

多色处理极富变化，要根据园林本身的性质、环境和要求进行艺术配置，尤以植物的配置最为重要。营造花期不尽相同而又有季相变化的景观时，可利用牡丹、棣棠、黄刺玫、月季、锦带花、木槿等；营造春华秋实的景观时，可利用牡丹、金银木、香荚迷、玫瑰等营造四季花景，再利用广玉兰与牡丹、荷花、山茶等配置，会出现春天牡丹怒放，炎夏荷花盛开，仲夏广玉兰飘香，隆冬山茶吐艳。在植物选择上，植物或雄伟挺拔、或姿态优美、或绚丽多彩、或有秀丽的叶形、或有芳香艳美的花朵、或具艳丽奇特的果实、或四季常青，观赏特色各不相同，既有乔木又有灌木、草本类，既有花木类又有果木类，既考虑色彩的协调又注意时令的衔接。

（三）关于色彩设计的几个问题

1. 关于色相的问题

植物的色相丰富，但园林中不一定集中很多色相就是令人愉快的设计。植物的色彩表现时间比较短且变化多，四周的非生物体，如建筑物、道路等色彩变化少且持续时间长，设计时要从整体出发，两种性质的色相要结合起来考虑。一般情况下，园林色相在数量上以少为好，色相过多容易杂乱。

（1）单一的色相　很多人都反对使用单一的色彩，认为它呆板、单调，失去活力。事实上并非如此，花色单一但还有叶色，花期之内先后开放的花朵具有浓淡的变化，晨昏阴晴还有光度的变化，加上附近其他景物反射的“条件色”，一种植物的颜色会产生丰富的变化，所以真正的单一色彩是不存在的。

即使全是绿色植物，花朵全无，绿色的明暗和深浅变化也形成“单色协调”，加上露天之下蓝天白云与绿色植物配合，也是属于协调色的范畴。古诗中对麦浪、海洋、柳林等许多单一色彩的境界，作出很多赞赏的诗句，正说明单一色彩的境界也能引起诗意，不可过分贬低它的艺术效果。

（2）两种色相的配合　色彩的设计中欢迎两种色相或两种色调的配合，因为要形成对比或调和，起码要求是两色。例如花坛配色及花镜配色，同一花期的花卉最好有意地安排对比色，以便引起游人的兴趣，如花镜种了蓝花的飞燕草、白花的西洋滨菊、暗紫色的鸢尾等，看起来一派寂静，但是稍加一些金黄色的花菱草，立即使得花镜热闹起来，因为橙与蓝、黄与蓝紫都是对比色。相反，一个花镜中种了许多黄、橙、红橙等暖色调的花卉，看起来十分繁闹，如果加进一些冷色调的花卉，如藿香蓟、矢车菊、花亚麻等，会冲淡它的热闹。

（3）三种色相的配合　对于三种色相的配合，设计时更加灵活。三种色相本身都有自身的近似色调，可以一并考虑。但三种色相不宜都用暖色系，最好是两种暖色和一种冷色相搭配，才不致过于繁闹。有些花卉色彩多样，冷暖俱全，如香豌豆、大丽花、矮牵牛、鸢尾等，种在同一个花坛或花镜时，不能混杂在一起，应该按冷色系和暖色系分开，或按花期、高矮等分块种植。这样可以发挥花卉品种的特性，并且免于给人混杂凌乱的感觉。

当前流行的花坛多以一个品种的花卉集中在一个花坛内。这样产生的集体美的色块，可以充当图案的一部分，形成的艺术效果比较强烈。如果镶边的植物选择一种枝叶紧密、矮小而花多的植物，如狭叶百日草、荷兰菊等，也不过两种颜色，所以1～3种色相的花坛是比较适宜的。

总之，关于园林中的色相问题，注意，色相的来源应以植物为主，数量宜少不宜多，以同时显现1~3种色相为好，建筑的色彩宜素雅，不宜华丽，也不能拘泥于传统。

2. 关于色块的问题

园林中的色彩是由各种大小色块拼凑在一起的，大的色块如蓝色的天空、成片的树林、明亮的水面、裸露的岩石等，小的色块如一朵花、一株树等。无论大小各有它的艺术效果。园林中色块的效果介绍如下：

色块的大小可以直接影响园林中的对比与协调，对全园的情趣具有决定性的作用。比如开旷地的造林面积、水池的开凿大小、建筑物的油漆色彩中明暗与冷暖的比例等，都是以色块的大小作为体现造园原则的最敏感、最有效的办法。色块的集中与分散是表现色彩效果的重要手段。集中则效果加重，分散则效果明显减弱。例如假山石的叠山与散点，树木的丛植与孤植，花坛的单种栽培与花镜中的多种散植，效果都迥然不同。白色的花时常用来冲淡色彩强烈的花坛，分散点缀白花的西洋滨菊在金黄色的万寿菊中，显然冲淡了强烈的暖色。但是成团成块地种植白色花，即将金黄色分隔成块，效果则不太相同，依然共同构成了色彩对比强烈的花坛。色块的排列决定了园林的形式美，例如图案花坛的各色团块，整形修剪的绿篱，整形的绿色草坪、水池、花坛等大大小小的整齐色块显示出这里是整齐式园林，自然式也是如此。大面积的色块宜用淡色，如草坪、水面等都是淡色；小面积色块宜浓艳一些，搭配在一起有画龙点睛的妙处。互成对比的色块，宜于近观，有加重景色的效果；如果远观，则效果减弱。

色彩对人的吸引力不同，处在色块对称的情况下，要注意吸引力的平衡，如路边的花坛和行道树，常选相同的内容就是为了维持色块感觉的平衡。自然式园林时常采用不对称的形式，但也要求平衡，就更需要斟酌景物的色彩感染力。一石一木，或一堆山石、一丛树木，色块的大小不同，色相的冷暖不同，确实需要像绘制一幅山水画那样，细心琢磨和推敲，给人以平衡的感觉。

同一色相，色块的大小不同，给人的感觉效果就不同，主要是明暗度和纯度的差别。例如春季大片的油菜花，一片金黄，比起草坪上一小撮金盏花，前者给人的视觉冲击力反而不如后者。就像一片林海或浩渺的湖面，将光的强度分散了，反倒使人感到淡雅。

多种色相，不论是对比色还是调和色，以大小不同的色块搭配起来，利用植物不同的色彩镶嵌在草坪上、护坡上、花坛中，都能起到良好的效果。除了采用色块镶嵌以外，还可以利用花期与植株高度一致而花色不同的两种花色混栽在一起，可产生模糊镶嵌的效果，从远处看色彩扑朔迷离，使人神往，如图3-48所示。

总之，这里所讨论的色块，排除了体形、体量及线条，只单独讨论外表颜色的表现艺术。原因是色彩在园林中最能引起视觉美感，必须给予高度的重视。以上所涉及的色块大小、集散、排列、浓淡、冷暖、明暗等因素也都离不开艺术造型的基本原则，请仔细地联系起来思考。

三、园林色彩构图

园林色彩构图是指园林空间造型的色彩表现。各种色彩在空间位置上的相互关系必须是有机的组合。它们必须按照一定的比例，有秩序、有节律地彼此相互衔接、相互依存、相互呼应，从而构成和谐的色彩整体。色彩的对比与调和是色彩构图的必然法则，而表现色彩的

图 3-48　多种色相的色块搭配

多样变化主要靠色彩的对比，使变化和多样的色彩达到统一则要靠色彩的调和。

（一）园林景观色彩构图法则

1. 均衡性法则

均衡性是指多种园林色彩所形成的一种视觉和心理上的平衡感、稳定感，是有律动、有呼应、协调的动态平衡。均衡与园林色彩上许多特性的利用有着很大的关系，如色相的比较、明度的高低、纯度的变化、面积的大小、位置的远近等，都是求得均衡的重要条件。

在观察一幅完整的图案时，各种色块的分量将会在人们视觉中的垂直轴线两边起作用。如同以中轴线为准线，如果左右两侧的色量不能取得平衡，那么，人的视觉将感到不安定。色彩的平衡，其原理与力学上的杠杆原理颇为相似。在色彩构图时，各种色块的布局应该以画面中心为基准，向左右、上下或对角线作力量相当的配置。如果从整个画面来看，大块较暗较重的色块偏于中心一方则显得发闷，而较轻较亮的色块偏于另一方则显得空虚，那么，较重较暗的色彩应用较轻较亮的色彩来调剂，而较轻较亮的色彩应用较重较暗的色彩来调剂，从而达到一定的平衡关系。比如一幅黑白二色配合的图案，可以用黑白交替、白中有黑、黑中有白的方法来取得平衡。但色彩构图的平衡，并不是各种色彩占据均等的量，还要考虑面积、明度、纯度、强弱配置的平均布局，并且依据图案的特点，取得色彩总体感觉上的均衡。

2. 律动的法则

律动的特性是有动感、有方向性、有顺序、有组织，景循境出。律动能使人感到生机，感到有序的变化，从而增添游兴。

3. 强调的法则

园林或园林的某一局部，必然有一主题或重心。比如万绿丛中一点红，就能突出表现“红”。主题或重心的表现是园林的精髓所在，主题必须分明，起到主导作用，而陪衬的背景不可喧宾夺主。

各色配合应根据图案内容分出宾主。主色与宾色之间的关系是主从关系。主色的面积不一定最大，也不一定等于主色调，但它发挥着关键的作用。主色一般多用在重要的主体部分，以增强对观者的吸引力。主色的力量应由宾色烘托而出，俗话说“红花需绿叶扶”，红才能显得更红。比如大片深色中包围浅色，大片浅色中包围深色，大片调和色中的对比色都能形成主色，宾色服从于主色，明暗灰艳的处理也必须根据主色有所节制，否则会喧宾夺主，比如“万绿丛中一点红”，绿色面积虽大，但它用来衬托红色，红色就要纯正，绿色不妨灰重些，红色即成为主题之色，即主色。

4. 渐进或晕退的法则

渐进是将色彩的纯度、明度、色相等按比例进行次第变化，使色彩出现一系列的秩序性延展，呈现出流动性的韵律美感，让人感觉轻柔而典雅；晕退则是把色彩的浓度、明度、纯度或色相进行均匀的晕染，以而推进色彩的变化，与渐进有异曲同工的作用。渐进或晕退可用于广场、道路、建筑物及花卉摆放的场所等。

5. 反复的法则

反复是将同样的色彩重复使用，以达到强调和加深印象的作用。反复可以是单一色彩，也可以是组合方式或系统方式变化的反复，以避免构图单调、呆滞的效果。色彩的反复可以应用在广场、草地等大面积或较长的绿化带上。

6. 比例的法则

园林色彩各部分之间，量的比例关系也是园林构图要考虑的重要因素。比如构成园林色彩各部分之间的多少、大小、高低、内外、上下、左右，以及明度、纯度、色相、冷暖、面积等的搭配，保持一定的比例，可以给人一种舒服的美感。

（二）园林景观构图要考虑的主要因素

园林空间变化极为丰富，在总体规划思想指导下，每一个空间构图都应独具特色。这里所说的特色包括空间造型的景物布置和色彩表现，前者是后者的构图依据，没有富有特色的空间景物结构，则色彩无以表现，但如果只考虑景物结构而无视色彩的景观效果，则景物结构之美终将毁于一旦。所以在作色彩构图时一定要慎重，要考虑以下几点：

1. 园林的性质、环境和景观要求

不同性质、环境和景观要求的园林，在色彩的应用上是不同的。要呈现不同的特色，只有将三者巧妙结合方能达到和谐与完美。这个特色主要通过景物的布置和色彩的表现来实现。在进行园林色彩构图时，必须将两者结合起来考虑。公园类园林以自然景观为主，基本色彩多为淡雅的自然色调，不用或少用对比强烈的色彩，所用色彩素材主要是天然色彩的材料；陵园类园林则要显得庄重、肃穆，多栽植常绿的针叶树，色彩的应用要突出表现陵园的悲伤、沉重感；街道、居民小区的园林绿化，在种植绿色植物改善环境的同时，还要考虑人们休闲、娱乐的需要，要用到能营造明快、和谐、洁净、安逸、柔美、轻松等视觉效果的配色。

2. 游客对象

不同的情况下，人的心理需要是不同的。在寒冷地区和寒冷季节，暖色调能使人感到温暖；在喜庆的节日和文化活动场所也宜用暖色调，因为能使人感到热烈和兴奋。冷色调能使人感到凉爽与宁静，在炎热的地方人们喜欢冷色调，在宁静的环境中也宜用冷色调。在一个园林中既要有热烈欢快的场所，也要有幽深安静的环境来满足游人的不同心理需要，这样不仅能使游人的心理活动取得平衡，而且可使空间景物富于变化。

3. 确定主调、基调、配调和重点色

因为游人在园林中是动态观赏，景物需要不断变化，在色彩上应找出贯穿在变换景物中的主体色调，以便把整个园林景物统一起来。所以在园林色彩构图中，就要确定主调、基调和配调。主调、基调一般贯穿于整个园林空间，配调则有一定变化。主调要突出，基调、配调则起烘云托月、相得益彰的作用。园林中的主色调是由所选植物开花时的色彩表现出来的，如杭州植物园的主色调，在早春白玉兰盛开时为白色，在樱花盛开时变为粉红色，当枫叶变色时又变为红色，所以园林中的主色调是随时令而改变的。由于配调对主调起陪衬或烘托作用，因而色彩的配调要从两方面考虑，一是用类似色或调和色从正面强调主色调，对主色调起辅助作用；一是用对比色从反面强调主色调，使主色调由于对比而得到加强。产生主色调的树种，如果其花色的明度和纯度都不足的话，则该树种应种得多些，以多取胜，如樱花；如果花朵色相的明度和纯度都很高，则该树种的栽植数量可以适当减少，如垂丝海棠。重点色在园林空间色彩构图中所占比重应是最小的，但其色相的明度和纯度应是最高的，要具有压倒一切的优势。例如杭州植物园中，主题建筑“植园春深”的立柱是大红色的，这种红色的明度和纯度都强过周围环境中的其他颜色，起到重点色的作用。

总之，自然界的色彩充满着变化，而且直接作用于人的感官，使人产生感情反应。色彩如果处理得好，就能成为园林中最强烈的美感之一；如果处理得不好，可能产生色彩公害，影响人的身心健康。因此必须仔细观察自然界中丰富的色彩变化，掌握各种构景要素的色彩和人工颜料的调配规律，才能大胆而有创造性地进行园林色彩构图，把园林建设得更加丰富多彩。

★ 实例分析

1. 草地明暗变化分析

同一颜色之中，浓淡明暗相互配合，容易取得协调与统一的效果。只有一个色相时，必须改变明度和彩度组合，并加以植物的形状、排列、光泽、质感等变化，以免流于单调乏味。例如草坪、树林、地被植物的深深浅浅，给人以富有变化的色彩感受，如图 3-49 所示。

图 3-49　草坪深深浅浅富有变化的色彩感受

2. 不同颜色花卉形成对比色分析

对比色相配色的应用常给人以现代、活泼、洒脱的感觉。要注意明度差与面积大小的比例关系，如红-绿、红-蓝是常用的对比配色，但因其明度都较低，而彩度都较高，所以常相互影响。对比色相会因为其二者的鲜明印象而互相提高彩度，所以至少要降低一方的彩度方能达到良好的效果。为引起游客的注意，提高注目性，花坛及花镜的配色可以把同一花期的花卉以对比色安排，如图3-50、图3-51所示。

图3-50　花坛对比色相配色

图3-51　花境对比色相配色

3. 绿树作为小品的背景分析

使用绿树作为小品的背景，本质上也是对比手法。背景与景物宜色彩互补，以获得强烈鲜明醒目的对比效果。对于植物景观而言，可以考虑将常绿阔叶林、松柏片林、竹丛作为背景。例如红色的园林小品以常绿乔木为背景，在色彩上形成对比色，更能突出小品，如图3-52所示。

图3-52　绿树作为小品的背景

★ 实训

一、实训题目

色彩设计在园林中的应用分析。

二、实训目的

通过对学校周围的公园、广场等园林绿地景观的调查，了解各园林要素的色彩设计，能够把学会的色彩构图知识应用于园林色彩构图中，掌握园林要素色彩设计的方法和技巧，并培养学生的分析能力和设计能力。

三、实训区的选择要求

指定校园绿地或某一公园绿地作为实训区域。

四、资料提供

园林色彩基本理论，园林色彩构图基本理论。

五、成果要求

完成一份分析报告。要求学生根据自己对于色彩设计的理解，对各个不同景点的园林要素的色彩设计进行分析。

六、评分标准

满分占100分，其中，出勤及学习态度占40分，分析报告占60分。

小 结

本单元主要讲解了形式美法则及其应用，园林构图中景观艺术表现手法和园林色彩构图等方面的内容，及其在园林中的应用。

园林的艺术形式应该遵守园林形式美的法则，即多样与统一、比例与尺度、均衡与稳定、对比与调和、节奏与韵律。研究、探索形式美的法则，运用形式美的法则表现美的内容，达到美的形式与内容的高度统一，从而提高对园林美的鉴赏力和创造力。

中国造园艺术的特点之一就是造景手法的丰富多彩，归纳起来包括主景和配景、抑景与扬景、实景与虚景、夹景与框景、前景与背景、俯景与抑景、内景与借景、季相造景等。园林造景有如撰文画画，有法而无定式，同一园林可采用不同内构思设计。故园林造景有独特的立意，达到“虽由人作，宛自天开”的意境，就可称为佳作。

色彩构图结合园林要素和园林设计进行分析与研究，为丰富多彩的园林景观提供了可能性。在现代的园林造景中，研究植物的高低、色彩、质感、动势等配置，组成优美的焦点景观，将是更为重要的课题。

园林意境创造艺术

[知识目标]

1. 了解园林意境的内涵和特征。
2. 掌握园林意境的创作方式。
3. 掌握园林意境的表达方式。

[能力目标]

掌握园林意境的基本原理，并能够运用园林意境的原理进行园林意境的创造和设计，达到学与用相结合目的。

项目一　园林意境及其创造方式

一、意境与园林意境

（一）意境

1. 意境的含义

意境一词最早见于王昌龄的《诗论》，他将诗的境界分为三种：物境、情境、意境。物境偏于形似，情境偏于表情，意境偏于意蕴。相对而言，物境为实，是客观的物质存在，可以被大众普遍体验与感知；情境、意境为虚，依赖于人对物境的体验和感知而存在，并具有明显的个人差异性。当某种体验与感知能得到大众的共鸣时，美的意境就有了强烈的感染力，并具备了雅俗共赏、流芳千古的条件，是艺术创作所追求的境界。

意境一词广泛运用于艺术创作，一般情况下，意境是指抒情作品中呈现出的那种情景交融、虚实相生、活跃着生命律动、韵味无穷的诗意空间，并以此诱发和拓展出的审美想象空间，是意识形态的境界和情调的表现。

2. 意境的结构特征

意境的结构特征是虚实相生。意境由两部分组成：一部分是目所能及、实实在在的园林要素，称为实境；一部分是“见于言外”的虚幻部分，称为虚境。虚境是实境的升华，体现着实境创造的意向和目的，决定着整个意境的艺术品位和审美效果，制约着实境的创造和

描写，处于意境结构中的灵魂、统帅地位。但是，虚境不能凭空产生，它必须以实境为载体，落实到实境的具体描绘上。总之，虚境通过实境来表现，实境在虚境的统摄下加工，这就是意境虚实相生的结构原理。

（1）生动性　意境是通过人创造出来的，实物能传达设计者的思想，集中体现了现实美的精髓。意境中的景物都是经过情感过滤所得，因而具体的实景和意境相结合必然充满着生动性的一面。

（2）情感性　园林的自然特征与造园者的情感是统一的，当景物被反映在艺术中时，它就不是单纯的景物，而是一种艺术语言，中国的写意园林就是倾注着造园者情感的园林。

（3）创造性　意境是通过艺术创造而成的，在意境创造中所使用的语言、色彩、线条都附有丰富的表现力。很多艺术来源于自然与现实，艺术家通过加工与创造，把自然与现实相结合，表现出一种特有的意境。

（4）想象性　艺术作品来源于现实，而又高于现实，意境的感受和欣赏需要通过丰富的想象来实现。

（二）园林意境

1. 园林意境的内涵

园林意境是中国园林的灵魂，中国园林的独特魅力在于它不以构建客观呈现于人们面前的景观环境为目的，不只是提供给游人一处消遣娱乐的场所，更是传情表意的时空综合艺术。园林意境是通过园林的形象所反映的情感，使游赏者触景生情，产生情景交融的艺术境界。

园林意境对内可以抒己，对外可以感人。园林意境强调的是园林空间环境的精神属性，是相对于园林生态环境的物质属性而言的。

园林意境是比直观的园林景象更为深刻，属于更为高级的审美范畴。首先，它蕴含了造园者的人生态度，并通过精彩的园林景观打动游人，使游人在园林中驻足，感悟到造园者所赋予景物的思想内涵。造园者自身的思想情感、意志品质等深层次的文化内容都凝聚在景物中，体现在园林的空间环境里。

2. 园林意境的特点

园林是自然的一个空间境域，与文学、绘画有相异之处。园林意境寄情于自然物及其综合关系之中，情生于境而又超出境域事物之外，给感受者以余味和遐想的余地。当客观的自然境域与人的主观情意相统一、相激发时，才产生园林意境。

园林是一个真实的自然境域，其意境随着时间而演替变化。在园林艺术中，这种时序的变化，被称为“季相”变化；朝暮的变化，被称为“时相”变化；阴晴风雨霜雪烟云的变化，被称为气象变化；还有物候变化等。这些都能使产生意境的条件随之不断变化。

在意境的变化中，要以最佳状态且有一定出现频率的情景为意境主题。最佳状态的出现是短暂的，但又是不朽的，即《园冶》中所谓“一鉴能为，千秋不朽”。例如杭州的“平湖秋月”、“断桥残雪”，扬州的“四桥烟雨”等，只有在特定的季节、时间和特定的气候条件下，才能充分发挥其感染力。这些主题意境最佳状态的出现，时间虽然短暂，但因此而得到千秋赞赏。

中国园林艺术是自然环境、建筑、诗、画、楹联、雕塑等多种艺术的综合。园林意境产生于园林境域的综合艺术效果，给予游赏者以情意方面的信息，唤起以往经历的记忆联想，产生物外情、景外意。所以说，意境是中国千余年来园林设计的名师巨匠所追求的核心，也是使中国园林具有世界影响的内在魅力。

1）园林意境具有“言外之意，弦外之音”的特点。唐朝诗人李白在他的作品《送孟浩然至广陵》中写道：“故人西辞黄鹤楼，烟花三月下扬州。孤帆远影碧空尽，唯见长江天际流。”帆船早已远去，而送别的人还伫立在江边怅望，诗人与孟浩然的深厚感情，诗中只字未提，但却溢于言表，这种在语言里已表达出来的意境，是园林意境最基本的体现方法。

2）园林意境的创作具有意在笔先、情景交融的特点。只有用强烈而真挚的感情，去深刻认识所要表达的对象，经过高度的概括和提炼，才能把这种感情溢于诗表，才能达到艺术上的再现，简而言之，即意在笔先。一幅作品，首先要感动自己，才有可能感动别人。同其他艺术作品一样，园林作品的完成首先必须有创作者真情实感的投入，才有可能创作出意在笔先、情景交融的作品。

3）不同类型的园林表达出不同的园林意境。皇家园林，其建筑鳞次栉比、重重叠叠、规模盛大，可谓尽显皇家的气魄与威严。而私家园林造园寓大于小，讲究在有限的空间内布景铺陈，体现精巧的构思、雅致的情趣，从而在内敛含蓄之中引发无尽的情思与遐想，展现了一份闲情雅致。寺观园林将禅宗的这种空灵超脱的境界融入中国文人的园林创作中，建造了自己内心精神栖息的家园，把园林视为心灵的寄托之所、心志的栖憩之地。“恬然怡然，硕然悠然，园人合一，冥视六合”，人与园林完全融汇一体，与园中的一切，花草树木、飞鸟野兽、亭台楼角完全相通、相融。现代园林意境的创作应以为人民群众服务为目的，赋予积极进步的时代精神因素。

注意，在园林意境特点的把握上，绝不能犯一个倾向性错误，即为了让大多人理解而投其所好，失去园林意境所应有的个性化特点。在这一点上，特别要防止媚俗、跟风的现象。

园林意境是一种审美的精神效果，虽然不像一山、一石、一水、一花、一草、一木那么实在，但它是客观存在的，它是在生活美、自然美的基础上升华产生的艺术美。

二、园林意境的创造方式

（一）中国古典园林意境

1. 中国古典园林意境的创作原则

（1）自然　中国园林的创作原则之一就是“道法自然”，而中国园林的意境同样也要遵循这种自然的法则。我国从老庄崇尚自然到以表现自然美为主旨的山水诗、山水画、山水园林的出现，其发展历程贯穿着人与自然和谐统一的哲学观念。这个观念深刻地影响了中国传统艺术的创作，具体表现在山水诗、山水画和园林艺术的创作上强调“法天贵真”、“天趣自然”，反对成法和违背自然的人工雕琢。“率意天成”和“自然”成为评价作品的主要标准。计成在《园冶》中提出的“虽由人作，宛自天开”，正是把“自然”作为园林创作的原则和艺术标准。

（2）淡泊　江南私家园林是中国古典私家园林的代表，因为士大夫寄情于山水，多数是在仕途失意或者退归林下之后，加上江南清丽环境的影响，从而使他们在园林中追求淡泊的生活情趣，以标榜清雅。园林中的建筑小巧朴实，不追求宏伟华丽，色彩清新淡雅，不浓妆艳抹；道教、佛教追求的境界比之世俗更加淡泊；而皇家园林一方面是皇帝及其皇室的离宫别馆，多建在市郊及天然环境之中，另一方面由于皇家园林在许多方面都在模仿江南私家

园林，因此也不失淡泊的特点。

(3) 恬静　中国士大夫的心理特征是内向、封闭，习惯于沉思、内省，以取得内心的清静与心理平衡，因而审美情趣便是恬静。恬静的环境是园主和观赏者面对园林景象，静思体验以取得感情共鸣的必要条件。私家园林大多处在城市闹区，为了排除外界的干扰，唯有围墙高砌，藏之唯恐不深，从而在这样封闭的空间里创造超然脱尘的思想境界。在视野有限、空间比较封闭、景色深邃的环境，人处其中，自有寂静的感受，更能领悟整个园林的意境。例如网师园，网师乃渔夫、渔翁之意，又与“渔隐”同意，含有隐居江湖的意思，网师园便意谓“渔父钓叟之园”，此名既借旧时“渔隐”之意，又与巷名“王四（一说王思，即今阔家头巷）”谐音。

(4) 含蓄与朦胧　含蓄是中国传统艺术的共同特点。唯有含蓄，才能发人联想、回味无穷，而显露、过于具体的形象，反而干扰了联想的深入和对意境的挖掘。中国园林的创作很重视表现手法的含蓄。造园家在园林布局时，常让幽深的园林意境半露半含，让观赏者自己去联想，去领会。朦胧通常是含蓄的深化，朦胧的手法使观赏者需几经推敲琢磨，才能领略其中的深奥。例如拙政园，一进门便横着一座假山，借以阻隔游人的视线，不让全院景致尽收眼底，而园中的道路、山径、溪流，往往是弯曲、断续相连的，方能产生含蓄之意，这与西方园林一览无余的布局方式截然相反。

2. 中国古典园林意境的创造方式

(1)“体物”的过程　“体物”即园林意境创作必须在调查研究过程中，对特定环境与景物所适宜表达的情意进行详细的体察。事物形象各自具有表达个性与情意的特点，这是客观存在的现象。比如人们常以柳丝比女性、比柔情；以花朵比儿童或美人；以古柏比将军、比坚贞。比兴不当，就不能表达事物寄情的特点。同时，还要体察入微，善于发现。例如以石块象征坚定性格，则卵石、花石不如黄石、磐石，因其不仅在质，且在形。在这样的体察过程中，心有所得，才能使立意设计不偏。

(2)“意匠经营”的过程　在体物的基础上立意，意境才有表达的可能。然后根据立意来规划布局，剪裁景物。

(3)“比”与“兴”的运用　“比”与“兴”是中国先秦时代审美意识的表现手段。《文心雕龙》对比、兴的释义是：“比者，附也；兴者，起也。”比是借他物比此物，如“芝兰生于深林，不以无人而不芳”是一个自然现象，可以比喻人的高尚品德。“兴”是借助景物以直抒情意，如“柳塘春水浸，花坞夕阳迟”，景中怡悦之情，油然而生。“比”与“兴”有时很难划分，经常连用，都是通过外物与景象来抒发、寄托、表现、传达情意的方法。

（二）中国现代园林意境

1. 中国现代园林意境的创作原则

中国现代园林是在继承中国传统园林艺术精华的基础上，吸收外国园林的长处，并赋予鲜明的时代特征，更重视为人们创造一种游憩空间环境，其意境创作已发生了较大的变化，主要体现在以下几个方面。

(1) 自然标准的变化　目前，存在两种情况：其一，出现了人工化、装饰性很强的色块图案式的园林绿地，如图 4-1 所示；其二，出现了更加自然的、富于野趣的、讲究生物多样性的生态型园林，如图 4-2 所示。

图4-1　色块图案式的园林绿地

图4-2　自然生态型园林

（2）淡泊标准的变化　当代社会具有稳定、发展的社会环境，不断加快的生活节奏，日渐优裕的物质生活以及丰富多彩的精神生活，反映在园林风格上，便呈现出一种节奏明快、色彩艳丽的氛围。即使是很自然的生态型园林，也非常强调季相的色彩变化。但就风景建筑而言，却更加突出淡泊的程度，如图4-3所示。

（3）恬静标准的变化　从原来单一的恬静审美情趣走向恬静与喧闹相结合的审美情趣。中国传统园林的景观空间多以"幽深"见长，从而创造出一种恬静的境界；而现代园林由于面向公众，公众崇尚交流，因而开敞、明朗的共享空间所占的比重便逐渐增加，因此，也就多一份喧闹。当然，静处的空间依旧是不能少的。现代园林空间结构如图4-4所示。

图4-3　西安世界园艺博览会景观

图4-4　某城市广场

（4）含蓄与朦胧标准的变化　现代园林追求直接、明朗和简约、抽象相结合，一方面向着更加简约、抽象的程度发展，如色块图案、抽象雕塑等；另一方面却向着直观、明朗的程度发展，在体形、体量、方向、开合、明暗、虚实、色彩、质感等方面的对比更加突出。即现代园林以直观、明朗为主，以曲折、含蓄为辅，如图4-5、图4-6所示。

2. 中国现代园林意境创作的创造方式

园林随着现代社会经济文化的发展也在不断地发展着，现代园林意境更加丰富，创作方式也更加多样。

（1）以人为本　陈从周在《说园》中说："我国古代园林多封闭，以有限面积，造无限空间。"古典园林的建造，都是文人、画家和工匠共同长期创作、体会和发掘园林意境的过程，园林的营造也是为了体现少数人和阶级的意志。如今，园林的营造已经面向大众，人们

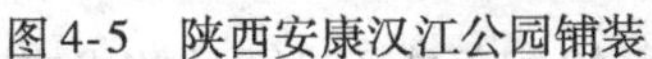

图 4-5　陕西安康汉江公园铺装

图 4-6　厦门鹭江道绿地雕塑

的生活空间以非常近人的尺度影响着人们的活动和情绪，园林环境成为人们接触自然、亲近自然的场所和人与自然交融的空间，所以意境的创造对于发掘现代人的审美趋向，释放人的自然情怀显得更为重要。因此，以人为本的设计理念要求园林设计从科学的角度，如人体工程学、行为学等，从人的需求出发，关注人们的日常生活，让园林环境满足各层次的精神需求。

（2）以生态为基础，文化为动力，丰富设计内涵　生态设计思想也是现代园林设计强调的重点之一。设计从单纯的物质空间环境走向社会、经济、自然环境协调发展的层面，将城市环境视为一个整体生态系统。对城市整体生态环境的设计，从人工化走向自然化，这是一个跨越，更是时代进步的体现。在这样的大环境下，人们对传统园林艺术的眼光和追求开始变得长远而苛刻。科学性、艺术性与生态性相结合的需求，对中国传统造园中意境的创造是一个很好的推动，毕竟只有科学生态的设计才能更大的发挥其艺术性，达到师法自然，创造意境的境界。因此，园林设计的生态性可以说是意境存在和发展的基础。园林意境的背景可以说是文化。无论是从立意，还是从营造手法来说，意境中所包含的文化因素，使人们能够因为文化而领悟到或多或少的意境之美。在形成意境的过程中，文化这一主导因素，不仅能够在现代园林意境的营造中，赋予园林意境以不同的现代含义，而且还能够与人们的生产、生活产生共鸣，利于人们的欣赏和与意境美的共鸣，对人们的精神文明和社会审美进行一定的引导。意境中更可以融入很多新时代精神和社会倡导，文化的交融和相互渗透，也可以在意境中有所体现。所以说，文化是动力，丰富现代园林意境的设计内涵。

（3）借鉴与创新　首先，发掘人们的精神归属感，人群的不同是造成为人的设计不同的根本原因，因此意境的创造有其自身的自然属性和精神属性，而这两点现在都是特定的。其次，追求全方位的意境效果，注意去调动和发掘听觉、嗅觉等感官，这样才能引起全方位的共鸣。比如植物，是营造意境的主要因素之一，也是随着时间改变动量最大的因素，同时蕴涵了丰富的中国传统文化，各种植物的配植既能丰富建筑色彩、美化艺术构图，又能强化建筑的时间和空间感，营造一种亲切宜人的氛围。理学家周敦颐的《爱莲说》曰：“予独爱莲之出淤泥而不染，濯清涟而不妖，中通外直，不蔓不枝，香远益清，亭亭静植，可远观而不可亵玩焉”，并称颂莲为花之君子；更有传统的植物四君子“梅、兰、竹、菊”等，这些植物在意境的创造方面都起到重要作用，也是在现代园林设计中应该发扬和发展的意境创造元素。且植物四季有景，时移景异，可根据科学的预见性，创造性地来进行园林意境的设计与发掘。

★ 实例分析

一、中国古典园林（以拙政园为例）意境创作实例分析

1. 拙政园的历史及其造园思想

拙政园位于苏州市东北街178号，始建于明朝正德年间。四百多年来，拙政园屡换园主，曾一分为三，园名各异，或为私园，或为官府，或散为民居历经一百二十余年后，崇祯四年（公元1631年），已破落近三十年并荡为丘墟的东部园林归侍郎王心一所有，王善画山水，悉心经营，布置丘壑，将其重新修复，并将园名“拙政”改名为“归园田居”，取意陶渊明的诗。

从拙政园意境创造可以得到这样一个认识：历代园主的真意是通过园林艺术来表达其自身在官场失意、不得志、被罢官，并非“为政殆有拙于岳者”，乃是因为自己的天才无人赏识，知音不遇，明君不逢，借以抒发自己对朝政的不满之情，表达自己洁身白好的君子品德及向往归隐之乐。

2. 拙政园诸景

东区的面积约为31亩，其规模大致以明朝王心一所设计的“归园田居”为主。该园可分为四个景区，据记载有放眼亭、夹耳岗、啸月台、紫藤坞、杏花涧、竹香廊等诸胜。中为涵青池，池边的主要建筑为兰雪堂，周围以桂、梅、竹屏之。池南及池西有缀云峰、联壁峰，峰下有洞，曰“小桃源”。步游入洞，如渔郎入桃源，桑麻鸡犬，别成世界。兰雪堂之西，梧桐参差，茂林修竹，溪涧环绕，为流觞曲水之意。北部是紫罗山、漾荡池。东部为荷花池，面积达四五亩，中有芙蓉榭。家田种秫，皆在望中。

西园面积约为12.5亩，现有布局形成于张履谦接手时期。该园以池水为中心，有曲折水面与中区大池相接，有塔影亭、留听阁、浮翠阁、笠亭、与谁同坐轩、宜两亭等景观，又新建三十六鸳鸯馆和十八曼陀罗花馆，装修精致奢华。其中，建筑以南侧的鸳鸯厅为最大，方形平面带四耳室，厅内以隔扇和挂落划分为南北两部，南部称为“十八曼陀罗花馆”，北部名曰“三十六鸳鸯馆”，夏日用以观看北池中的荷蕖水禽，冬季则可欣赏南院的假山、茶花。池北有扇面亭“与谁同坐轩”，造型小巧玲珑。东北为倒影楼，同东南隅的宜两亭互为对景。

中部部分为全园精华之所在，虽历经变迁，与早期拙政园有较大变化和差异，但园林以水为主，池中堆山，环池布置堂、榭、亭、轩。中区现有面积约18.5亩，其中水面占1/3。水面有分有聚，临水建有形体各不相同、位置参差错落的楼台亭榭多处。主厅远香堂为原园主宴饮宾客之所，四面长窗通透，可环览园中景色；厅北有临池平台，隔水可欣赏岛山和远处亭榭；南侧为小潭、曲桥和黄石假山；西循曲廊，接小沧浪廊桥和水院；东经圆洞门入枇杷园，园中以轩廊小院数区自成天地，外绕波形云墙和复廊，内植枇杷、海棠、芭蕉、竹等花木，建筑处理和庭院布置都很雅致精巧。

拙政园的意境由其主要景点所构成，包括“远香堂、雪香云蔚亭、待霜亭、松风水阁、小沧浪与清华阁等。

（1）远香堂　如图4-7所示的远香堂，既是中园的主体建筑，又是拙政园的主体建筑，园林中各种各样的景观都是围绕这个建筑而展开的。远香堂是一座四面厅，建于原“若墅

堂”的旧址上，为清乾隆时所建，青石屋基是当时的原物。它面水而筑，面阔三间，结构精巧，周围都是落地玻璃窗，可以从里面看到周围景色。堂里面的陈设非常精巧雅致，堂的正中间有一块匾额，上面写着“远香堂”三字，是明代文征明所写。堂的南面有小池和假山，还有一片竹林。堂的北面是宽阔的平台，平台连接着荷花池。每逢夏天来临的时候，池塘里荷花盛开，当微风吹拂，就有阵阵清香飘来。

（2）雪香云蔚亭　雪香，指梅花；云蔚，指花木繁盛。此亭亭旁植梅，暗香浮动，适宜早春赏梅，又称为冬亭，周围竹丛青翠、林木葱郁、绕溪盘行，颇有城市山林之趣味的意境。亭子正对远香堂的两根柱子上挂有文征明手书“蝉噪林愈静，鸟鸣山更幽”的对联，亭的中央是元代倪云林所书“山花野鸟之间”的题额，如图4-8所示。

图4-7　远香堂

图4-8　雪香云蔚亭

（3）香洲　香洲为“舫”式结构，有两层楼舱，通体高雅而洒脱，其身姿倒映水中，更显得纤丽而雅洁，如图4-9所示。香洲寄托了文人的理想与情操。

（4）松风水阁　松、竹、梅在中国传统文化中被称为“岁寒三友”。松树经寒不凋，四季常青，古人将之喻有高尚的道德情操者。松之苍劲古拙的姿态常被画入图中，是中国园林的主要树种之一。松风水阁又名曰“听松风处”，是看松听涛之处，如图4-10所示。

图4-9　香洲

图4-10　松风水阁

（5）与谁同坐轩　与谁同坐轩非常别致，修成折扇状。苏东坡有词“与谁同坐？明月、清风、我”，故名“与谁同坐轩”。轩依水而建，平面形状为扇形，屋面、轩门、窗洞、石

桌、石凳及轩顶、灯罩、墙上匾额、半栏均呈扇面状，故又称为“扇亭”，如图4-11所示。

（6）梧竹幽居　建筑风格独特、构思巧妙别致的梧竹幽居是一座亭，为中部池东的观赏主景。此亭背靠长廊，面对广池，旁有梧桐遮阴、翠竹生情。亭的绝妙之处在于四周白墙开了四个圆形洞门，洞环洞，洞套洞，在不同的角度可看到重叠交错的分圈、套圈、连圈的奇特景观，如图4-12所示。

图4-11　与谁同坐轩

图4-12　梧竹幽居

（7）留听阁　留听阁为单层阁，体形轻巧，四周开窗，阁前置平台，是赏荷听雨的绝佳处。阁内最值得一看的是清代用银杏木立体雕刻的松、竹、梅、鹊飞罩，刀法娴熟，技艺高超，构思巧妙，将“岁寒三友”和“喜鹊登梅”两种图案糅合在一起，如图4-13所示。

（8）塔影亭　在留听阁回头望塔影亭，顿觉美妙之至。塔影阁那攒尖的八角亭映入水中，宛如宝塔，端庄怡然，不失为西部花园中一个别致的景观，如图4-14所示。

图4-13　留听阁

图4-14　塔影亭

3. 拙政园意境的组织

观赏路线对园景的逐步展开起着组织作用。在江南古典园林中，观赏路线通常有两种情况：一是与山池对应的走廊、房屋、道路；一是登山越水的山径、洞壑和桥梁等。较大的园林都是综合这两部分而成的。其布置形式多采用环形路线，最简单的是绕山一圈。园中厅堂过去是园主家眷活动集中的地方，也是全园的主要观赏点，多设在主要山水景物之前，采用隔水对山而立的方法。其他一些观赏点则绕水环山而设。

观察图4-15所示的拙政园平面图，不难得出这样的一条路线：入口—障景假山—远香堂（静观绣绮亭、雪香云蔚亭、待霜亭、荷风四面亭）—倚玉轩（听香深处）—松风水阁—小沧浪—清华阁—净深亭—得真亭—香洲—澄观楼—别有洞天—柳荫路曲—见山楼—绿漪亭—梧竹幽居—海棠春坞—玲珑馆—嘉实亭—听雨轩。事实上，拙政园巧妙的设计，正是引导游人（正门进入）沿着这样一条游览路线游览，以让人更好地理解拙政园的思想情趣。换言之，拙政园中诸景就是按上述的先后顺序有机地组织起来的。

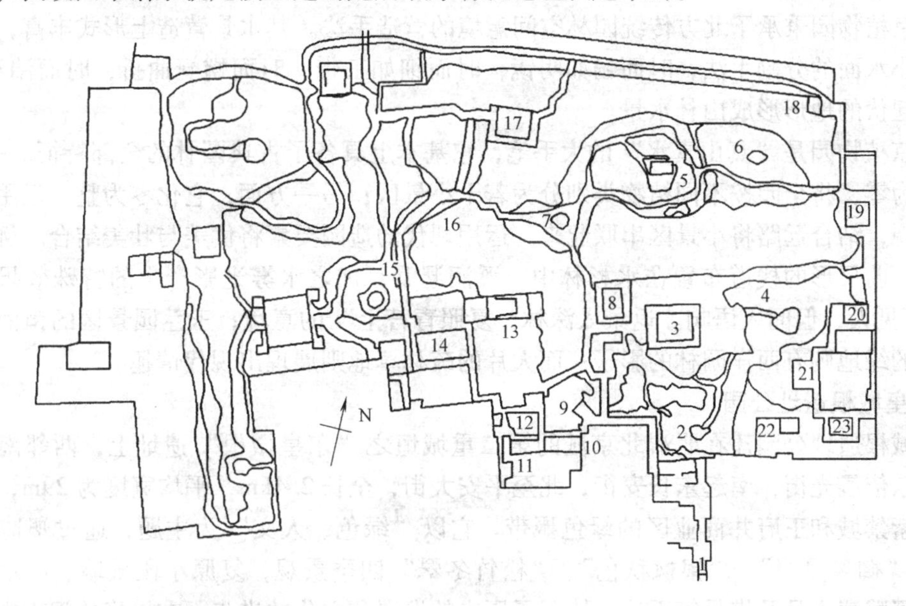

图4-15 拙政园平面图

1—入口 2—假山 3—远香堂 4—绣绮亭 5—雪香云蔚亭 6—待霜亭 7—荷风四面亭 8—倚玉轩 9—松风水阁 10—小沧浪 11—净深亭 12—得真亭 13—香洲 14—澄观楼 15—别有洞天 16—柳荫路曲 17—见山楼 18—绿漪亭 19—梧竹幽居 20—海棠春坞 21—玲珑馆 22—嘉实亭 23—听雨轩

根据这条游览线的先后顺序，把各景点的精神意义加以连贯，可以认识到，拙政园好比是一篇绝妙的散文，它明确地反映了园主的思想感情。拙政园基本上可分为六部分，也就是六个段落，六个景区，表拙者之品、抒失意之情、发隐居之志、悦归田之娱、怡晚年之乐、赞拙者之德。

4. 拙政园意境的组织规律

拙政园是江南古典园林的代表，也可以说是中国古典园林的代表。因为皇家园林，尤其是明清时期的皇家园林，大多是模仿江南私家园林而作，只是体量、尺度大些，用材豪华些，只是所反映的思想内容有所不同。并且，无论是皇家园林还是私家园林，都是围绕意境这个中心，以意境创造为造园的主导思想。鉴于此，通过对拙政园意境的组织分析，可以看到中国古典园林意境的组织规律即：围绕一个明确的中心思想，以散文的构思，按照景区的组织方式，遵循连贯性、秩序性、逻辑性的原则，把诸景有条理地用游览路线组织起来，组成一幅长山水画卷。

拙政园明确的中心内容是“拙者之为政”，其目的是“为政殆有拙于岳者，园所以识也”。通过对拙政园诸景的意境组织分析，可以得知，园主王献臣等人所要表达的思想是说明他们并非是一个“拙者”，他们的人品、为人在当时的士大夫阶层是无可指摘的，拙政园用来表明他们的心迹，官场失意并不是人品不高、政绩不赫之故，而实在是知音不遇、伯乐不逢、才华无人赏识之故。他们有许多优良的品德，有报效国家的雄心，只是徒有一片丹心，不能施展才华。

二、中国现代园林意境实例分析

1. 北京植物园

北京植物园秉承了北方传统园林空间意境的营造手法。其水景营造上形式丰富，采用大水面与小水面的分割手法，时而畅如明镜，时而细如玉带，时而蜿蜒曲折，时而湍流急下，并依托起伏的地形形成山林水景。

北京植物园是“真山真水”的大手笔，它基本上具备了古典园林的全部特征。一方面，它化整为零，将全园按不同植物类别分为若干小景区；另一方面，它化零为整，运用水景营造大景观，结合远路将小景区串联起来。运用现代的造园要素将优美与壮美结合。例如樱桃沟景区，曲尺形的栈道布置在水杉林中，溪涧潺潺，加之水雾光影产生的特殊效果，颇有“空山不见人，但闻人语响。返景入深林，复照青苔上”的意境；玉兰园景区的镜面水池和规则式的绿地则有西洋园林的影子；而大片的疏林草地则展现出现代情趣。

2. 皇城根遗址公园

皇城根遗址公园建在明清北京城的第二重城垣之“东皇城根”遗址上，西邻南北河沿大街，东依晨光街，南起东长安街，北至平安大街，全长2.4km，平均宽度为29m，宛如一条连接紫禁城和王府井商业区的绿色飘带。它以“绿色、人文”为主题，通过塑造“梅兰春雨”、“御泉夏爽”、“银枫秋色”、“松竹冬翠”四季景观，复原小段城墙、展示皇城墙基、点缀雕塑小品及借景等手法，体现了历史的发展和文化的进步，在繁华的闹市中营造出清新、景致、飘逸、现代的城市环境。

皇城根遗址公园并没有沿保留遗址布景，而是以遗址为中心向两边展开景观序列，以统一中求变化的小节点形式将整个绿带患联起来。其中，雕塑小品起到锦上添花的作用，以生活在皇城下的老百姓为服务对象，营造真实自然的生活意境。例如园内一老一少“对弈”的雕塑反映的就是普通人的生活片断，这样的雕塑与公园的整体意境是一致的，为公园平添了一种恬淡的生活气息，与周围下棋的人形成了一幅完整的生活画面。绿地中金属材质的露珠群雕，用现代材质特有的光泽属性传递露珠的特质，犹如树林中跌落的水珠，折射出耀眼的光芒。这一传神的表述手法为绿地增添了一种清新纯净的意境。

这些园林景观的营造，既没有盲从现代，也没有照搬传统，而是将传统的造园精髓——意境的营造手法与现代的构景要素相融合，在现代的景观中穿插点缀传统元素，为市民提供了一座京味儿十足的兼具内在文化意境美与外在空间意境美的园林休憩场所，既让人们穿行在现代化的园林景观中，又能时时感受园林景观中传达的老北京城的气息与文脉，使人们不

断产生思想上的触动，触景生情，时而亲切，时而深远。

★ 实训

一、实训题目

园林意境创造分析。

二、目的要求

通过实例分析，掌握对实现园林意境创造及手法运用的分析，提升学生园林设计中的园林意境创造。

三、实训区选择

可选择著名的江南古典私家园林，如沧浪亭、网师园等，也可选择当地选择园林艺术水平较高的园林绿地。

四、资料提供及实训实施

根据园林大小，提供1:200～1:500不等的园林总平面图，并提供较详细的园林规划设计背景及现实资料。有条件的情况下，可由教师带领学生到园林实地考察分析。

五、成果要求

1）完成一份园林意境创造分析报告。

2）完成一份意境分析图。

六、成绩评价

依据分析报告、图样质量、实训态度进行综合评定，满分为100，分析报告占60分；图样占30分，态度占10分。

项目二　园林意境的表达方式

园林意境的表达方式分为四类：直接表达方式，间接表达方式，点景、园林题咏，因借生意等来产生空间意境。

一、直接表达方式

（一）形象的表达

园林是一种时空统一的造型艺术，是以具体形象表达思想感情的。例如西湖栖霞岭南麓的岳飞墓前跪着的秦桧，就会让人联想到“青山有幸埋忠骨，白铁无辜铸佞臣”，如图4-16所示；而儿童游园或动物园的卡通人物，使人犹如进入童话世界，如图4-17所示；再如山石嶙峋、小桥流水、广阔的湖海、亭台楼阁都会使人浮想联翩，不需要文字说明就能感受意境。

（二）典型的表达

所谓典型，就是对生活、对景观、对艺术的高度综合和概括表达，如中国古典园林中的堆山置石，并不是某一地区真山真水的再现，而是经过高度概括和提炼出来的自然山水，使人有置身于真山真水之中的感觉。图4-18所示为某居住区的置石景观。

（三）游离性的表达

游离性的园林空间结构是时空的连续结构，设计者巧妙地为游赏者安排几条最佳的游览

图 4-16　岳飞墓前跪着的秦桧

图 4-17　儿童公园的卡通人物

路线，为空间序列喜剧化和节奏性的展开指引方向。整座园林的空间结构此起彼伏，藏露隐现，开合收放，虚实相辅，使游赏者步移景异，目之所及，思之所致，莫不随时间和空间的变化，似乎处在一个异常丰富、深广莫测的空间之内，妙思不绝。

图 4-18　某居住区的置石

（四）联觉性的表达

联觉性是指由一个景观联想到另一个景观，使想象越来越丰富，从而收到言有尽而意无穷的效果，这是应用最多的手法。从中国古代早期的神话、宗教中可以发现，人们很早就用象征和比拟的手法来表达自己的某种思想和愿望。孔子就以山水比拟人格，他说："智者乐水，仁者乐山"。所以自古以来，人们喜欢自然山水，乃至在园林中堆山开池，不仅表现出人们对自然环境的喜爱，而且还带有仁者智者的神圣色彩。

"一池三山"就成为营造仙境的园林定律。在现存的明清园林中，此法应用很多，在北海公园、颐和园中都有应用，如图 4-19 所示为昆明湖"一池三山"。如扬州个园中的假山，以石笋表示春山，湖石代表夏山，黄石代表秋山，宣石代表冬山，在神态、造型和色泽上使人联想到四季变化，游园一周，有历一年之感，周而复始，体现了空间和时间的无限。再如苏舜钦造沧浪亭，使人联想到"沧浪之水清兮，可以濯吾缨，沧浪之水浊兮，可以濯吾足"的古诗，获得独到的园林意境。古典园林中常有用荷花的，即使荷叶凋零，也可以使人联想到"留得残荷听雨声"。

联想的方法，可以无限扩展园林的意境空间。

（五）模糊性的表达

所谓模糊性即不确定性，模糊性的表达就是用不定性来营造和扩展园林意境。半藏半露，藏露结合是园林艺术中的一种含蓄手法；藏而不露，使人不知其所藏；全露，则平淡无奇。南宋诗人叶绍翁的"满园春色关不住，一枝红杏出墙来"诗句，是描写园景藏露的典

图4-19　昆明湖“一池三山”

型例子。造园家常常让幽深的意境半藏半露，或是把美好的意境隐藏在一组或一个景色的背后，让游人自己去联想，去领会其深度。这种藏露含蓄的手法，使园林意境高雅，给人以丰富的联想。

园林中在处理人工溪流时，往往要将源头和去路隐藏起来，取得似有源、似无尽的效果，意味深长。《白雨斋词话》中写道“意在笔先，神余言外”，“若隐若现，欲露不露，反复缠绵，终不许一语道破”。终不许一语道破，恰恰道出了意境的天机。

二、间接表达方式

间接表达方式是指托物言志，借景抒情，这种方法比直接表达手法更加委婉含蓄。

（一）运用植物、山石的特性美和姿态美作比拟联想

利用植物的特性美，以及长期以来人们所形成的对植物特性的共识，是园林意境创作的常用手法。

植物中的荷、松、竹、梅、兰向来为文人墨客所喜好。荷出污泥而不染，比拟情操高洁，即使是寒冬腊月，也有“留得残荷听雨声”的美景。松，屹立山巅，更显苍劲。在万物萧疏的隆冬，松树依旧郁郁葱葱，精神抖擞，象征着青春常在和坚强不屈，更给人以豪迈壮烈之感；竹“未曾出土先有节，更凌云去也无心”，可弯不可折，四季长绿，本色不改。宋苏轼爱竹，认为“宁可食无肉，不可居无竹。无肉令人瘦，无竹令人俗。人瘦尚可肥，俗士不可医”。南方的私家园林中几乎无园不竹。梅花为中国传统十大名花之一，姿、色、香、韵俱佳。宋人林和靖的诗句“疏影横斜水清浅，暗香浮动月黄昏”，将梅花的姿容、神韵描绘得淋漓尽致。漫天飞雪之际，独有梅花笑傲严寒，破蕊努放，象征卓尔不群、超凡脱俗的品格。兰花亭亭玉立，冰清玉洁，“兰生幽谷，无人自芳”。据传孔子称之为王者之香，然其孤芳自赏的风格，应是贤人逸士的自喻；而“美人香草”之谓，也或多或少地透出有志之士不为世人所知的悲愤抑郁之意。

从历来对园林山石的品评可知，中国人对山石的审美是丰富而复杂的。一般而言，山石质地坚硬而重实，其“骨力”之美是古人一向崇尚的刚健生命力的象征，尤其是太湖石的孤峰独峙，由于其体现出人格意义上的阳刚之气而深受青睐。这并不意味着凡审石、品石唯“骨力”为上。对丑石的鉴赏，在丑中见雄、丑中见秀、丑中见文，使中国人对园林山石的审美达到了更深邃的层次和境界，它实际上所欣赏的不是山石表面上的美，也不是丑，而是在近乎滑稽、丑怪的感受之中所领悟到的属于人之生命原始朴拙的一种气质。

（二）光与影

光可用来加强空间气氛。由明到暗、由暗到明和半明半暗都能给空间带来特殊的气氛，光是反映园林空间深度和层次极为重要的因素。即使同一个空间，由于光线不同，也会产生不同的效果，如夜山低、晴山近和晓山高反映的是光的日变化，还有天然的春光明媚、落日余晖、旭日东升、阳光普照、峨嵋佛光等日光，如图4-20所示，以及“床前明月光”的月光。五彩的喷泉灯光、园林地灯、草坪灯等人工灯光的运用，都能给园林带来绮丽的景色，可创造独特的空间意境。

影作为审美对象由来已久，这种虚景，在构成园林意境中有很重要的作用。历代诗人都有一些咏园林的名句，如“疏影横斜水清浅，暗香浮动月黄昏”、“云破月来花弄影”等，园林意境的产生，是虚实的结合、情景的结合。有日月天光，便有形影不离，“轩外花影移墙”，“月移花影上阑干”，在古典文学的宝库中，写影的名句俯拾皆是。在园林中，水中倒影、墙上的块影、梅旁的疏影等都是虚与实的结合，意与境的统一，比实景更具空灵之美。

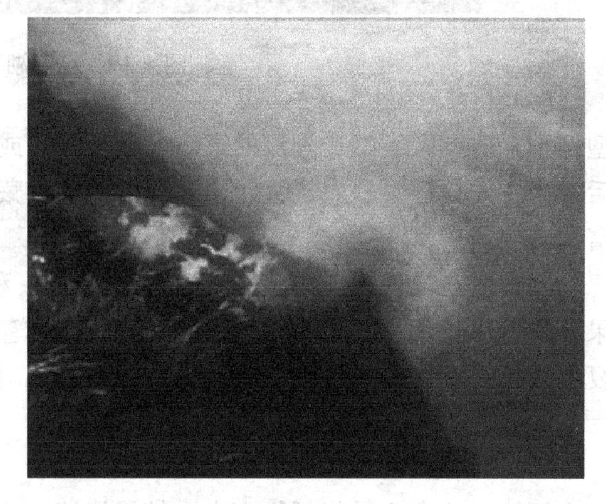

图4-20　峨眉佛光

苏州园林常常利用自然光产生的明暗对比、光影对比，配之以空间的收放，以渲染环境的气氛，如留园中的“古木交柯”，花木随着日照投影于白墙上，落影斑驳，形成独特的意境。

（三）色彩

色彩是丰富园林空间艺术的精粹。色彩作用于人的视觉，引起的联想尤为丰富。用建筑色彩点染环境，突出主题，用植物色彩渲染空间气氛，烘托主题，都是中国园林中常用的手法。例如皇家园林用红、黄、绿强烈的对比色，体现了皇家的富丽堂皇，衬托出皇帝的威严，如图4-21所示；江南私家园林，绿瓦粉墙，色彩淡雅、轻快、明丽，体现了主人高雅的文学修养，如图4-22所示。

（四）声响的运用

声响能引起人们的想象，是激发诗情的重要媒介。鸟叫、蝉鸣、风声、雨声、琴声、钟声、歌声，都以声夺人，使人的感情与之交流。古典园林中以声为主题的园林有很多，如惠州西湖的“风湖渔唱”、杭州西湖的“南屏晚钟”、“柳浪闻莺”和“空谷传声”、苏州留园的“留听阁”、热河避暑山庄的“万壑松风”、扬州瘦西湖的“石壁流淙”等。

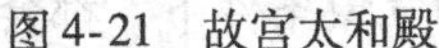

图 4-21　故宫太和殿

图 4-22　江南私家园林建筑

利用水声是创造意境最常用的方法。“智者乐水”，水是园林的命脉，中国古典园林藏有限柔水，纳春露、夏雨、秋霜、冬雪四时之有情。叮咚清泉，潺潺溪流，哗哗瀑布，皆能产生美妙的天籁，正所谓：“清泉落叶皆音乐，抱得琴来不用弹”。在园林中，利用流水给人带来的审美感觉，举不胜举，如无锡寄畅园的八音涧，主要利用西高东低的地势，引惠山之泉，饶流于墙外，经伏流后喷涌而出，几经曲折，涓涓不绝，水声婉转流畅，将流水比作金、石、土、革、丝、木、匏、竹八类乐器合奏的优美乐章，悦耳沁心，化无声为有声，化静态为动态，创造了曲涧清潭、寒泉飞瀑的绝妙艺术空间，是通过制造水动、水响来实现听觉美的上上之作。

利用水声还可以反衬出环境的幽静。万壑松风是古代山水画的题材，常用来描写深山幽谷和苍劲古拙的松树。承德避暑山庄的“万壑松风”一景就是按照这个意境创造的。在山坡一角设一建筑，在其周围遍植松树，每当微风吹拂，松涛声飒飒在耳，使空间感得到升华。

由于园林中的山石多体现出“皱”、“透”、“瘦”、“丑”等特点，每当清风吹过，万窍生音。因有狂风与微风的差异，山石则相应地发出不同的音高，故带给人的声音感觉也是有差别的。“仁者乐山”，山石产生的听觉美与山体独特的视觉感联合在一起，还可以引起人们对景观的深层遐想。

随着科技的进步，电子音响技术逐渐引入到园林的艺术装饰中。现在应用最为广泛的要属音乐喷泉和遍布园林中的电子音响，还有一些利用声波传送和共振等物理原理设置的一些能发出声响的园林小品，在传统的“自然之音”基础上，更加丰富了园林听觉的艺术感染力，增加了园林的意境和情趣。

图 4-23　西安大雁塔广场喷泉

现代音乐喷泉可塑性强，不同尺寸的喷泉、不同的水型配合不同风格的音乐即可营造出不同效果的园林氛围。气势磅礴、规模宏大的西安大雁塔广场音乐喷泉，流光溢彩，美轮美奂，如图 4-23 所示。喷泉的灯光采用水下池面地灯、LED光带及岸上灯的多光源照明。音乐采用高保真远射程专业音像系统，使喷泉声、光、水、色有机交融，营造出一种大气磅礴、摄人心魄的大型全感官盛宴。

（五）香气的感情色彩

香气同样能激发人的精神，使人振奋，产生快感。被誉为天下第一香的春兰，清香宜人；含笑“花开不张口，含羞又低头”；米兰香气可浴；桂花花开浓郁。香花的种类很多，有许多景点因花香得名，如杭州的满觉垅，苏州拙政园的远香堂，网师园的小山丛桂轩，留园的闻木樨香轩等都因花香而得名。

（六）气象因子

气象因子是产生深远意境的重要因素。同一景物在不同的气象条件下，都会产生不同的景观特色。在一天当中，有晨光、暮色、霞光、夕照，一年当中，有春天的桃红柳绿、秋天的硕果累累、夏天的苍松翠柏、冬天的白雪皑皑。

（七）点景、园林题咏

中国风景和园林，历来都是用简练的诗一般的文字来点明景题，如杭州西湖的新旧十景、避暑山庄的七十二景等，这种与自然风景结合的诗词，是我国造园艺术家独创的、具有民族特色的“标题风景”。“片言可以明百意”，抓住每一景观的特点，结合空间环境的景象、特征、给予高度的概括、形象、诗意，点景具有装饰、导游、宣传的作用。

园林题咏可以丰富观赏内容，增加诗情画意，给人以丰富的艺术联想。利用高度概括的园林题咏进行点景，可以升华景物的意境，使其由物质空间上升到精神空间。匾题和对联既是诗文与造园艺术最直接地结合而表现园林“诗情”的主要手段，也是文人参与园林创作、表述园林意境的主要手段。因此，园林内的重要建筑物上一般都悬挂匾和联，它们的文字点出了景观的精粹所在。一个好的额或楹联可以把一处空间环境的意境表达得更为淋漓尽致，如苏州拙政园内有建筑“与谁同坐轩”，如图4-24所示，源于宋代词人苏轼的“与谁同坐，清风、明月、我”，点出与清风为伴、与明月为友的意境；扬州个园，园内广种竹，“个”字为“竹”字的一半，同时也是竹叶的形状，暗藏着主人孤芳自赏，借竹明志，像竹一样“清逸脱俗”的性格特点，如果直名竹园则不免落入俗套。所以说，园林题咏不但能点缀亭榭，装饰墙壁，而且可以发人深省，追怀往事。

点景即为景点命名。好的命名可以起到画龙点睛、指导游览的作用，可以让人在未接触景色之前，从命名中产生联想。比如苏堤春晓，可以使人想象得到明媚的春光，含苞待放的桃花，嫩绿的柳丝，波光泛影的西湖。又如双峰插云是远观云山，玉泉观鱼是近观泉鱼，虎啸奔雷是听，金兰幽桂是嗅，温泉水浴是皮肤感受。总之，点景的形式很多，作用很大，因此在园林中应充分利用这一手法，以增加

图4-24　与谁同坐轩

意境的深度。

(八) 因借生意

《园冶》中说，园林“巧于因借，精在体宜”，“借者：园虽别内外，得景则无拘远近，晴峦耸秀，绀宇凌空，极目所至，俗则屏之，嘉则收之，不分町畽，尽为烟景，斯所谓‘巧而得体’者也”。对园林内外、远近的景色有所取舍，使借景的取材达到“精”和“巧”的要求，并且使借来的景色同园林空间的气氛环境巧妙地结合起来，使得园内外、院内外相互呼应，汇成一片优美的景色。杜甫诗云：“窗含西岭千秋雪，门泊东吴万里船”，西岭是借景，是借岭上的千秋雪积，平添情趣。明末清初李渔主张：“取景在借”。陶渊明有诗：“采菊东篱下，悠然见南山”，南山即借景，且是悠然而见。一年四季中，春借桃柳，夏借塘荷，秋借丹枫，冬借飞雪。春、夏、秋、冬，阴、晴、雨、雾，大地上景物各异，尤其是花木应时、应季而变，在造景时，给人的艺术感染力最强。巧于因借，尤其在江南园林里，更是一绝。通过借景，使得盈尺之地，俨然大地，既扩大了视野，又丰富了园林的意境，如图 4-25 所示。

图 4-25 借景

★ 实例分析

上海豫园。

上海豫园是明代四川右布政使潘允端的私家花园，取名“豫园”，乃取愉悦老亲，颐养天年之意，因此其园的主题必定包含两方面的内容：一是祈福，二是娱乐。现今所见到的豫园七大景区中，从意境值得探讨的主要有两个区：一是大假山景区，如图 4-26 所示，二是万花楼景区图，如图 4-27 所示。

图 4-26 大假山景区

图 4-27 万花楼景区

大假山景区，有“城市山林”之称，景色幽雅宁静。景区中有一座两层楼厅，下曰“仰山堂”，上谓“卷雨楼”，隔荷花池与大假山遥对相望。这一景区的意境久久不为人所理解，实际上它是一幅非常成功的“寿山福海”设计图，仰山堂从其物质功能来看，乃是用

来欣赏隔池大假山之烟雨美景的，但从其精神功能来看，全楼的各翘角高高翘起，乃含“迎吉纳福”之意。大假山则是用来象征寿山，碧池乃是用来象征福海，它是一幅寿山福海的写意画。其山巅建亭，从物质功能看是用来借景的，从精神功能看乃含“长寿永存”之意。巅上观海有“福在眼前”之意，“仰山”含有祈祝父母长寿之意。

万花楼景区的主景是万花楼和楼前的两株古树。万花楼在建园时为祭花神的“花神祠”，古树原为两株名贵的银杏，后东面一株枯死，补种一株广玉兰。银杏树又名“公孙树”或白果树，古人常把它与人们向往的健康长寿和子孙满堂、子孙万代联系在一起。所以不难看出祭花神所祭的就是银杏，潘允端是信佛的，为其父母祈祝长寿和子孙万代是他的热切心愿。

从豫园的建筑来看，它与自然山水结合得非常巧妙和谐。大假山对面的仰山堂、卷雨楼，曲折多姿，形象很美，体形也很大，但并没有喧宾夺主，相反，对衬托大假山的气势起了很大的作用。曲折优美的廊紧依着水，相互结合得非常协调，共同构成了一幅动人的诗，一首立体的画。点春堂前的打唱台因功能需要而筑，这一处山水结合得也非常巧妙。打唱台后部立于水中，池岸东部假山湖石如朵朵云彩，上有楼阁，下有钓鱼矶，临池景色如画，游人至此，耳目一新。为了使景色自然、活泼可爱，豫园全园的建筑强调一个曲字，一切以曲为美。仰山堂、卷雨楼为曲折多姿的平面，多优美上翘的翘角，廊多为曲廊，桥多为曲桥，龙墙也波状起伏，随势而行，同样景门也多为优美的月洞门。为了使各景区的景独具个性，全园的几处亭台楼阁各不相同，无论是门是窗，还是家具，处处都下相同。

从园林布局来讲，中国园林往往不是开门见山，而是曲折多姿，含蓄莫测。往往通过巧妙地处理“藏”和“露”的关系来取得含蓄的效果。例如豫园，首先在门外以美丽的荷花池、九曲桥、茶楼等景把人的心紧紧吸引住，但是围墙高筑，仅露出园内一些屋顶、树木和得月楼，而看不到里面的全景，这就会使人引起遐想，引起观者了解豫园景色的兴趣。进入大门后，仅见三穗堂，而看不到园之美景，经一曲几弯进入仰山堂以后，看到了如此壮观的城市山林，使人捉摸不到佳境究竟有多少。再向前行，首先是鱼乐榭，其次是万花楼，又是点春堂，再会景楼、玉华堂，确是一个景比一个景大，一个景比一个景好，使游人兴趣始终不绝，这就是含蓄所带来的效果。

上海豫园为了追求小中见大，通过对比手法、分割景区的方法以及借景、对景等手法，使园景丰富多彩，变化无穷，具有无限空间之感。豫园分为七个景区，每个景区不但大小不一，而且各区各有其主题，各有其个性，如仰山堂——城市山林，倒影翩翩万花楼——繁花似锦，古木参天点春堂——水中戏台，空中楼阁会景楼——白石浴水，曲栏围池玉华堂——江南名石，大显风采。豫园中最有名的小中见大的杰作就是鱼乐榭前隔水花墙下的流水，经过其一隔一弯，使人感到其源流长。借景也是达到小中见大的一个手段，园中的大假山借来黄浦江之景，大大扩大了视域和景色。另外快楼、会景楼、得月楼同样都是借景的杰作。

旧时官僚地主建造园林，常常用园林的“豪华”来相互夸耀，园中山石的奇特，花木的名贵，亭阁、装修和家具的精美，都成为炫耀的资本。此外，为标榜清高，显示风雅，中国古典园林中的书法、绘画、诗文等也成为园中不可或缺的装饰品。豫园不仅有大假山、玉玲珑作镇园之宝，而且还集多种艺术于一体，屋顶的泥塑、墙上的砖雕、家具门窗的木雕等物的工艺水平都相当高。另外随处可见的匾额和对联既点染了意境，又加深了园林的意趣和韵味，更为园景增添了光彩。

★ 实训

一、实训题目

分析本地区园林绿地当中所运用的园林意境表达方式。

二、目的要求

通过实训分析出本地区不同绿地中的园林意境表达方式，通过实践掌握园林意境的表达方式，分析总结现代园林绿地意境表达存在的问题，并提出改进措施。

三、实训区选择

在当地选择一处园林林艺术水平较高的园林作为实训区。

四、资料提供及实训实施

根据园林大小，提供1∶500～1∶200不等的园林总平面图，并提供较详细的园林规划设计背景及现实资料。由教师带领学生到园林实地考察分析。

五、成果要求

完成园林意境表达分析报告一份。

四、成绩评价

依据分析报告、实训态度进行综合评定，满分为100分，分析报告占80分，实训态度占20分。

小　　结

本单元主要介绍了园林意境的内涵，园林意境的创造方式以及园林意境的表达方式，并分别利用实例分析了园林意境创造和表达的方法、手法，使学生理解和初步学会在园林中如何创造意境并用最合适的形式表达出来。

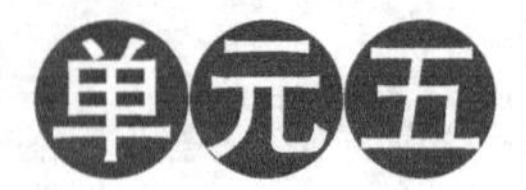

园林构成要素造景艺术

[知识目标]

1. 了解地形、山石、水体、园林建筑、园林小品、园林植物等园林构景要素的作用和功能。

2. 熟悉各园林构成要素的类型及在园林中的应用。

3. 掌握各园林构成要素在园林中的设计及艺术处理方法。

4. 熟悉园路、园桥的艺术布局及设计要点。

[能力目标]

1. 能够利用地形艺术处理手段进行园林地形改造设计，学会在园林中艺术地布局和设计假山、置石景观。

2. 能够将理水艺术的规律和手法用到实际的园林水景工程设计中，掌握水池、喷泉、小溪等的设计方法。

3. 具备园林植物造景设计的能力。

4. 能够运用园林建筑小品布局艺术，在园林中合理地布局和设置园林建筑和园林小品。

5. 具备园路系统及园路铺装设计的能力。

项目一　园林地形造景

园林地形是指园林境域范围内地面高低起伏的形状。一般而言，凡进行园林建设，必先对原地形进行改造，以满足园林综合功能的各种不同需要。地形是园林的骨架，是园林艺术展现的重要组成部分，是人化风景的艺术概括，其他园林要素构成的景观都建立在地形基础上。从园林功能的综合性方面看，不同的地形、地貌反映出不同的景观特征，它影响园林布局和园林风格。有了良好的地形地貌，才有可能产生良好的景观效果。塑造地形是一种高度的艺术创造，它虽师法自然，但不是简单的模仿，它虽改造自然，但不应超出科学法则和美的范畴，而要比自然风景更精练、更概括、更典型、更集中，才能达到源于自然、高于自然

的造景内涵。

一、园林地形的作用及类型

（一）地形的作用

1. 构建骨架，影响布局

地形是构成园林景观的骨架，是园林中所有景观要素与设施的载体，它为所有景观和设施提供了赖以存在的基底。地形作为各种构景要素的基础，直接影响着园林造景要素的安排与设置，是其他设计要素和使用功能布局的基础和重要依据。对于较大的园林空间而言，地形要素的不同往往决定整个园林的形式和风格；对于较小的园林空间而言，地形影响园林的使用功能和景观表现，如大面积的平坦地形，设计者一般会考虑规则式布局，而竖向变化大的山地地形就应规划成自然式布局。

2. 组织空间，创造意境

园林中的空间丰富多样，开朗风景虽辽阔，但欠丰富，形象色彩不够鲜明，缺乏近景的感染力；闭合风景的空间环抱四合，易产生郁闭之感；纵深空间的景色有深度感，但缺少变化，大空间气魄大，但景观组织不好，易产生空洞与单调之感。总之，各种空间都有它自身的优缺点。只有将这些空间有机地组织起来，才能形成一个有机的整体，而地形设计恰恰充当了这一角色。通过地形设计，可以使园林空间开中有合、合中有开或半合半开，互相穿插、嵌合、叠加，使空间变化产生一种韵味，能起到山重水复的艺术效果。同时，也可通过空间大小、虚实、开合和收放的对比，进一步加强空间变化的艺术效果。

3. 控制视线，影响节奏

地形能在景观中将视线导向某一特定点，影响某一固定点的可视景物和可见范围，形成连续观赏的景观序列，或完全封闭通向不悦景物的视线。为了能在环境中使视线停留在某一特殊焦点上，可在视线的一侧或两侧将地形增高，这类地形造成视线的一侧或两侧犹如被屏障，封锁了视线的分散，从而使视线集中到某一特定的景物上，以达到突出这一景物的目的。地形的另一类似功能是构成一系列的赏景点，以此来观赏某一特定空间的景观。地形的变化可影响行人和车辆运动的方向、速度和节奏。在园林地形设计中，可利用地形的高低变化、坡度的陡缓以及道路的宽窄、曲直变化等来影响和控制游人的游览线路及速度。在平坦的地形上，游人的步伐稳健、持续，无需花费什么力气；而在变化的地形上，随着地面坡度的增加或障碍物的出现，游览也就越来越困难，游人上、下坡必须使出更多的力气，时间也就延长，中途的停顿休息也就逐渐增多，从而为其他景点的营造和观赏创造条件。对于步行者而言，在上、下坡时，其平衡性受到干扰，每走一步都必须格外小心，最终可能导致减少穿越斜坡的行动，从而影响了游人的赏景路线。

4. 改造环境，满足造景

地形可影响园林某一区域的光照、温度、风速和湿度等。从采光方面而言，朝南的坡面一年中大部分时间保持较温暖和宜人的状态。从风的角度而言，凸面地形、脊地或土丘等，可以阻挡刮向某一场所的冬季寒风；反过来，地形也可被用来收集和引导夏季风，用以改变局部小气候环境，形成局部的微风。不同的植物其生存环境各不相同如动物园的营造，要表现一种自然感，尽量使其接近于自然环境，更要注意动物与人（居民、游人）的关系。动物园的营造一般要远离居住区。不同的植物由于其生长习性各不相同，有喜光的、有耐阴的、有耐干旱的，有耐水湿的，所以对地形进行合理的改造可为不同的植物创造不同的生活环境条件。同时，地形本身就是园林造景的美学元素，常被当做视觉要素来使用。在大多数情况下，土壤是一种可塑性物质，它能被塑造成具有各种特性、具有美学价值的悦目的实体和虚体。另外，地形有许多潜在的视觉特性，可将地形设计成柔和、自然、美观的形状，这样它便能轻易地捕捉视线，并使视线穿越景观。地形不仅可被组合成各种不同形状的空间环境，而且还能在光影的作用下形成明暗对比，通过这一对比，在视觉上可以产生一种奇妙的艺术情趣。

（二）地形的类型

地形可以通过各种途径来分类，而园林地形通常是以地形所表现出的外部视觉和功能特征进行分类的，熟悉不同类型的地形特征，是设计改造地形的前提。地形一般分为以下几类：

1. 平坦地形

理论上的平坦地形是指任何土地的基面在视觉上与水平面相平行。园林中所指的平坦地形，实际上是指坡度为0.5%～5%之间的地形，如图5-1所示。平坦地形与其他地形相比，具有独特的视觉和功能特点。平坦地形是所有地形中最简单、最稳定的地形，由于它没有明显的高度变化，水平方向总处于静态，因此，身临其中总有一种平稳、踏实的感觉。由于在水平方向上无遮挡，因而使游人视线平视远方，产生一览无余、心旷神怡的意境。因为平坦地形的稳定性为其他园林景观要素的布局和构建提供了最简单的基础，使造景变得更为简洁，所以平坦地形一般可布局为规则式园林，从而创造出严整对称、气势磅礴的园林景观。

图5-1　平坦地形

平坦地形由于其稳定性，因而便于进行群众性的文体活动，进行人流集散，也可形成开朗景观。现代城市公园一般都有一定比例的平地。平地按其地面材料的不同，可分为铺装广场、建筑用地、平坦风景林、树坛、花坛、花境、草坪等用地。

2. 凸地形

凸地形是相对于平坦地形而言的山区、丘陵、山峦、缓坡及小山峰等地形形式，如图5-2所示。这种地形具有相对复杂的空间，对游人而言，处于地形的不同部位会有不同的视觉感受，但一般会有开阔、明朗，使人兴奋、敬畏的感觉。凸地形具有构成风景、组织空间、丰富园林景观的功能，故在中国古典园林中，“挖湖堆山”创造山地地形是常用的造景形式。就是在现代园林规划设计中，堆山叠石、营造小地形也是常用的造景手法。

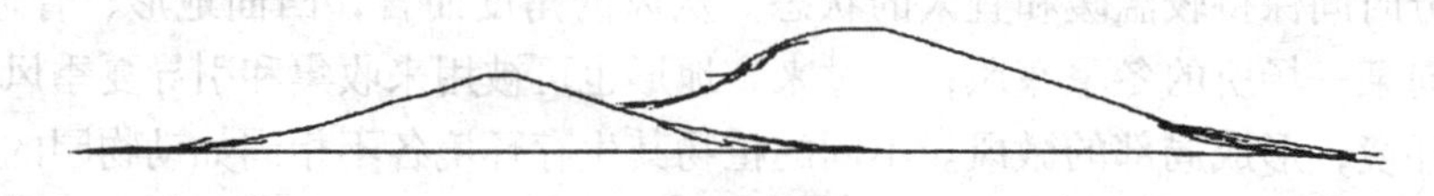
图5-2　凸地形

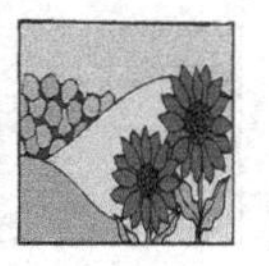

3. 凹地形

如果地形低于周围环境地形，则视线较为封闭，其封闭程度决定于凹地的相对标高、坡面角度、脊线范围、周围建筑及树木的高度等，空间呈积聚性，此类地形称为凹地形。凹地形和凸地形正好相反，由于凹地形形成了一个相对比较封闭的空间，具有不受外界干扰和内向的特征，通常给人以分割、私密和封闭之感，从而使人产生安全和稳定的感觉。但这种安全感只是心理上的感受，实际上凹地形极易遭到来自其周围较高地面的侵袭。由于凹地形具有聚集和集中人们注意力的作用，因此在园林中需要突出主景的时候，凹地置景是一个不错的选择，但要注意排水设计要到位。又因洼地具有自然积水的作用，通常也可将洼地设计成湖泊或水池，这也是中国古典园林中因地制宜、“低处挖湖”的具体运用。

4. 山脊地形

山脊地形是连续的线性凸起型地形，具有明显的流线性和方向性，如图5-3所示。与凸面地形相比较，山脊总体上呈线状，其形状更集中、更紧凑。山脊可以限制户外空间活动的边缘，调整坡面以及其周边环境小气候。基地也可向观光者提供一个具有外倾于周围景观的制高点，常具有控制导向的作用，而所有脊地终点景观的视野效果最佳，这些视野供给点成为理想的建筑点。山脊在外部环境中的另一特点和作用是，它通常起组织空间、分隔空间的作用。

图5-3　山脊地形

5. 谷地

谷地是一系列线性和连续的凹形地貌，其空间特性和山脊地形正好相反，如图5-4所示。谷地综合了某些凹地地形和脊地地形的特点。与凹地形相似，谷地形在景观中也是一个低地，具有实空间的功能，可进行多种活动。但它与脊地形也有相似之处，即呈线状，也具有空间方向性。在园林景观中，特别是在自然风景区的景点规划改造中，谷地空间往往是景观空间安排和布局的主要区域，因地制宜地利用其具有的空间实体，依据谷底地形的小地形变化，合理布置景点，利用其线性变化的方向性，对景观序列进行精心安排。谷地与其他地形结合，特别是与山脊地形结合，通常能营造出很好的自然山水园林空间。

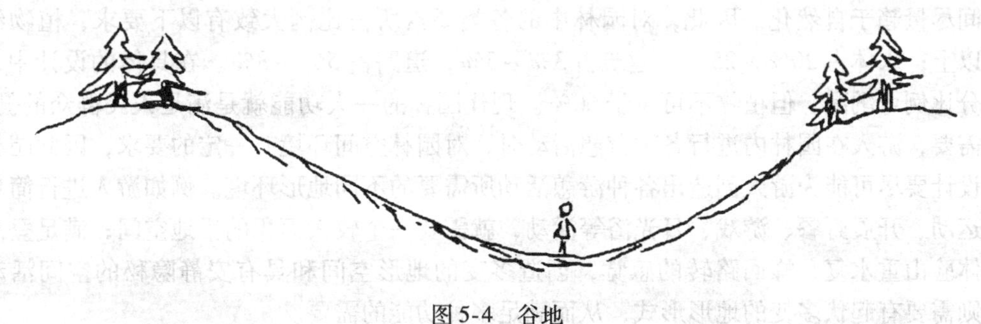

图5-4　谷地

二、地形设计的原则

地形地势是园林景观要素的基础，地表塑造是创造园林景观地域特征的基本手段。因此，在进行地表塑造时，要根据园林分区处理地形。在园林绿地中，开展的活动内容很多，不同的活动对地形有不同的要求。例如游人集中的地方和体育活动场所，要求地势平坦；划船游泳，则需要有河流湖泊；登高眺望，需要有高地山冈；文娱活动需要有许多室内、室外活动场地；安静休息和游览赏景，则要求有山林溪流，花涧石畔、疏梅竹影等。在园林地形改造过程中，必须考虑不同的分区要有不同的地形，而地形变化本身也能形成灵活多变的园林空间，创造出景区的园中园，比用建筑创造的空间更具有生气，更具有自然情趣。

（一）“因地制宜”

在进行园林地形设计时，都应在充分利用原有地形地貌的基础上，加以适当的地形改造，达到用地功能、园林意境、原地形特点三者之间的有机统一。公园地形设计应顺应自然，充分利用原地形，宜水则水、宜山则山，布景做到因地制宜，得景随行。《园冶》中提到“高阜可培，低方宜挖”，就是要因高堆山，就低凿水，能因势利导地安排内容，设置景点，必要之处也可进行一些改造，这样就可以减少土方工程量，从而节约工力，降低基建费用。在利用和改造原有地形地貌中，自然风景类型甚多，有山岳、丘陵、草原、沙漠、江、河、湖、海等自然景观。这些地段主要是通过利用和改造，或稍加人工点缀和润色，便能成为风景名胜，这也是传统造园思想中“相地合宜，构园得体”和“自成天然之趣，不烦人工之事”的道理。由此可见选择园址的重要性。有了良好的自然条件可以因借，便能取得事半功倍的效果。但在自然条件贫乏的城市用地上造园，则必须根据园林性质和规划要求，因地制宜，因情因地地塑造地形，才能创造出风格新颖、多姿多彩的园林景观。

（二）服务于园林性质和总体布局

所有园林要素的布局和构成都是为园林的功能和性质服务的。不同性质的园林，不同布局风格的园林，对于地形的要求也不一样。一般的纪念性园林、规则式园林都要求平坦的地形，而中国古典园林及自然风景式园林则多为具有较大地形起伏的山地地形。

（三）园林用地功能的划分

园林空间是一个综合性的环境空间，它不仅是一个艺术空间，同时也是一个生活空间，可行、可赏、可游、可居是园林设计追求的基本思想。所以在建园时，对园林地形的改造需要考虑构园要素中的水体、建筑、道路、植物在地形骨架上的合理布局及其比例关系。不论是古典园林，还是现代园林，其设计目的都是为了改善环境，美化环境，提高绿化率，使周围空间尽量趋于自然化。因此，对园林中的各类要素所占比例大致有以下要求，植物约占60%以上；水体占20%～25%，建筑占3%～5%，道路占5%～8%。在具体的设计中，其各部分比例可酌减，但植物不可少于60%。现代园林的一大功能就是满足人民群众的健身、游憩需要，游人在园林内进行各种游憩活动时，对园林空间环境有一定的要求，因此园林地形的设计要尽可能为游人创造出各种游憩活动所需要的不同地形环境。例如游人进行简单的球类运动、开展野餐、游戏、日光浴等活动，就需要一个较大面积的平地空间；满足登高远眺，体验山重水复、峰回路转的感觉，创造多变的地形空间和具有安静隐秘的空间活动场所，则需要有起伏多变的地形形式，从而满足多种功能的需要。

（四）符合园林工程施工技术要求

在进行地表塑造时，如果地形起伏过大，或坡度不大，但同一坡度的坡面延伸过长时，就会在降雨或灌溉时易引起地表径流，产生坡面滑坡、水土流失的严重问题，并破坏了设计地形。因此，地形起伏应适度，坡长应适中。一般来说，坡度小于1%的地形易积水、地表

不稳定；坡度介于1% ~5%的地形排水较理想，适于大多数活动内容的安排，但当同一坡面过长时，会显得单调，易形成地表径流；坡度介于5% ~10%之间的地形排水良好，而且具有起伏感；坡度大于10%的地形只能局部小范围地加以利用。

（五）为植物栽培创造良好的生长条件

现代园林，特别是城市园林中的用地，受城市建筑、城市垃圾等因素的影响，土质极为恶劣，对植物生长极为不利。因此，在进行园林设计时，要通过利用和改造地形，为植物的生长发育创造良好的环境条件，城市中较低凹的地形，可挖湖，并利用挖出的土在园中堆山，抬高地面以适宜多数乔木的生长，并利用地形坡面，创造一个相对温暖的小气候条件，满足喜温植物的生长等。利用地形的高低起伏改变光照条件为不同的需光植物创造适生条件。

三、小地形营造艺术

在园林设计时，面对偌大的设计区，怎样进行景点布置，是堆山、挖湖还是设广场，这些景点应在平面上怎样布局，都是设计者必须统筹考虑和合理安排的。而设计区的原地形一般与设计意图、使用功能不能完全相符。在实际规划设计的工作中，一般是对原地形进行适度的改造，更多的是进行小地形的营造。在园林地形的营造中，平面布局和竖向设计在实际设计过程中往往是同时进行的，不能严格分开，但为了更清晰的掌握设计方法，下面将地形的平面布局和竖向设计分述。

（一）地形平面布局设计

地形平面布局设计是指各类园林地形在设计区域的平面位置安排，以及所占平面面积的比例大小。地形平面布局应考虑以下诸多因素。

1. 因地制宜地满足园林风格和园林性质的需要

平面布局必须根据园林风格和园林性质的要求来确定地形的类型及布局方式。比如意大利园林师一般将山地修筑成台地形，而把景点以对称的形式布置在轴线上，创造出规则式园林；而法国则结合其国家的地形特点，以规整的平地地形营造出整洁华丽的园林景观；英国的风致园林则在平地上改造出大小不同、富有变化的缓坡丘陵地形；中国古典园林则讲究挖湖、堆山、叠石，营造出更富有意境的自然写意山水园。总之，无论怎样布局，必须满足园林风格和性质的要求，也要考虑民族文化的传统习俗。

2. 必须充分考虑可容纳的游人量

园林的主要功能是为游人服务，也就是能使游人融入园林并享受园林美景。而平地容纳的人较多，山地及水面容纳的人则较少。所以，理想的园林地形布局应是水面占25% ~33%，陆地占67% ~75%。其中，陆地中平地占50% ~67%。山地丘陵占33% ~50%。

3. 要统筹安排、主次分明

在地形设计处理时，必须做到意在笔先，即在心中要有一个大的地形骨架，统筹考虑各部分，并对不同部分的地形在位置、体量等方面都有一个总的要求，在设计过程中分清主次，使地形在平面布局上自然和谐。

4. 充分运用园林造景艺术手法

园林造景艺术手法即在地形平面布局中要因地制宜，巧于因借，并结合立面设计注意三远变化，创造出或开朗、或封闭的地形景观。

（二）地形竖向设计

地形竖向设计是指在设计区域的场地上进行垂直于水平面方向的布置和处理。竖向设计的方法一般有等高线法、断面法、模型法等。主要考虑在满足地形景观艺术要求的同时，必须满足工程技术的需要，有利于地面排水的需要，以及有利于游人游览和赏景的需要。

四、园林堆山艺术

堆山是中国园林的特点之一，也是中国传统园林的主要地形处理方式。无论是古典皇家园林，还是南方私家园林，都极力推崇用堆山的方式实现地形起伏，达到合理布局景点，服务园林建筑、园林植物的目的，组织空间，调节游人视点，带来不同的视觉效果，营造步移景异的园林景观效果。

（一）假山类型

园林中的假山一般按照堆山的材料来分类，有土山、石山、土石山三类。清初李渔所著的《闲情偶寄》里，论及山石，其见解极为精辟，“以土代石之法，既减人工，又省物力，且有天然委曲之妙。混假山与真山之中，使人不能辨者，其法莫妙于此。累高广之山，全用碎石，则如百纳僧衣，求一无缝处而不得，此其所以不耐观也。以土间之，则可浑然无迹，且便于种树。树根盘固，与石比坚，且树木叶繁，浑然一色，不辩其为谁石谁土”。“土之不可胜石者，以石可壁立，而土则易崩，必仗石为藩篱故也。外石内土，此从来不易之法也”。古人对堆山的论述，直到现在依然对园林假山的营造具有重要的指导意义。它全面地论述了园林堆山是对真山的模仿，是作假成真的创作过程，同时也论及堆山中土石材料的合理运用，工程技术上的要求等。

1. 土山

土山是指全部用土堆积而成的山。土山在中国古典皇家园林及现代大型自然式园林中经常运用，一般是同园林中挖湖及其他地形改造同时进行的。在某一具体园林中为达到土方平衡，将挖湖、池的余土用来堆山，不但堆筑了假山，而且节省了造园经费。土山一般在园林中堆砌成形体较大的山体，但由于受到土壤强度的限制，土山一般不能堆砌得太高、太陡，坡面也不能过长，坡度必须保证小于土壤的安息角。

2. 石山

石山是指全部用岩石堆叠而成的山。相对于土山而言，石山体量较小，在江南私家园林中，多用作主景，辅之以水、植物，构成秀丽的假山园林，也可以用来组织空间。通常可用自然山石将地形或景物分隔开来，形成一个个具有鲜明主题的“个景”，使园林景区过渡自然、流畅。由于叠山选用的石材不同，山石叠置的手法各异，石山可形成不同的景观类型。

3. 土石山

以土为主，以石为辅堆筑的假山称为土石山，一般体量很大，如北京颐和园的万寿山。大型公园中的假山一般均采取这种形式。将土堆成山的雏形，然后用山石固坡或作局部造景或进行工程处理。土石山一般较为经济，它结合了土山和石山的优势，也最符合自然山体的特性，同时为在山上种置植物提供了方便。在园林中，土石山宜作地形的骨架或主景，也可作为组织空间的隔景，如颐和园仁寿堂至昆明湖之间的土石假山。

（二）堆山叠石的基本原则

1. 满足园林造景功能的要求

假山在园林中具有多种功能，如果作为主景来应用，一般多堆石山，体现其个体美观；如果作为分隔园林空间来用，一般依据需要堆土山或土石山，且呈线状堆砌；如果作为体现空间层次，丰富竖向变化，则需以土石堆成群山。

2. 因地制宜，确定山体的体量和位置

山体的体量要与园林整体空间综合考虑而确定，不可喧宾夺主。一般作为主景的山体位置要突出，最好坐北朝南，依水而建，方能突出山体的高大和自然。

（三）假山的艺术处理

假山的成功与否，除了堆叠的技巧外，艺术要求是其中最重的一个环节。造园家李渔认为，盈亩累丈之山，如果堆得与真山无异，是十分少见的。假山在中国古代和现代园林中，虽然应用得极为广泛，但堆叠巧妙的却为数不多，其主要原因不在工程技术上，而是在艺术上。计成在《园冶》一书中有言，“夫理假山，必欲求好，要人说好片山块石，似有野致”，“有真为假，做假成真，稍动天机，全叨人力”。总结《园冶》中对假山缀叠技巧和艺术的论述，以及中国山水画的画理，假山造型艺术应遵循以下要求：

1. 要有宾主

清代画家笪重光《画筌》说：“众山拱伏，主山始尊，群山盘亙，祖峰乃厚”，意在突出群山中的主山和主峰。群山和群峰之间要高低错落，疏密有度，峰与峰之间要互相呼应、掩映烘托，使宾主相得益彰。

2. 要有层次

“山不在高，贵有层次”说明了层次的重要性。层次有三，一是前低后高的上下层次，山头作之字形，用来表示高远；二是两山对峙中的峡谷，犬牙交错，用来表示深远；三是平冈小阜，错落蜿蜒，用来表示平远，如图 5-5 所示为山之三远。

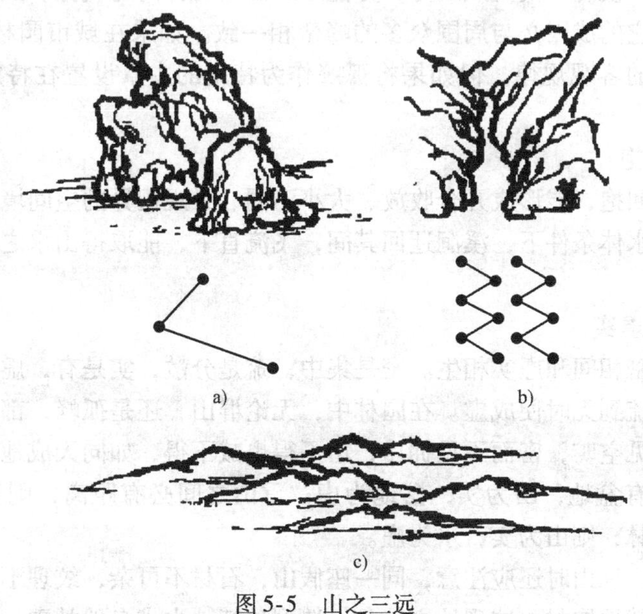

图 5-5　山之三远

a）高远　b）深远　c）平远

3. 要有起伏

山势既有高低，山形就有起伏。一座山从山麓至山顶，绝不是直线上升，而是波浪起伏，由低而高和由高而低，有山麓、山腰、山肩、山头、山坳、山脚、山阳以及山阴之分，这是一座山本身的小起伏，如图5-6所示为山形分析。山与山之间也有宾有主，有支有脉，这是全局的起伏。

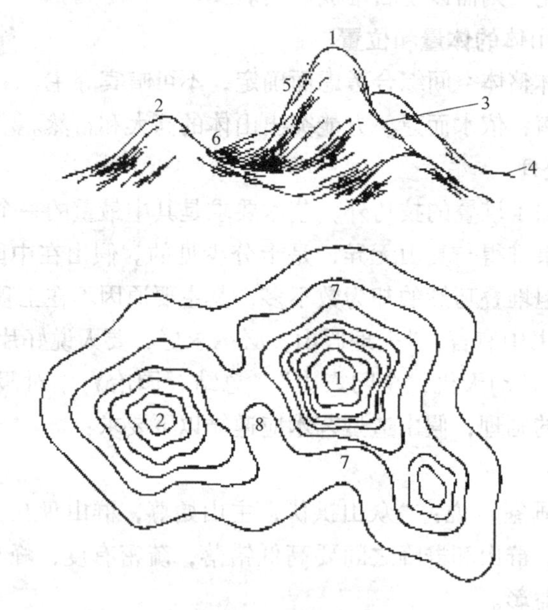

图5-6　山形分析

1—主山头　2—次山头　3—山腰　4—山麓　5—山肩　6—山谷　7—山阴　8—山凹

4. 要有来龙去脉

山有来龙去脉，便有一气呵成之势，方能显示出山的神韵与气势。虽然自然界中拔地而起的孤峰很多，但它的成因必与周围众多的峰峦相一致。如果在城市园林中只有一座孤峰，就不符合地貌形成的客观规律。但如果将孤峰作为特定的主景设置在特定的位置，则另当别论。

5. 要有曲折回抱

由于假山曲折回抱，能形成开合收放、大小不同、景观迥异的空间境域，产生较好的小气候。尤其在具有水体条件下，溪涧迂回其间，飞流直下，能取得山水之胜和世外桃源的艺术效果。

6. 要有疏密、虚实

布置假山要疏密相间和虚实相生。密是集中，疏是分散，实是有，虚是无。景物布置密到不透时便是实，疏到无时便成虚。在园林中，无论群山，还是孤峰，都应有疏密、虚实的布置，做到疏而不见空旷，密而不见拥斥，增不得也减不得，如同天成地就。山之虚实是指在群山环抱之中必有盆地，山为实，盆地为虚；重山之间必有距离，则重山为实，距离为虚；山水结合的园林，则山为实，水为虚。

除了以上六点，堆山时还应注意，同一座假山，石材不可杂，纹理不能乱，选用的石块大小不能匀，最好就地取材，体现地方特色，造型独特，力求自然朴素，忌矫揉造作。

（四）假山在园林中的布局

假山在园林中主要依据其在园林中的景观功能来进行布局，大致可分为七种布局形式。

1. 把假山作为主景建筑的对景处理

这是中国传统园林中最常用的一种布局形式，追求的是“不下堂筵，坐穷泉壑”的意境。这种布局形式要求在考虑假山的体量时，要把山上所需花木的大小、高矮考虑进去，使假山的整个体量与空间相适应。在山体和建筑之间要有合适的距离，其间可根据造景的不同要求设置水池或草坪，形成水平和垂直、虚和实的对比，更显假山的高大和灵秀。特别注意，假山的主峰忌对建筑大厅，应稍偏离，使对景不显呆板，更突出了建筑主景的地位。

2. 把假山布置在园地的周围

这种布置的目的主要是利用山体将园内外分开，阻断园外闹市的噪声和尘埃，使园内形成一个较为清静的园林空间。还需在山上种植花草树木，令山体自然起伏，使游人有一种园外有园、山外有山的感觉。

3. 把假山布置在园的一角

把假山布置在园的一角，并建以平岗坡坂，使地形的起伏之势逐渐消失到平洼地，创造出地形的自然美。

4. 把假山布置在院内作为分隔空间来处理

一般根据院内景观分区的需要，把假山布置成之字形，把整个园区分隔成既相互封闭，又相互通行的大小不同的空间，保持各空间的相对独立性，创造空间特色和空间景观深度，营造出林泉丘壑之美。

5. 把假山与水体结合

山水结合的构图中，山为实作主景来应用，水为虚作背景来应用，山体临水而建，或峭壁悬崖，或高凸山体，通过自然地形变化徐徐入水，造成山水相依、自然而然的山水胜景。

6. 把假山布置在主要出入口的正面

这种布置是把假山作为障景应用，筑成丘陵坂坡，向两侧延伸，在其上种植树木，呈现出林木森森、郁郁葱葱的景象，使园景幽深莫测。

7. 把假山作为框景“画材”来应用

如《园冶》中所讲的峭壁山，“峭壁山者，靠墙理也。藉以粉壁为纸，以石为绘也。理者相石皴纹，仿古人笔意，植黄山松柏、古梅、美竹，收之园窗，宛然镜游也”。这种以粉墙为背景，以石材、花木为材料，以门窗为景框的造景形式在中国江南古典园林中非常普遍。

总之，以上总结的七种假山布局形式只是对假山布局的归类，在实际造园中，可根据园林布局的总体需求灵活布局，不应受这种归类布局的制约。

五、园林置石艺术

在园林中将形态独特的单体山石或几块、十几块小型山石安置在园林空间中，艺术地构成园林小景，称为置石。置石和营造假山相比，通常所用石材较少，而且施工也较简单。但是，因为置石是单独欣赏的对象，所以对石材的观赏性要求较高，同时，对置石平面位置的安排，立面强调，空间趋向等也有特别的要求，置石用的石材虽少，但丝毫不影响设计者的匠心独具。

（一）特置

特置也叫孤置、孤赏，有的也称为峰石，大多由单块山石布置成为独立性的石景。特置要求石材体量大，有较突出的特点，或有许多折皱，或有许多或大或小的窝洞，或石质半透明，扣之有声，或奇形怪状，形像某物。园林中的特置石，最著名的当属承德避暑山庄东面的磬锤峰，北魏旅游家、地理学家郦道元对此这样描写道："挺在层峦之上，孤石云峰，临崖危峻，可高百余仞。华山之"飞来石"，桂林市区的独秀峰等，都是自然界中的特置石。

在我国园林中著名的特置石有深绉千纹的"绉云峰（杭州）；玲珑剔透、千穴百孔的"玉玲珑"（上海）；体量特大，姿态超凡，遍布涡、洞的"瑞云峰"（苏州）；横卧、雄浑的且遍布青色的小洞的"青芝岫"（北京）；兼透、漏、瘦于一石，亭亭玉立、高矗入云的"冠云峰"（苏州）等。图5-7所示为特置石"冠云峰"。

这些置石的共同特点是：巨、透、漏、瘦或象形。特置就是要充分发挥单体山石的观赏价值，做到"物尽其用"。特置石的设计一般包括三个方面：

图5-7 冠云峰

1. 平面布置设计

特置石应作为局部的构图中心，一般观赏性较强，可观赏的面较多。因此，设计时可以将它放在多个视线的交点上，如大门入口处，多条道路交汇处，或有道路环绕的一个小空间等。特置石一般以其石质、纹理轮廓等适宜于中近距离观赏的特征吸引人，应有恰当的视距；在主要观赏面前必须给游人留出停留的空间视距，一般应在25～30m，以石质取胜者可近些，而轮廓线突出、优美者或象形者，视距应适当远些。设计时视距要限制在要求范围以内，视距L与石高H，符合$H/L=2/8\sim3/7$的数量关系时，观赏效果好。为了将视距限制在要求范围以内，在主要观赏面之前，可作局部扩大的路面，或建植可供活动的草皮，建平台，设水面等，也可在适当的位置设少量的坐凳。特置石也可安置大型建筑物前的绿地中。图5-8所示为设置在北京科技大学图书楼前草坪中的特置石。

2. 立面布置设计

通常，特置石应放在平视的高度上，可以建台来抬高山石；选出主要的观赏立面，要求变化丰富，特征突出，如果山石有某处缺陷，可用植物或其他办法来弥补；为强调其观赏效果，可用粉墙等背景来衬托置石，也可构框作框景。图5-9所示为利用景门形成框景，以突出石景。

3. 空间处理设计

利用园路环绕或天井中间、廊之转折处，或近周为低矮草皮或有地面铺设，而较远处用高密植物围合等方法，形成一种凝聚的趋势，并选沉重、厚实的基层来突出特置石。

图5-8 北京科技大学图书楼前特置石

（二）对置

对置是在建筑轴线两侧或道路旁对称的位置上置石，但置石的外形为自然多变的山石。在大石块少的地方，可用三五小石拼在一起，用来陪衬建筑物或在单调的路旁增添景观，置石的设计必须与环境相协调。图 5-10 所示为某建筑入口道路两侧对置石。

图 5-9　利用景门形成框景

图 5-10　建筑入口道路两侧对置石

（三）群置

群置是指应用多数石块互相搭配，形成组合景观，常“攒三聚五”，有常理而无定势，只要组合得好就行，常常有高有低，有聚有散，有主有次，有顾盼呼应，疏密有致，层次分明，多用于自然式山石驳岸的岸上部分、草坪上，园门两侧、廊间、粉墙前，山坡上、小岛上、水池中，或与其他景物结合造景。群置石需要寥寥数石就能勾画出意境来，如图 5-11 所示为西安世界园艺博览会公园中的群置石小景。

图 5-11　群置石小景

（四）散置

散置即散漫置之，是模仿自然界山石自然散落形成的自然点状分布的景观置石方式。在较大的空间内散置石，如果还采用单个石头与几个石头组景，就显得很不起眼，而达不到造景的目的。为了与环境空间取得协调，就需要增大体量，增加数量。其布局特征与群置相同，而堆叠石材比前者较为复杂，需要按照山石结合的基本形式灵活运用，以求有丰富的变化，一般用于山脚下、水岸边、自然草地中。图5-12所示为水岸边草坪上的散置石景观。

图5-12　散置石景观

★ 实例分析

1. 法国规则式园林地形

法国规则式园林，园林如法尔赛宫，其地形的设计布局直接顺应原有的地形形态，它的景观布局不是刻意地强调地形的竖向变化，而是始终注意平地上的造景。整个园林的地形略有起伏，大致平坦，全园的布局呈对称的人工几何型，是规则式园林的代表。这种布局也完全展现和表达了西方园林艺术中以人为中心的美学理念。图5-13所示为凡尔赛宫的平坦地形。

图5-13　凡尔赛宫平坦地形

2. 意大利台地园地形

意大利是一个多山地、丘陵的国家，其园林又追求西方规则式园林的造景形式。为达到其规则式造园的目的，意大利的造园家完全顺应丘陵地形，对其地形进行独特的改造，将丘

陵地形改造成高程不同、分界明显的台地，将整个园林景观建造在一系列的台地上，从园址的高处到低处所见到的清晰景观层次，进一步构成了引人入胜的画面，满足了其景观布局和建造的地形需要，在世界园林中独树一帜。图5-14所示为意大利台地园式园林。

图5-14　意大利台地园式园林

3. 中国古典园林自然山水园地形

中国古典园林，无论是皇家园林还是私家园林，其常用的手法是因地制宜，挖湖堆山，利用对地形的改造形成顺应自然的山水园林。例如颐和园的地形规划设计。昆明湖的原址就是一片低洼地，万寿山的原址是不高的瓮山，在其规划中充分遵循了低处挖湖、高处堆山的园林地形改造设计法则，合理利用了原地形，把挖昆明湖的泥土堆上了瓮山，形成了万寿山，而利用东宫门区域的平坦区作为宫廷建筑的场所，满足了园林造景不同功能的需要。可以说，颐和园是中国古典园林地形改造最成功的范例。图5-15所示为颐和园山水地形。

图5-15　颐和园山水地形

★ 实训

一、实训题目

园林地形改造。

二、实训目的

通过园林地形改造设计实训，了解地形改造设计在园林造景中的作用和意义，掌握地形艺术处理的方法，学会园林地形的规划布局方法。

三、实训区的选择要求

结合当地市政园林工程建设、单位绿地工程建设，或指定某区域作为实训区域，要求区域面积不小于1hm^2，有一定的地形起伏。

四、资料提供

1）设计区域1/500的地形图。

2）设计区域的周边环境资料。

3）由教师确定设计园林绿地的性质和类型。

五、成果要求

1）1/500～1/200的地形设计图。

2）地形改造设计分析报告。

六、评分标准

满分为100分，其中，地形设计图占40分，分析报告占60分。

项目二　园林水景艺术

水是生命之源，自然界的水景千变万化，形态各异，在中西方园林中水一直都是造景的主要素材。

水和其他园林要素最大的区别在于它的流动性和可塑性，这一点也是在园林中能营造出千姿百态的园林水景的原因。水在园林中的应用主要体现在以下几个方面。

1. 水的可塑性

常温下水是无色无味的液体，本身无固定的形状。北宋画家郭熙在《林泉高致》中写道："水，活物也，其形欲深静，欲柔滑，欲汪洋，欲回环，欲肥腻，欲喷薄"，充分说明了水的可塑性极大，依据地形可任意塑形。园林中丰富多彩的水体，实际上是通过园林设计师设计出千姿百态的"容器"来完成的。即使是固态的水，人们也可以利用气候条件，通过堆、塑、刻的手法创造出冰天雪地中的园林美景。

2. 水的流动性

水受到地球引力的作用，或静止，或流动，人们可以利用这一点，营造瀑布、喷泉、溪流等不同的景观。

3. 水的音响效果

运动中的水，无论是流动、跌落还是撞击，都会发出声音。利用水的流量、流动形式、跌落落差，水和其他园林要素巧妙组合，可以创造出多样的音响效果，营造出特定的园林意境。

4. 水的倒影

平静的水面像一面镜子，能够映出周围景物的形象，产生倒影，当微风吹来，水面色彩斑驳，倒影形象破碎，亦真亦幻，富裕变化，妙趣横生。

5. 水的意境

无论是在中国园林，还是在西方园林，利用水营造意境都具有举足轻重的地位。中国园林多利用水营造出宏伟、自然、神秘的意境，如自然的湖泊、小溪、瀑布等；西方园林则给予水体特殊的含义，如西亚园林视水为神灵的象征，欧洲园林则利用水体和雕塑相结合创造

出别样的景观，表达出西方独有的意境。

一、园林水体的作用及类型

（一）园林水体的作用

1. 造景作用

造景功能是水在园林中最基本的作用。中国古典园林中，视水为整个园林的“灵魂”，水体一般占的比例很大，如颐和园、北海公园等皇家园林，拙政园、狮子林等私家园林无不如此；西亚园林更是将水提升到神的境界；欧洲园林中的水体也处处可见。现代园林中，水体在公园中所占的面积虽不是很大，但水体运用的程度绝不亚于古代园林，随处可见的喷泉、水池等都是现代园林水体造景的常用类型。园林中不同的水体形式，能营造出各异的气氛，给人以不同的感受。

2. 灌溉作用

园林的主体是园林植物，园林植物的生长需要大量的水，园林中的水体也可以作为园林植物灌溉的水源。

3. 生态作用

园林中的水能起到调节气温，增加空气湿度，排洪蓄水等生态作用。

4. 运动作用

利用园林中的水体可进行各种水上运动项目，如钓鱼、划船、游泳、滑雪、溜冰等，丰富群众的体育活动。

5. 生产作用

园林中大面积的水体能养鱼种藕，既增添了园林景观，又能带来一定的经济收益。

（二）园林水体的类型

园林水体依据不同的分类方式，可分为不同的类型，常见的有按照水体的规划形式分类和按照水体的状态分类。

1. 按水体的规划形式分类

基于在园林水体规划设计时，依据水体的外在表现形式，将水体分为自然式水体和规则式水体。

（1）自然式水体　水体平面形状自然，没有明显的对称轴，驳岸自然流畅，因形就势，一般面积较大，如自然界的河流、湖泊、池沼、溪涧、瀑布等。

（2）规则式水体　水体平面为规则的几何形状，多为人工开凿而成，面积一般较小，如园林中常见的方形、圆形的水池，几何形组合成的喷泉等。

2. 按照水体的状态分类

按照水体的状态，可分为静态水、动态水、固态水、气态水四类。

（1）静态水　静态水是指园林中成片状汇集的水面，呈现出表面平静状态的水体。它常以湖、塘、池、井、潭的形式出现，给人以安详、平静、舒适、朴实的感觉。由于静态水可以产生倒影，也可以透出池底的斑斓景观，因此往往与周围的树木、建筑、水中的植物、池底的铺装或自然的色彩结合，形成奇幻的倒影或池中的透视景观，如图5-16所示为静态水形成的倒影景观。

图5-16　静态水倒影景观

（2）动态水　处于运动状态的水即为动态水，园林中的河流、小溪、瀑布、跌水、喷泉等都属于动态水。动态水形态富于变化，又能产生光波晶莹的光影效果，流动又能产生音响效果，具有活力和动感，令人兴奋和欢快。

（3）固态水　固态水即呈现固体状态的水，也就是北方冬季常见的雪和冰。在我国的北方，利用水景，结合气象条件可创造出奇特的景观，如东北的林海雪原，公园中的冰湖，哈尔滨的冰雕等。

（4）气态水　气态水即呈气雾状的水，也就是常见的云、雾。在自然风景区，气态水能形成奇幻的园林景观，在现代园林中也可以人为地创造云雾奇观。

二、园林水景的设计原则及艺术处理

（一）园林水景的设计原则

1. 必须符合园林总体造景的需要

园林中要不要设计水体，设计什么样的水体，取决于园林总体造景的需要。一般在大的自然式园林中均应设置较大型的水景，以自然式的大面积湖泊形式出现，有的还与瀑布、溪流相结合，形成模拟自然的丰富水景体系；在小的规则式园林中或城市广场、大型建筑广场中，多设置规则式水景，一般以喷泉与规则式水池相结合造景。

2. 选择靠近水源的地方设计水景

水景是园林中的用水大户，一般在设计前必须考虑水的补充和排放问题，最好能通过天然水源解决问题。对于小型水体，可用人工水源，做到循环利用。

3. 利用多种设计手法尽量丰富水景层次

由于大面积的水体缺乏立面的层次变化，不符合中国传统园林的造园意境，通常可通过在水中设立岛、堤，架设园桥，栽植水草，在岸边种植树木等多种手法，达到分隔空间、丰

富层次的目的。

（二）园林水景的艺术处理

1. 水池

水池是园林中最常用的水景设计形式之一，分为自然式和规则式两类。

（1）自然式水池　自然式水池的池岸线为自然曲线。在公园的游乐区中通常以小水面点缀环境，水池常结合地形、花木种植设计成自然式；在水源不太丰富的风景区及生态植物园中，也需要在自然式的水池培养荷花，放养鱼类等各种水生生物；在动物园中，河马、海豚等大型水生动物，需要与大自然相近的栖息地，水池也常设计成自然式的，鸭、鹅等水禽的游息地，宜与草皮坡地相连，自然而有情趣，其水池设计都为自然式。图 5-17 所示为自然式水池。

图 5-17　自然式水池

（2）规则式水池　规则式水池的池岸线围成规则的几何图形，显得整齐大方，是现代园林建设中应用得越来越多的水池类型。尤其在西方园林中，水池大多为规则的长方形或正方形；在中国现代园林中，也有很多规则式水池，而规则式水池在广场及建筑物前，能起到很好的装点和衬托作用。图 5-18 所示为规则式水池。

a)

b)

图 5-18　规则式水池

水池的大小要与园林空间及广场的面积相协调。水池的轮廓与自然地貌及广场、建筑物的轮廓相统一。无论是规则式水池，还是自然式水池，都力求造型简洁大方，具有独创性。在水池设计中一定要注意各部分的高程，使进水口、溢水口、泄水口的高程相协调。

2. 湖泊

湖泊是园林中静水景观中较大的一类水景，常作为全园的构图中心。在景观处理中，应注意水面的收、放、广、狭、曲、直等变化，达到接近自然并不留人工痕迹的效果；不要单从造景上着眼，而要密切结合地形的变化进行艺术处理；如果能充分考虑到实际地形，不但能极大地降低工程造价，而且能因地制宜。例如，为了满足假山的山势和排水的需要，颐和园后湖中两个呈喇叭形展开的水面，正是后山东、西两条汇水谷道的排水口。这样设计，不仅具有实际作用，而且会使意境更加接近自然而生动逼真，如图 5-19 所示。现代园林中，较大的人工湖在设计时最好能考虑水上运动和赏景的要求，湖面设计必须和岸上景观相结合。

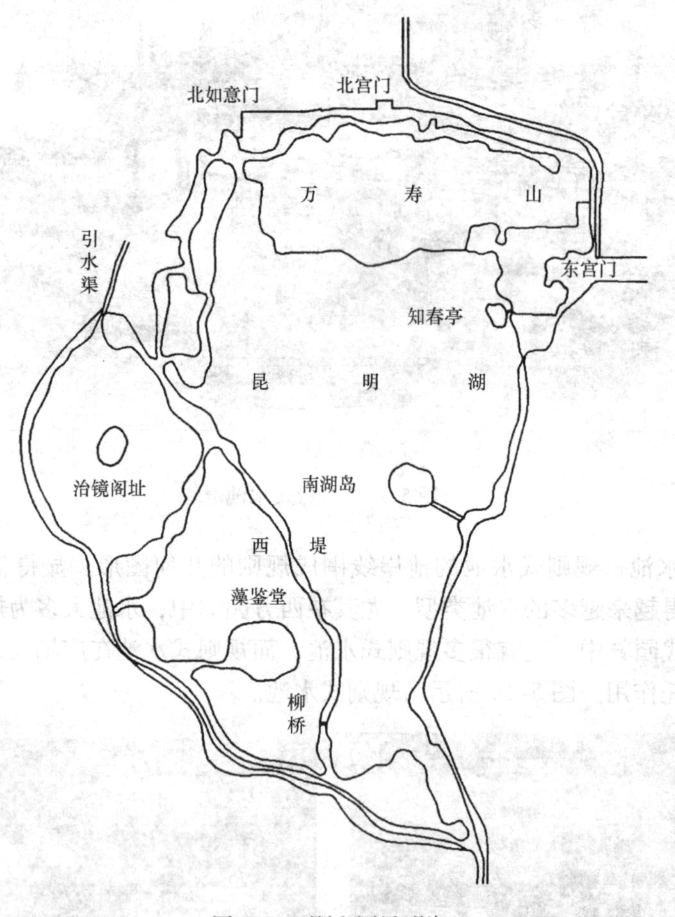

图 5-19　颐和园昆明湖

3. 溪涧

溪涧属于动态水体，水的首尾必有高差。溪涧是园林水景的重要表现形式，它不仅能使人欢快，给人以活跃的美感，而且能加深各景物间的层次，使景物丰富而多变。例如浙江绍兴兰亭中的“曲水流觞”，小溪弯弯曲曲，水流潺潺，在溪旁美景中，大书法家王羲之邀友

数十人，泛酒吟诗，写成了扬名千古的书法杰作——《兰亭集序》。溪流在春天的园林中又多了一项优美的内涵，颐和园的玉琴峡、无锡寄畅园的八音涧等都是古今中外，园林中巧夺天工的溪流佳作。溪涧之所以能使人产生欢快、活跃的美感，是因为溪水在因落差而形成的由上向下流动中呈现出多样的水流形态，产生出不同的水声。而溪流的立面变化同样会构成不同的风景效果。对溪涧的源头应进行隐蔽处理，使游者不知源于何处，流向何方，在寻流追源中展开景区的线索，增添神秘的游园趣味。辟溪涧时要进行引流，引导水体空间逐渐展开，水体的滞和流、缓和急，既展现了水景主体空间的迂回曲折和开合收放的韵律，又有利于两岸变化无穷的景观布局。两岸的驳岸、树石应和溪流的迂回曲折相对应，做到时起时落，时开时合，时疏时密，既有变化，又统一到溪流自然野趣的造景意境中。溪流的驳岸一般模仿自然溪流形态，在水流湍急之处，以山石为岸，防止水流冲刷的危险，在水流缓慢的地方，可设置平滩，并在水中适当位置可用大小不同的自然石块布置成汀步。

在布置溪流时，要以自然界的小溪为蓝本。水流的形态必然是线性或带状，空间有宽有窄。为了创造水流活跃、欢快的节奏，溪底需设计成高低不平的形式，在溪流中适当设置大小不等、形状各异的石头，在形成迂回的漩涡之外，还可造就潺潺的音响效果。

4. 喷泉

自然界的泉水来自山麓或地下。中国有着丰富的泉资源，最著名的莫过山东济南，由于泉多，被称为泉城，天下第一泉的趵突泉就是其中之一。城市园林中的泉基本上都是人工设计和建造的，西方园林中，泉是最常用的水景形式，中国现代园林建设中，以泉造景的情况也越来越多。喷泉有喷水式、溢水式和溅水式三种基本类型。

（1）喷水式喷泉　喷水式喷泉主要是使用多种多样的喷头，经过人为的设计组合，形成不同的喷水效果。喷水式喷泉设计的主要原则是：大型组合式喷泉一般设在广场的中心、大型建筑物前，小型组合式喷泉一般设在庭院的中心，这些部位都是作为园林的主景来应用。在多风的地点，使用短而粗的水柱；要形成高远和戏剧性的喷泉，应选择无风或弱风的地段，但无论何种情况下，水柱的组合要有主有次、有高有低，如图5-20所示。如果配合音乐，要注意水柱的喷射形式与音乐的节奏相吻合。对于单体的小型喷泉，一般可设计在小型的自然式或规则式水体的构图重心上，给平静的水面增加动感，活跃环境气氛。水柱细小的喷泉，最好要有深色的平面背景，如绿色的草坪、浓郁的树丛、凝重的建筑等，以突出喷泉的效果。

（2）溢水式喷泉　溢水式喷泉大多采用单层或多层的溢水盘或壁泉的方式，通过设计不同形状及不同落差的溢水盘及其组合，通过水量的调节，营造出不同的景观效果。溢水式喷泉一般设在有屏障的地方，由于没有水柱喷出，因而不用考虑风的因素。

图5-20　喷泉水柱的组合要有主有次

（3）溅水式喷泉　溅水式喷泉既可溢水，也可喷水，其特点是必须经过雕塑物的阻碍而溅洒出来。

5. 瀑布

瀑布是由较大流量的河流、河床造成垂直的突然跌降，形成较大落差的水幕。按照瀑布垂直高度及与水平宽度的大小，瀑布可分为水平瀑布和垂直瀑布两类。水平瀑布是指水幕的宽度大于高度的瀑布。垂直瀑布是指水幕宽度小于高度的瀑布。虽然瀑布的造型很难捉摸，但按其形象和势态划分：有直落式、跌落式、散落式、水帘式、薄膜式及喷射式等类型；按其大小和高低划分：有宽瀑、细瀑、高瀑、短瀑以及各种混合型的涧瀑等类型。直落式瀑布如雁荡山的大、小龙湫，崖障壁立，高数十米，瀑布从上直泻，观之十分震撼，正如诗仙李白所写的“飞流直下三千尺，疑是银河落九天”的气势。跌落式瀑布是指瀑布分成数段而下，如雁荡山的三跌瀑，它分为上、中、下三折泄下，而每折各有不同，三折又有机组合，甚是壮观。散落式瀑布，如井冈山飞瀑，由于瀑布下降的坡度较倾斜，坡上分布有凹凸的岩石，瀑身被激溅或打散成大小不等的数股，且随着水量大小而不断变化。水帘式瀑布就如花果山上的水帘洞瀑布，瀑布从洞口上方倾泻而下，如同在洞口的一条水晶帘子，趣味无穷。薄膜式瀑布是高出水谷，较平、较宽，瀑布从水谷下降的面较宽，形成很薄的一层水膜，有的在下降过程中遇到一些凹凸不平的岩石，将薄膜分成数幅，透出底部的黛绿色山岩，有一种扑朔迷离的朦胧美。由于自然界的瀑布或给人以壮观、奔腾、轰鸣、咆哮等强烈的视觉和听觉感受，或给人以优美、神秘、遐想的意境感受，人们自然就想到把大自然的美景搬到园林景观中来。园林中瀑布景观的布局设计要达到较高的艺术境界，就要做到如下几点：

（1）瀑布的布局环境要有自然的山水背景　由于自然界的瀑布均在大山峡谷之中，中国园林最讲究“本于自然，高于自然”的设计理念，要在人工环境中设计瀑布景观，也就必须为瀑布再造一个它能合理存在的空间环境，这样才显得自然合理，也更能达到安排和设计瀑布的造景目的，创造出独特的意境。

（2）根据园林造景需要来设计瀑布的落水形式　不同的落水形式会形成不同的瀑布景观，不同的瀑布景观会创造不同的意境。一般在较小的园林中，要创造出优美、神秘的瀑布景观，瀑布应设计成小型的薄膜式；在大型的园林中，瀑布可设计成垂落式，以创造宏伟的气势，如图 5-21 所示的深圳世界之窗的仿亚尼加拉大瀑布就是如此。

（3）做好瀑布堰口的设计　瀑布的堰口是塑造瀑布水幕形态中最重要的一个技术环节。瀑布的水流量较大，是园林景观中耗水量较大的一类，一般只要不是大型的瀑布，尽量使水流厚度较薄，以达到节水的目的。常用的方法是：用青铜或不锈钢制成堰唇，以保证堰口的平整、光滑；增加堰顶蓄水的深度，以形成较为壮观的瀑布；堰顶蓄水池可采用花管供水，或在出水口处设挡水板，以降低流速。

（4）合理设计瀑身　瀑身设计是表现瀑布各种水态和性格的关键，也是展现瀑布景观外在形式的关键。在园林造景中，往往追求瀑身的变化，创造多姿的水态，天然瀑布的水态很丰富，自然界中也不可能存在水态一模一样的两个瀑布，设计时应根据瀑布所在环境的具体情况、空间气氛、确定设计的性格，来设计瀑身的形态和变化。

（5）受水潭的设计　天然瀑布落水口下面多为一个深潭，在设计瀑布时，也应在落水口下面设计一个受水池。为了防止落水时水花四溅，水池的宽度不小于瀑身高度的 2/3。

总之，各种类型的水体既可作为独立的单元，也可以组合在一起，创造出丰富多彩的园

图 5-21　深圳世界之窗的仿尼亚加拉大瀑布局部

林水景。东西方不同的水景组合在一起，也可产生风格迥异的园林空间。中国园林的组合属于自由组合，以自然式布局的水面为中心，辅以涧、溪、泉、瀑、潭等，使水体在空间序列中逐步展现，远近高低起伏有致，并再现水体的自然形态于意境之中。西方园林水景着重于几何图形的组合，以规则长方形的水体为主，串联水渠、喷泉以及各种瀑布，形成规则水体的组合形式，以空间的层次变化、突出人工造型与自然环境对比衬托为主。随着全球经济的快速发展，东西方文化的交融，现代园林水景融汇了东西方水景的布局特点，水体成为沟通内外、上下、前后空间的重要媒介，取水的自然形象，着意雕刻加工，表达空间的动态和秩序。

园林中的水体应有聚有分，聚分得体。聚则水面辽阔，宽广明朗；分则萦回环抱，似断似续，与崖壑、花木、屋宇互相掩映，构成幽深景色。不过水体的聚分必须依园林的用地面积酌情处理。在中国传统园林中，大抵小园聚多于分，大园有分有聚，主次分明。现代园林中，由于要满足众多游人的活动，在水体处理上应相反，小园林中的水体宜分散，取溪、涧、瀑等线形水体布置在边上或一角，而大园林可聚分结合，把水面的形状和布局方式与空间组合结合考虑，因地制宜。总之，水体大小和风格应与园林风格一致，以取得与环境的协调。

三、密切山水关系的方法

中国园林把自然风景看成是一个综合的生态环境。山与水是中国自然园林中两个不可分割的重要因素，山水之间是相互依存、相得益彰的关系。“水得地而蓄而流，地得水而柔而润”，“山本静，水流则动；石本顽，有树则灵”，“山因水而活，水因山而秀”都说明了山水的密切关系。要使自然水体设计达到较高的艺术境界，就必须掌握密切山水关系的手法。

（一）以溪涧来联系山水

令水深入山体，使水有源头之感。这种溪涧可结合山体的排水通道进行，既得体又自然，如图 5-22 所示为利用山涧来密切山水关系。

（二）以石矶和山崖来联系山水

在自然水体中，可通过石矶、山崖来密切山水关系，以达到突出山体、自然水体的造景目的，如避暑山庄就有“石矶观鱼”一景。天然石矶景有南京燕子矶、马鞍山采石矶等。遇高差大的局部岸坡可做成山崖，令崖逼水，崖下散落石块也颇自然，如图 5-23 所示在山崖下安置石块来密切山水关系。

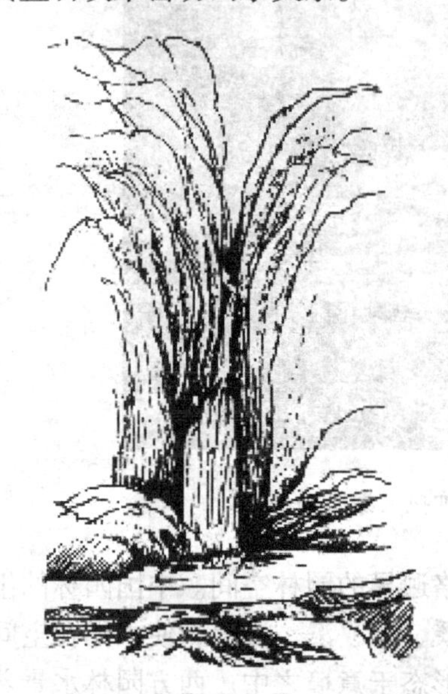

图 5-22　利用山洞来密切山水关系

图 5-23　山崖下安置石块来密切山水关系

（三）设半岛或山嘴子深入水中

局部用跨水石洞、水口、栈道等，密切山水关系，如图 5-24 所示为利用栈道来密切山水关系的形式。山和水之间可采用小于 6% 的小山坡衔接，如图 5-25 所示，也可用半岛或水嘴深入水中，如图 5-26 所示为用半岛深入水中来密切山水关系，使水体更加自然和谐。

图 5-24　利用栈道来密切山水关系

图 5-25　山水之间的缓坡

综上所述，这些做法虽属局部处理，却能使自然水体更加自然和谐，也使水体的存在更加合理，极大地密切了山水关系，具有无穷的自然之趣。有水而无山的陪衬，水就难以生动，

所谓水不曲不深，只有依山才能曲。因此，在园林水景艺术处理中，不能单独地为营造水景而只营造水景，一定要与其他园林要素综合考虑，特别要懂得山水之间的相依关系，合理运用，以达到提升理水艺术效果的目的。

图 5-26　用半岛深入水中来密切山水关系

★ 实例分析

中华世纪坛水景分析。

中华世纪坛是为了纪念 21 世纪的到来而修建的，设计者在其中巧妙而富有创意地运用了水景形式，绝妙地表达了世纪坛的主题。其主题水景是一条宽 3m，全长 262m 的规则式甬道水景，水流从世纪之钟下缓缓流出，在长达 200 多米的甬道上形成薄薄的涓涓清流，寓意中华民族绵延不断、历久弥新的历史，形成一条历史的长河。水流的底部全部是用锡青铜铸造而成，其中甬道中央的青铜板由南向北，镌刻着距今 300 万年前人类出现到公元两千年的时间纪年，这些青铜板不仅记述了中华民族各个年代的重大历史事件，还同时刻有天干、地支和生肖等颇具中国民间特色的图案，展示了过去几千年中华民族发展的历程。在长河的中下游两侧，各设计了 3 组对称的草坪喷泉，与世纪坛规则的规划形式十分协调，虽然水景在整个园林中所占的空间不大，但其水景体系很好地服务于整个园林，是一个难得的水景设计佳作。图 5-27 所示为中华世纪坛全景。

图 5-27　中华世纪坛全景

★ 实训

一、实训题目

园林水景艺术设计。

二、实训目的

通过水景艺术设计实训，了解水的特性，把握水景在园林造景中的作用和意义，掌握水景艺术处理的方法，学会园林水景规划设计的方法。

三、实训区的选择要求

结合当地市政园林工程建设、单位绿地工程建设，或指定某区域作为实训区域，要求区域面积不小于 0.1hm^2。

四、资料提供

1）设计区域1∶200 的地形图。

2）设计区域的周边环境资料。

五、成果要求

1）1∶200～1∶100 的水景布局设计图。

2）水景布局设计分析报告。

3）必须在设计区域中设计水景，但设计水景的类型不限。

4）要求结合周围分析环境，做到布局合理，具有独特的创意。

六、评分标准

满分为100 分，其中，水景设计图占40 分，分析报告占60 分。

项目三　园路造景艺术

一、园路的作用及类型

园路是园林的重要组成部分，科学合理的园路设计是做好园路建设的重要依据。园路的修筑设计在我国有着悠久的历史，随着现代科学的发展，各种新材料新工艺的不断出现为园路设计提供了广阔的空间。

（一）园路的作用

园路在园林中，就像脉络于人体一样，是不可或缺的。要使设计的园路合理，就必须了解园路的功能，这样在设计时才能充分体现其功能，做到有的放矢。园路主要有以下几方面的作用和功能。

1. 组织空间

在公园或较大的绿地中，在景观设计中，常常需要把较大的绿地空间划分成不同的景区。虽然可以利用地形、植物和建筑对其进行空间上的划分，但道路仍然是划分和组织空间的主要方法之一。利用道路，不但可以使几个绿地成为一个整体，更重要的是，通过道路组织和划分空间，使各区形成不同的景区，从而达到多样统一的景观效果。

2. 组织交通和引导游览

园路必须满足园林建设、养护管理、安全防火及园林职工工作生活交通运输的需要；同

时也要满足对游客的集散、疏导作用；园路又是连接各个景区和景点的脉络；同时起到了引导游人观赏景观的作用。因而，园路设计的过程也是设计者根据园林景观，考虑组织和引导游人赏景的过程。

3. 造景功能

园路优美的线形、丰富多彩的路面铺装形式，本身也构成园林的一大景观，同时园路又可使周围的山、水、建筑及花草树木、石景等紧密结合，共同形成园林景观。在园林中，不仅是“因景设路”，而且是“因路得景”，从而形成路随景转，景因路活，相得益彰的艺术效果。

（二）园路的基本类型

从不同方面考虑，园路有不同的分类方法，但最常见的是功能级别分类、结构类型分类及铺装材料分类。

1. 根据功能级别分类

从功能级别上划分，园路一般可分三类，即主干道、次干道和游步道。

（1）主干道　主干道是园林绿地道路系统的骨干，与园林绿地的主要出入口、各功能分区以及风景点相联系，也是各分区的分界线，是形成整个绿地道路的骨架。主干道常作为导游线，对游人的游园活动进行有序的组织和引导。主干道不但供行人通行，也可在必要时通过车辆，一般满足园务运输车辆的通行，宽度一般为3～4m。在现代园林服务于大众的理念下，大型园林主干道的宽度可根据园林规模大小、人流多少而定，不拘泥于以上宽度。

（2）次干道　次干道由主干道分出，是直接联系各区及风景点的道路，一般宽度为2～3m。

（3）游步道　游步道由次干道上分出，引导游人深入景点，寻胜探幽，是能够伸入并融入绿地及幽景的道路，宽度一般为1～2.5m，因地、因景、因人流多少而定。

2. 根据结构类型分类

由于园路所处的绿地环境不同，造景目的和环境等都有所不同，在园林中，园路可采用不同的结构类型。从结构上划分，园路一般可分为三种基本类型。

（1）路堑型　凡是园路的路面低于周围绿地，道牙高于路面，起到阻挡绿地水土作用的一类园路，统称为路堑型，如图5-28所示。在北方降雨较少的地区，或利用园路排水的园林中，多用此种类型。

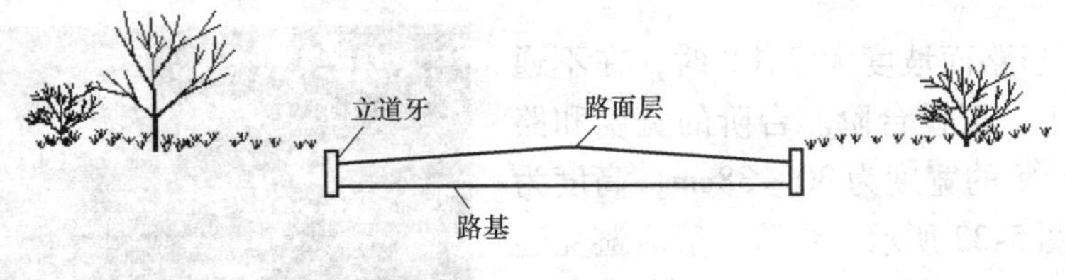

图5-28　路堑型

（2）路堤型　园路路面高于两侧绿地，道牙高于路面，道牙外有路肩，路肩外有明沟和绿地加以过渡，统称为路堤型，如图5-29所示。

（3）特殊型　这是有别于前两种类型，也是结构形式较多的一类园路类型，统称为特殊型，包括步石、蹬道、台阶、攀梯等。这类结构类型的园路在现代园林中应用越来越广，

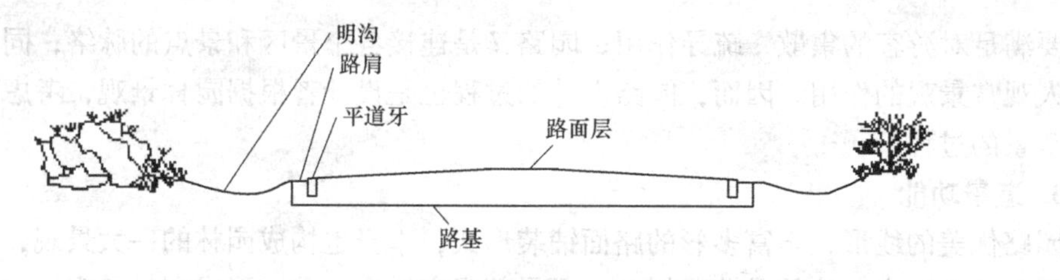

图 5-29　路堤型

但形态变化很大，应用得好，往往能达到意想不到的造景效果。

1）步石。在自然式草地或建筑附近的小块绿地上，可以将数块天然石块或预制板制成圆形、椭圆形、树桩形、自然形或其他形状，自由组合于草地之中，显得自然活泼，与周围环境十分协调。一般步石数量不宜过多，块体不能太小，两块相邻，块体中心之间的距离应在 60cm 左右，以符合成人行走的自然步伐，如图 5-30 所示。

2）蹬道。在自然山水园林中，为了与自然园林的风格相协调，当路面坡度较大时，为了行人方便，在天然岩坡或石壁上凿出踏步或穴，或用条石、石块、预制混凝土条板、树桩及其他形式，铺筑成的具有自然野趣的踏步，即为蹬道，如图 5-31 所示。蹬道一般依山势而建，道面的宽窄可在 30～50cm 之间变动，踏面高度约为 12～20cm。当纵坡大于 60% 时要进行防滑处理，并设栏杆，这一点在北方更应注意。

图 5-30　西安大唐芙蓉园中的步石

图 5-31　北京大学校园内的蹬道

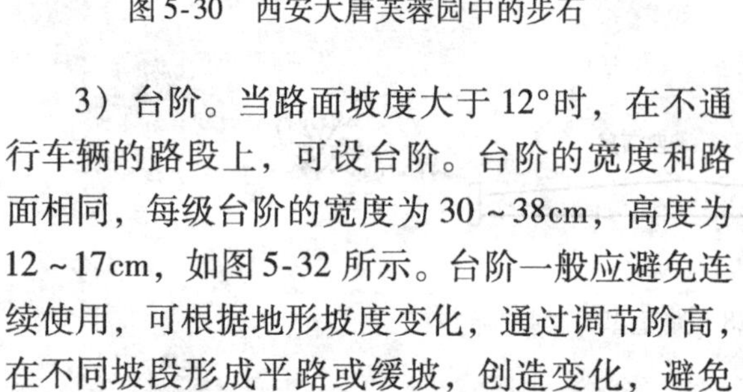

3）台阶。当路面坡度大于 12°时，在不通行车辆的路段上，可设台阶。台阶的宽度和路面相同，每级台阶的宽度为 30～38cm，高度为 12～17cm，如图 5-32 所示。台阶一般应避免连续使用，可根据地形坡度变化，通过调节阶高，在不同坡段形成平路或缓坡，创造变化，避免单调，并减轻游人的疲劳。

图 5-32　台阶

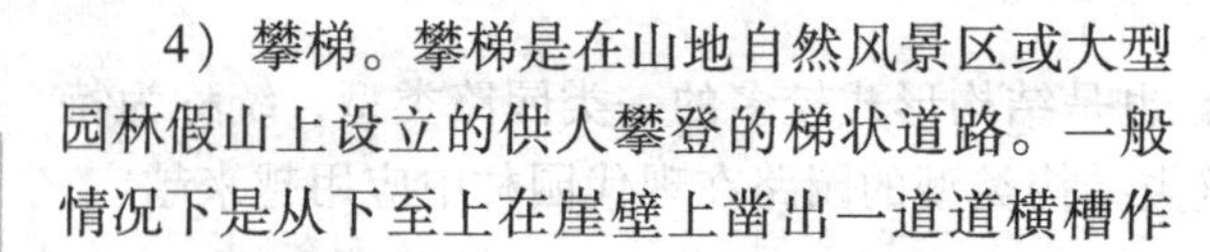

4）攀梯。攀梯是在山地自然风景区或大型园林假山上设立的供人攀登的梯状道路。一般情况下是从下至上在崖壁上凿出一道道横槽作

为攀梯，攀梯道旁设置栏杆。

3. 根据铺装材料分类

修筑园路所用的材料非常多，所以形成的园路类型也非常多，但大体上有以下几种类型。

（1）整体路面　整体路面是由水泥混凝土或沥青混凝土整体浇筑而成的路面。这类路面也是在园林建设中应用最多的一类。它具有强度高，结实耐用，整体性好的特点，但不便维修且一般观赏性较差。

（2）块料路面　块料路面是指用大方砖、石板或各种预制板铺装而成的路面。这类路面简朴大方、防滑，能减弱路面反光强度，并能铺装成形态各异的图案花纹，同时也便于在进行地下施工时拆补，在城镇及绿地中被广泛应用。

（3）碎料路面　碎料路面是用各种碎石、瓦片、卵石及其他碎状材料组成的路面。这类路面铺路材料廉价，能铺成各种花纹，一般在游步道中多有使用。

（4）简易路面　简易路面是由煤屑、三合土等材料组成的临时性或过渡性路面。

二、园路的风格

园路的风格与其所在的园林绿地风格相一致。如果园林绿地的规划形式为规则式园林，则园路大多为直线或有轨迹可循的曲线路，园路的铺装多为水泥整体路面，或由规则的材料铺装成的有规律的图案，这种风格的园路称为规则式园路。如果园林绿地的规划形式为自然式园林，则与之相适应的园路大多为无轨迹可循的自由曲线，具体表现为园路曲线变化无规律，宽窄不一，路面起伏不定，多用大小不一的自然碎石铺就。

三、园路系统的艺术规划

在一个公园或较大的绿地园路设计之初，首先考虑的就是园路怎样布局规划，主干道、次干道及游步道应如何安排、怎样分布、设计成曲径还是直道等，所以园路的布局设计是园路设计中首先要考虑的一项工作。

（一）园路规划布局设计的依据

园路的布局设计，要以园林本身的性质、特征及使用功能为依据，主要有以下几方面：

1. 园林的规模决定了园路布局设计的道路类型和布局特点

较大的公园一般要求园路主干道、次干道、游步道三者齐备，并使铺装式样多样化，使园路成为园林造景的重要组成部分；而较小的园林绿地，或单位小块绿地的设计，往往只有次干道和游步道的布局设计。

2. 园林绿地的规划形式决定了园路布局设计的风格

园林为规则式园林，则园路应布局成直线和有轨可循的曲线式，在园路的铺装上也应和园林风格相适应，如图 5-33 所示的园路布局充分体现规划式园林的特征。园林为自然式园林，则园路布局成无轨迹可循的自由曲线和宽窄不等的变形路，如图 5-34 所示的园路布局自然式园路。

（二）园路规划布局设计的原则

要使设计的园路充分体现使用功能和造景功能，达到和谐统一，并充分展现艺术美的目的，必须遵循以下几方面的原则：

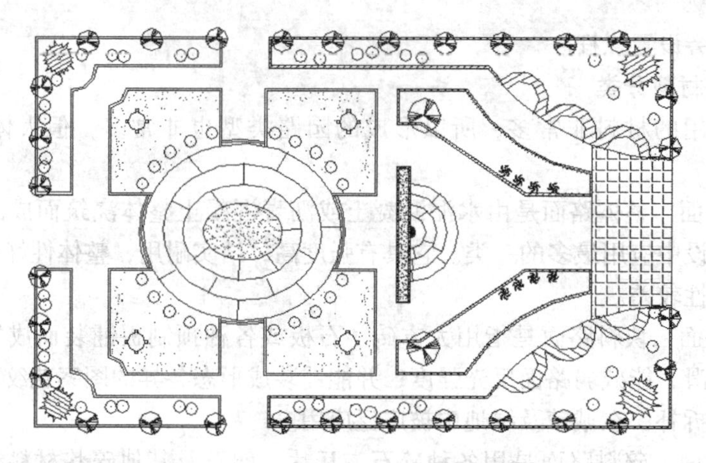

图 5-33　规划式园林的园路布局

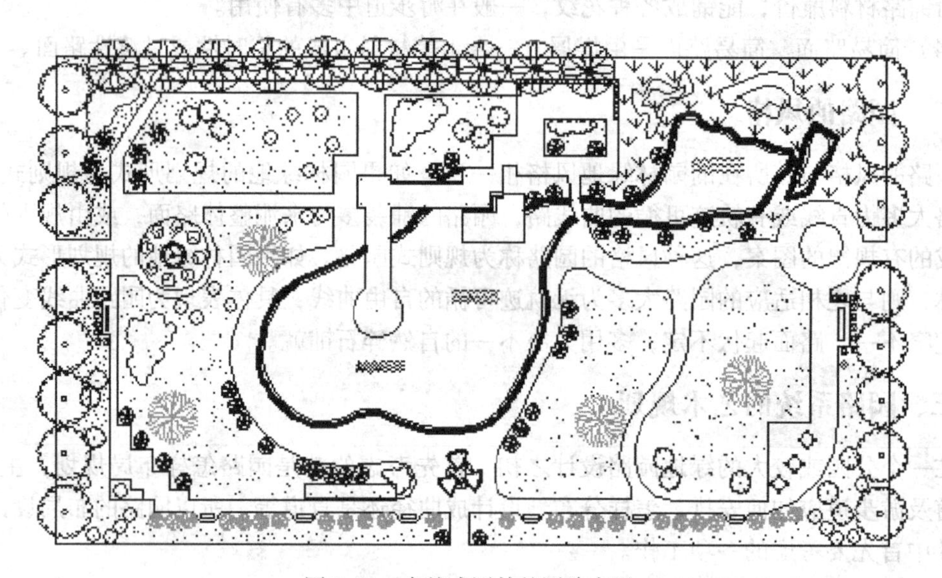

图 5-34　自然式园林的园路布局

1. 因地制宜的原则

园路的布局设计，除了依据园林绿地的规划形式外，还必须结合地形地貌设计，园路一般宜曲不宜直，贵在合乎自然，追求自然野趣，依山就势，回环曲折，曲线要自然流畅，犹如流水，随地势布局。

2. 满足使用功能，体现以人为本的原则

园路的布局设计也必须遵循游人行走为先的原则，也就是说，设计的园路必须满足导游和组织交通的作用，要考虑人总喜欢走捷径的习惯。所以园路设计必须首先考虑为人服务，满足人的需求，否则就会导致修筑的园路鲜有人走，而无园路的绿地却被踩出了园路。

3. 切忌设计无目的、死胡同式园路的原则

园路应形成一个环状道路网络，四通八达，道路设计要做到有的放矢，因景设路，因游设路，不能漫无目的，更不能使游人正在游兴时却发现“此路不通”，这也是园路设计最忌讳的。

4. 综合园林造景进行规划布局设计的原则

园路是园林造景的重要组成部分，园路的布局设计一定要坚持路为景服务，做到因路通景，同时也要使路和其他造景要素很好地结合，使整个园林更加和谐，并创造出一定的意境来。比如，为了适应青少年好历险的心理，宜在园林中设计羊肠捷径、攀悬崖，在水面上可设计汀步；为了适宜中老年人游览、坡度超过12°就要设计台阶，且每隔不定的距离设计一处平台以利休息；为了取得曲径通幽的效果，可以在曲路的曲处设计假山、置石及树丛，形成和谐的景观。

（三）园路规划布局设计应注意的问题

要使园路布局合理，除遵循以上原则外，还应注意以下几方面的问题。

1）两条自然式园路相交于一点，所形成的对角不宜相等；道路需要转换方向时，离原交叉点要有一定的长度作为方向转变的过渡。如果两条直线道路相交，可以正交，也可以斜交，为了美观实用，要求交叉在一点上，对角相等，这样就显得和谐自然。

2）两路相交所成的角度一般不宜小于60°，若由于实际情况限制而角度太小，可以在交叉处设立一个三角绿地，使交叉所形成的尖角得以缓和，如图5-35所示。

3）若三条园路相交在一起时，三条路的中心线应交会于一点上，否则会显得杂乱。

4）由主干道上发出次干道的分叉位置，宜在主干道凸出的位置处，这样就显得流畅自如，如图5-36所示。

5）在较短的距离内，道路的一侧不宜出现两个或两个以上的道路交叉口，尽量避免多条道路交接在一起，如果避免不了，则需在交接处形成一个广场。

6）凡道路交叉所形成的大小角都宜采用弧线，每个转角要圆润。

7）自然式道路在通向建筑正面时，应逐渐与建筑物对齐并趋垂直，在顺向建筑时，应与建筑趋于平行，如图5-37所示。

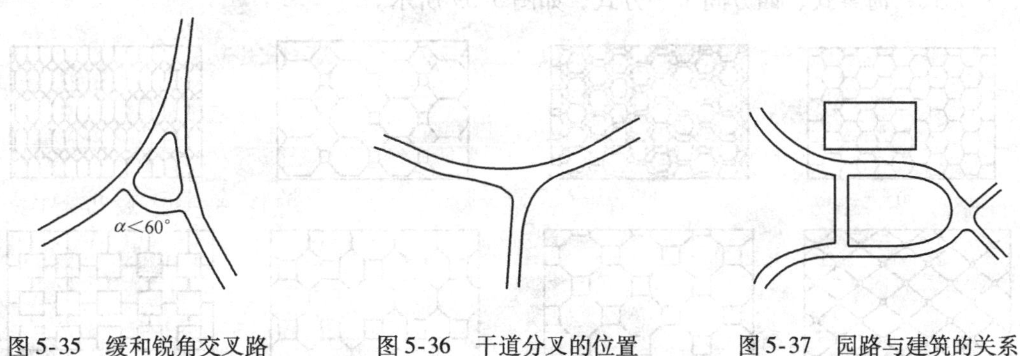

图5-35 缓和锐角交叉路　　图5-36 干道分叉的位置　　图5-37 园路与建筑的关系

8）两条相反方向的曲线园路相遇时，在交接处要有较长距离的直线，切忌是S形。

9）园路布局应随地形地貌、地物而变化，做到自然流畅、美观协调。

四、园路铺装艺术

园路铺装是指利用天然的或人工的建筑铺装材料，如沙石、混凝土、沥青、木材、瓦片、砖等，按一定的形式铺设于园路路面上。

（一）园路路面铺装的设计原则

1. 园路路面设计应符合园林造景的需要

园路路面是园林景观的重要组成部分，路面的铺装既要体现装饰性的效果，以不同的形态出现，又要在建材及花纹图案设计时与景区的意境相结合。但应注意，园路只是景观的组成部分，必须与园景统一，为园林大景观服务，不能喧宾夺主。

2. 园路路面设计要综合考虑与其他要素的协调

在进行园路路面设计时，如果是自然式园林，路面应形成流畅的自然美，从形式和花纹上应尽量避免规则式；如果是规则式园林的平地直路，则正好相反，尽量追求有节奏、有规律、整齐的景观效果。同时，路面铺装设计也应充分考虑与植物、山石、建筑等的结合造景，以达到统一和谐。园路路面设计应使路面有柔和的光线和色彩，减少反光、刺眼的感觉。

（二）园路铺装的设计实例

（1）砖路　用砖铺砌，可铺成人字纹、席纹、间方纹及斗纹等样式，如图5-38所示。

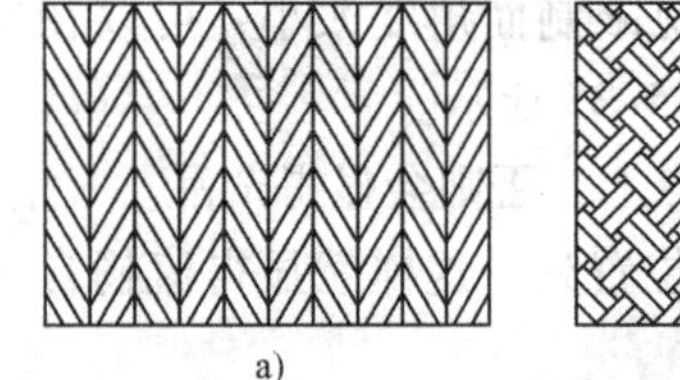
a)

b)

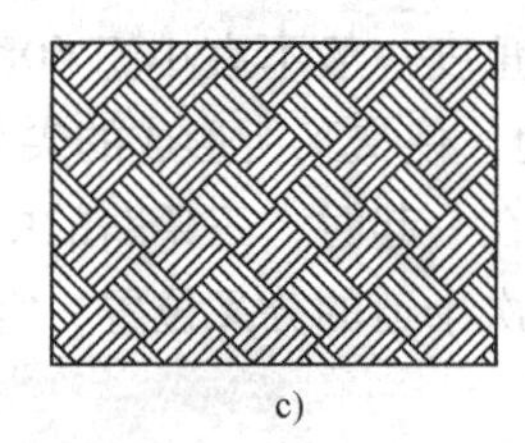
c)

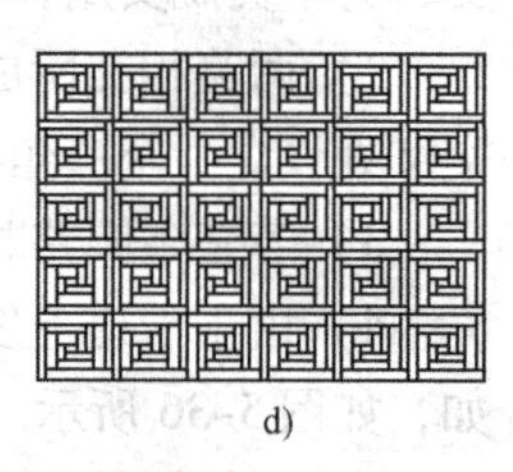
d)

图5-38　园路砖铺砌形式

a）人字纹　b）席纹　c）间方纹　d）斗纹

（2）砖瓦路　以砖瓦为图案界线，镶以各色卵石或碎瓷片，或用专门制作的各式小型的水泥预制板，可以拼合成的图案有六方式、攒六方式、八方间六方式、套六方式、长八方式、八方式、海棠式、四方间十字方式，如图5-39所示。

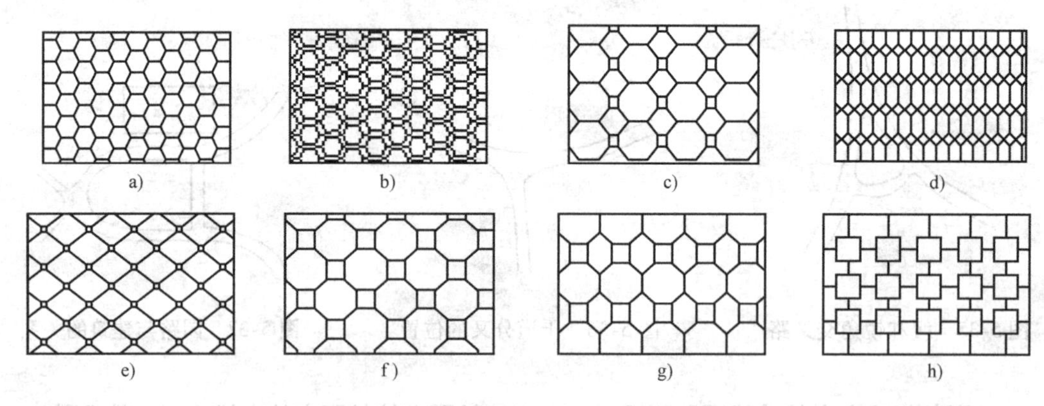

图5-39　园路砖瓦铺砌形式

a）六方式　b）攒六方式　c）八方间六方式　d）套六方式　e）长八方式

f）八方式　g）海棠式　h）四方间十字方式

（3）乱石路　乱石路即用小乱石砌成石榴子形，比较坚实雅致。路的曲折高低，从山上到谷口都宜用这种方法。

（4）卵石路　卵石路应用在不常走人的路上，主要满足游人锻炼身体之用，同时要用大小卵石间隔铺成为宜。

（5）砖卵石路　砖卵石路面被誉为“石子画”，它是选用精雕的砖、细磨的瓦和经过严格挑选的各色卵石拼凑成的路面，图案内容丰富，有以寓言为题材的图案；有花、鸟、鱼、虫等；又如绘制成蝙蝠、梅花鹿和仙鹤的图案，以象征福、禄、寿，成为中国园林艺术的特点之一，如图5-40所示。例如花港观鱼公园里，牡丹园中的梅影坡，即在梅树投影于路面上的位置，用黑色的卵石砌成梅影形，此举在现代园林中颇有影响，如图5-41所示。

图5-40　福禄寿图案

a）蝙蝠式图案寓福寿之意　b）用仙鹤象征寿　c）用此图案象征禄（梅花鹿状园路铺装）

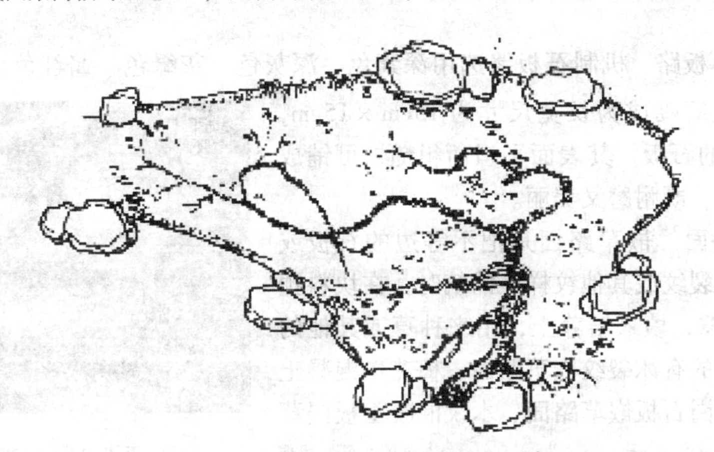

图5-41　花港观鱼公园梅影坡之图案

（6）乱青石板路　用乱青板石可攒成冰裂纹，这种方法宜铺在山之崖、水之坡、台之前、亭之旁，在古典园林中较多运用。由于冰裂纹运用灵活，砌法不拘一格，现代园林中也常利用现代材料，如大理石、花岗岩等进行铺装，图5-42所示为北京鸟巢体育场外的地面铺装即为此种形式。

图5-42　冰裂纹

（7）块料路面　块料路面是用大方砖、石板或预制成各种纹样或图案的混凝土板铺砌而成的路面，如彩色木纹混凝土地面、席纹地坪、拉纹地坪或墙面、预制竹纹、现浇嵌预置卵形混凝土板、现浇混凝土卵形划格路面、大小黑白卵石混嵌路面、碎大理石路面、卵石与圆形混凝土板嵌路等，花样繁多，不胜枚举，如图5-43所示。这类路面朴素大方、防滑，能减弱路面反光强度，美观舒适。

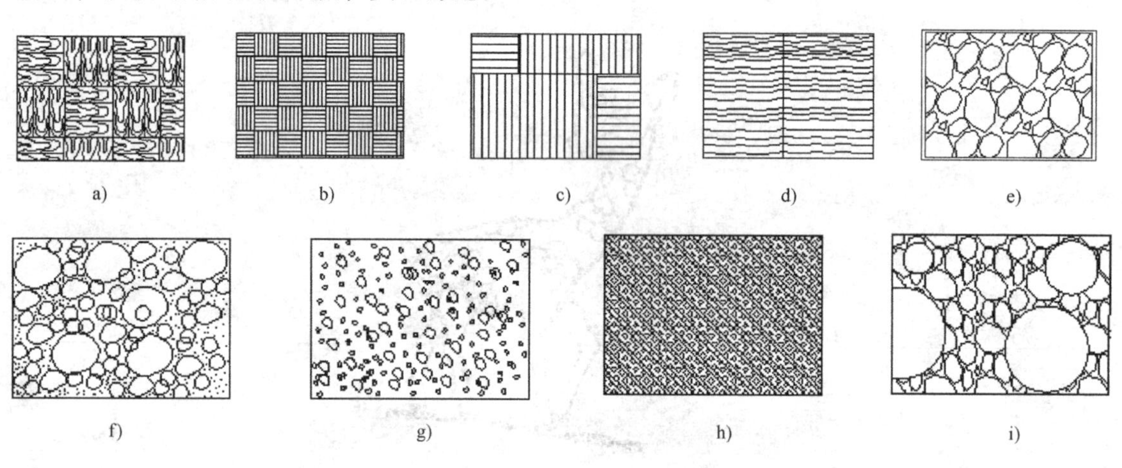

图5-43　各种预制纹样或图案的混凝土板示例

a）彩色木纹混凝土地面　b）席纹地坪　c）拉纹地坪或墙面　d）预制竹纹　e）现浇嵌预制卵形混凝土板　f）现浇混凝土卵形划格路面　g）大小黑白卵石混嵌路面　h）碎大理石路面　i）卵石与圆形混凝土板嵌路

（8）机制石板路　机制石板路选用深紫色、深灰色、灰绿色、酱红色、褐红色等颜色的岩石，用机械磨砌成为长宽尺寸为15cm×15cm，厚为10cm以上的石板，其表面平坦而粗糙，可铺成各种纹样或色块，既耐磨又美丽。

（9）嵌草路面　嵌草路面是把不等边的石板或混凝土板铺成冰裂纹或其他纹样，铺筑时，在块料预留3～5cm的缝隙，填入培养土，用来种草或其他的地被植物，常见的有冰裂纹嵌草路面、梅花形混凝土板嵌草路面、花岗石板嵌草路面、木纹混凝土板嵌草路面等，如图5-44所示。

图5-44　嵌草路面

（10）压模路面　压模路面是利用压模工艺建造的园林路面，原则上应属于整体路面，具有整体路面的优点，强度高，结实耐用，但又具有铺装路面的效果，色彩丰富，美观大方。压模工艺是在混凝土的面层处于初凝期间，铺洒上强化料、脱模料，用特制的成型模压入混凝土面层表面，以形成各种仿天然的石纹和图案。高压冲洗并待混凝土面层干燥后，用专用工具将保护剂喷洒或涂刷在混凝土面层。这样，原本平凡普通的混凝土就会产生各种图形美观、自然、色彩真实持久、质地坚固耐用的砖块、石材、木板乃至大理石的效果。这类路面近年来在园林中用得越来越广泛。图5-45、图5-46所示分别为压模路面花纹及实例。

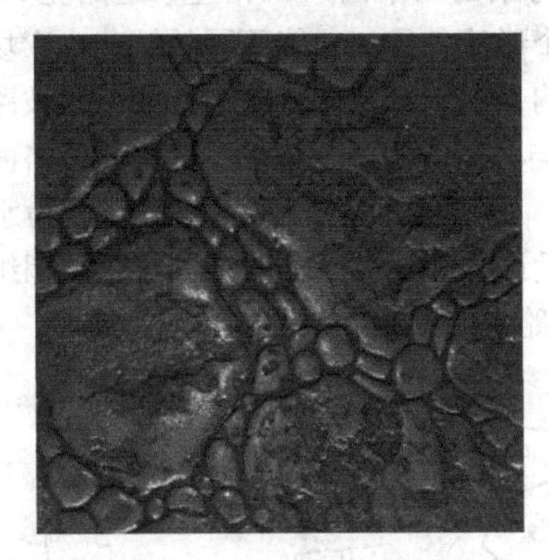

图5-45　压模路面的色彩花纹

图5-46　压模路面的冰裂纹

（三）园路铺装应注意的问题

由于园路铺装能在色彩、图案以及色彩图案组合上创造出无穷的变化，通过图案的组合还能营造出独特的园林意境。因此现代园林中几乎逢园路必铺装。但要使铺装的园路真正做到为园林增色，还应注意以下几点：

1. 满足行人及交通的基本功能要求

主干道在交通性强的地方，要牢固、平坦、防滑、耐磨，线条简洁大方，便于施工和管理；小径、休闲林荫道、游步道，因为只供行人，则对抗压性、耐磨性的要求可相对降低，但铺装形式可丰富多彩一些。

2. 满足多功能的要求

在保持整个园路风格统一的前提下，在不同的景区，选用相异的铺装材料和色彩，可起到引导游览、易于识别的目的，也可以起到丰富景观的作用。

3. 服从于整个园林造景艺术风格的要求

规则式园林的铺装，图案和铺装形式一般也应为规则的图案，并进行有规律的重复，使铺装效果和环境相协调；自然式园林的铺装，则在铺装用料上更为灵活，一般应选用自然的山石、卵石或不规则的花岗岩、大理石等，可大小相间、随意组合，铺装出自然而富有意境的园路。例如，杭州的竹径通幽、苏州五峰仙馆的仙鹤图与环境融洽一体，诗情画意，跃然纸上。计成在《园冶》中对此早有论述："惟厅堂广厦中，铺一概磨砖，如路径盘蹊，长砌多般乱石，中庭或一叠胜，近砌亦可回文，八角嵌方，选鹅子铺成蜀锦。"

★ 实例分析

石家庄元南公园园路系统规划设计分析。

1. 公园概况

元南公园位于石家庄市建胜路西端，占地面积为4.13hm^2，东西长326m，南北宽71～165m，为不规则刀把形，园林自然地形高差为1.5m。公园以展现地方乡土文化为特色，为周边市民提供一个休闲娱乐的场所，是一个综合性公园。

2. 公园道路系统分析

根据公园的性质和景区的实际情况，道路系统规划布局成与公园形式一致的自然式园路系统。依据改造后的自然地形，主干环绕小南湖，与东西两个出入口相连，道路宽3m，设计成混凝土承重路面；根据地形的变化，设计了7个形状各异、功能不同的铺装小广场与主干道相连，供市民从事文体活动用。由于高差的影响，主干道和广场的连接或以缓坡路面的形式，或以踏步的形式。次干道从主干道上分出，与各大景区相连，路宽为2m，路面由水泥预制板铺装；游步道依据地形和景区景点的不同，宽度为2～1.5m不等，路面为水泥预制板，有的区域设计成步石路。整个道路系统规划设计合理，主次分明，满足了公园组织交通和游览的作用。图5-47所示为石家庄元南公园园路系统规划图。

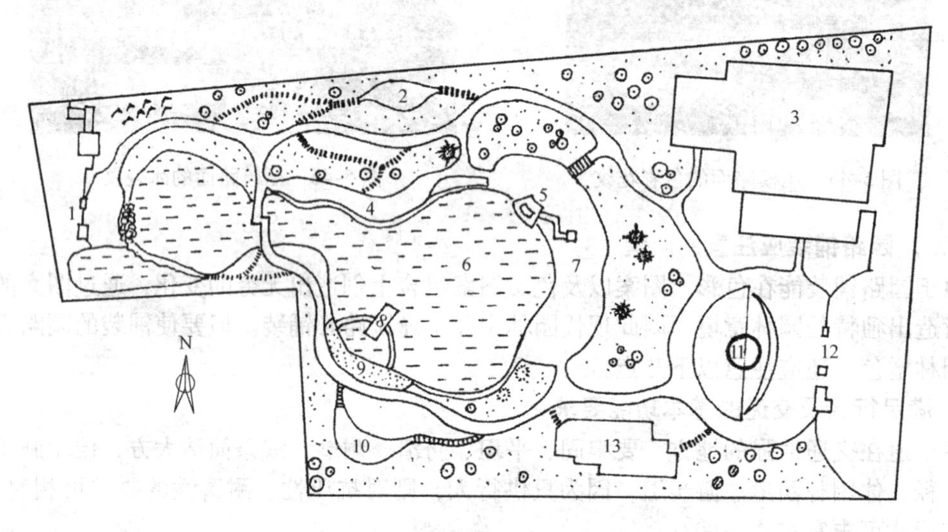

图5-47 石家庄元南公园园路系统规划图

1—东入口 2—八卦足浴场 3—建筑 4—湖边休闲区 5—水榭 6—小南湖 7—拉花坪 8—水上人家 9—沙滩 10—太极浴足场 11—花台雕塑 12—东入口 13—花池广场

★ 实训

一、实训题目

园路系统艺术设计。

二、实训目的

通过园路系统艺术设计实训，了解园路的类型，把握园路的的作用和功能，掌握园路系统规划设计的一般规律，熟悉园路设计艺术处理的方法。

三、实训区的选择要求及实训方法

在进行实训设计任务布置前，先安排学生利用课余时间，对当地主要园林道路的布局设计和铺装类型进行考察参观，然后结合当地市政园林工程建设、单位绿地工程建设，或指定

某区域作为实训区域，要求区域面积不小于 $1hm^2$，布置园路设计实训任务。

四、资料提供

1）设计区域 1∶200 的地形图。

2）设计区域的周边环境资料。

五、成果要求

1）1∶200～1∶100 的园路系统布局设计图平面图。

2）局部园路铺装设计效果图。

3）园路系统布局设计分析说明报告。

4）要求结合周围分析环境，做到布局合理，园路主次分明，各种功能体现得恰到好处，园路铺装协调且具有创意。

六、评分标准

满分为 100 分，其中，道路系统布局设计图占 40 分，铺装设计图占 20 分，分析报告占 40 分。

项目四　园桥造景艺术

园桥是园路在水面上的延伸，素有“跨水之路”之称。在中国自然山水园林中，由于有“无园不水，无水不园”的说法，而对水面的处理又不像西方那样开朗豁达，最讲究层次，于是园桥就成为中国园林造景中常见的用于划分水景层次的园林景观设施。

一、园桥的园林作用

（一）沟通园路，组织交通

园路在园林中应为连续的环状路线，由于水景的存在而被隔断，于是，园桥就成为位于水面上的园路，它自然地将水体两岸的园路接通，起到组织游览路线和引导游览的作用。游人通过园桥来观赏景物，能达到在岸上无法达到的角度，从不同的角度欣赏丰富多样的景物，真正达到步移景异的观景效果。

（二）划分和组织水景空间

我国传统园林以水面处理见长，在水面风景处理中桥是必不可少的组景要素，对水景空间的划分和组织起着举足轻重的作用。例如长风公园的凌波桥、青枫桥、枕流桥、飞虹桥等将院内水景划分成大小不同的水面和港湾，使水的点、线、面表现得极为丰富。又如拙政园—“小飞虹”桥，如图 5-48 所示，既使松风亭空间相对独立，又让人能在小庭院中感受到水景空间的延伸。在狮子林的中庭水面上，利用桥与六角亭结合的亭桥，使本来不大的水体空间，显得有了层次和景深，如图 5-49 所示。

图 5-48　拙政园—“小飞虹”桥

（三）构成园景

园桥在园林中不仅仅是一个附属品，它除了

具有辅助造景的作用，在大型园林中，体量较大的园桥还可以独立成景，最著名的就是颐和园中的十七孔桥，如图5-50所示；在小型园林中，体量较小的桥既可以独立成景，又可以作为配景应用。

图5-49　狮子林—亭桥

图5-50　十七孔桥

二、园桥的类型

园桥的表现类型多种多样，按照造型来分，可分为平桥、拱桥、曲桥、汀步桥等；按照建桥材料来分，可分为木桥、竹桥、石桥及水泥桥等。由于园林中的桥和普通的道路桥最大的区别在于它不仅要组织交通，而且要造成景观，因此对其造型的艺术性要求较高。下面主要以其造型来进行分类。

（一）平桥

顾名思义，平桥就是桥身紧临水面、桥面较平、高度较低、跨度较小、体量不大的一类园桥，一般在水面较小、水较浅的中小园林中应用较多。其主要功能是连接水体两岸的景点，提供游人观赏水中花草和游鱼及附带造景的功能，如图5-51所示的颐和园的知鱼桥。

（二）拱桥

在大型园林中建桥时，一般将桥面抬高，用曲线丰满的圆拱取代平直的桥面，取得桥上行人、桥下过船的效果，这类桥就是拱桥。这也是中国园林中最常见的一类园桥，如图5-52所示的颐和园的玉带桥就是典型的拱桥。

图5-51　颐和园的知鱼桥

图5-52　颐和园的玉带桥

（三）曲桥

曲桥的桥面线形曲折变化，具有漂浮于水面的景观效果，常设于浅水面上，不设栏杆。其作用主要是起到丰富水景层次，打破单调性，同时还起到使水面通过曲面的延伸达到以小见大的造景效果，如图5-53所示。

图5-53　曲桥

（四）汀步桥

在较小的园林中，或自然界的溪流、湖泊的浅水处，按一定的距离布设步石，并使其露出水面，供游人凌水而过，这种步石起着桥的作用，被称为汀步。汀步一般分为自然式、规则式及仿生式三类，如图5-54所示。自然式常使用天然石块或仿天然石块布置而成的；规则式是将汀步石做成规则形状，并大小一致布置而成；仿生式是将步石做成仿树桩、动物、荷叶等形式布置而成。

除了以上四种类型，有的人还将桥与亭结合的称为亭桥，桥与廊结合称为廊桥，桥与屋结合的称为屋桥等。

a)

b)

c)

图5-54　汀步

a）自然式汀步　b）规则式汀步　c）仿树桩汀步

三、园桥的布局与设计艺术

不是所有的园林中都必须有园桥，一般只在有水景的园林中，需要园桥起到其特殊功能的时候才设计和布局园桥。园桥的布局和设计也是一个艺术构思和创作的过程。

(一) 园桥的位置选择

园桥位置的选择与园林总体规划、园路系统设计、水景的平面布局及水面大小密切相关。园桥的选址既要考虑分隔水面、形成园景的基本功能要素，还应符合自然界桥梁架设的一般规律，尊重人们千百年来形成的审美理念，即一般在水体最窄处架桥的实际。只有这样，桥会更加自然，景观效果会更好。在大的水面建桥，还要考虑多座桥之间的位置关系，既要做到统一多样，又要避免相互影响。建桥位置的选择还需要与周围景观同步考虑，借以形成框景、对景等丰富园林景点，对于本身成为主景的桥还应留足观景空间。小水面架桥，由于桥本身主要起到连接和通行的作用，并利用桥造成一定的幽静意境，所以一般将桥建在偏居水面的一隅。

(二) 桥体造型选择设计

小水面架桥宜聚，可选择贴临水面的平桥，并且偏临水面的一侧，使水面有扩大之感。为使水面有较强的艺术感染力，增加景色的空间层次，达到以小见大的效果，可采用曲桥造型，以延长过桥时间，创造不同的观景角度。有时候，在水较浅的区域，可考虑设置汀步。

大面积的水体一般可设计拱桥，既可以突出桥本身的成景作用，又满足了桥下行船、通流的功能，具体的设计要根据桥的长短，合理确定桥的高低、孔数和跨度，桥孔一般为单数，中间的一个桥孔最大，桥面最高，两边的以中间的桥孔为对称中心，桥孔逐渐变小，桥面逐步降低，与两岸的园路自然连接。

无论何种造型，桥都要做到与整个园林风格相协调，桥的色彩也要一并考虑，或运用对比手法，或运用调和手法，最终的目的是创造最符合园桥景观功能的园林景观，园桥的造型要有创意，不可抄袭模仿。

★ 实例分析

颐和园园桥设计分析。

颐和园是我国现存规模最大，保存最完整的皇家园林，位于北京市西北方向的海淀区，距北京城区15km，全园占地约293hm^2，水面占全园总面积3/4。它利用瓮山泊、瓮山为基址，以杭州西湖风景为蓝本，汲取江南园林的某些设计手法和意境而建成的一座大型天然山水园。由于颐和园景区水面积占到整个园区面积的75%，设计者巧妙地利用了数量众多的园桥，创造出中国古典园林中的杰作，使园桥在其中充分发挥了它的园林造景功能。全园除了园中园的小型桥外，园内大型桥梁共有十一座，整个园桥布局合理，设计独特，无论其艺术造型，还是其组织空间方面，都有很高的艺术成就，如图5-55所示为颐和园园桥布局图。园中最有名的十七孔桥飞跨于东堤和南湖岛之间，用以连接堤岛，为园中最大石桥，宽为8m，长为150m，由17个桥洞组成。石桥两边栏杆上雕有大小不同、形态各异的石狮500多只，整个桥造型美观，气势宏伟，不但起到了连接岛屿的交通作用，更使湖面空间的层次更加丰富。西堤六桥有意识地模仿杭州西湖的苏堤和苏堤六桥，自南起依次为柳桥、练桥、镜

桥、玉带桥、豳风桥、界湖桥，如图 5-56、图 5-57 所示。不但每一座桥的造型不同，而且起到了使昆明湖水能够流动而不隔断的作用。连接知春亭的木桥造型别致，连接湖心小岛，方便游人观景，使桥本身的交通连接功能得以充分发挥，如图 5-58 所示。除以上桥以外，院内还有绣漪桥、落荇桥、半壁桥、后湖三孔桥、知鱼桥等，每座桥都各具特色，设计布局的位置恰到好处。

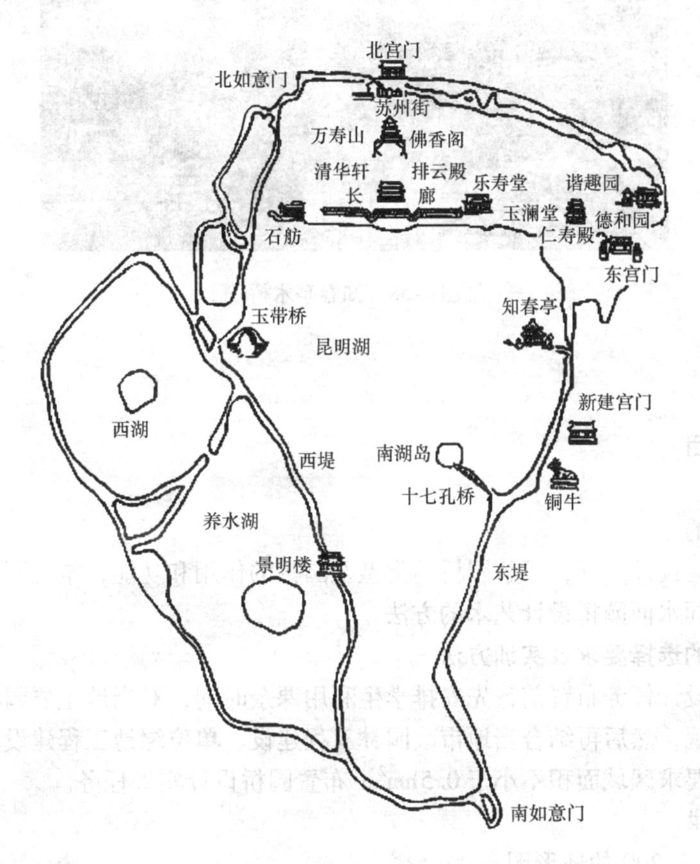

图 5-55　颐和园园桥布局图

图 5-56　西堤六桥之一的豳风桥

图 5-57　西堤六桥之一的界湖桥

图 5-58　知春亭木桥

★ 实训

一、实训题目

园桥设计。

二、实训目的

通过园桥布局设计实训，了解园桥的类型及园桥的作用和功能，掌握园桥布局设计的一般规律，熟悉不同水面园桥设计艺术的方法。

三、实训区的选择要求及实训方法

在进行实训设计任务布置前，先安排学生利用课余时间，对当地主要园桥的类型及布局设计进行考察参观，然后再结合当地市政园林工程建设、单位绿地工程建设，或指定某区域作为实训区域，要求区域面积不小于 $0.5hm^2$，布置园桥设计实训任务。

四、资料提供

1）设计区域 1:200 的地形图。

2）设计区域的周边环境资料。

五、成果要求

1）1:200 ~ 1:100 的园桥布局设计平面图。

2）园桥造型设计效果图。

3）园桥布局设计及园桥造型设计分析说明报告。

4）要求结合周围环境合理布局，园桥选型得当，园桥造型协调且具有创意。

六、评分标准

满分为 100 分，其中，园桥布局设计图占 40 分，园桥造型设计图占 20 分，分析报告占 40 分。

项目五　园林建筑艺术

在园林中所建的建筑就是园林建筑。陈从周教授在《说园》中写道："奠一园之体势

者，莫如堂；据一园之形胜者，莫如山”，其中的堂是中国古典园林建筑的基本形式，从中可见园林建筑在园林中的地位和作用。在中国传统园林当中，建筑所占的比例较大，形式繁多，是古代造园中最重要的构园要素。在皇家园林及私家园林中，园林建筑往往成为整个园林的构图重心和主景，如颐和园的佛香阁、北海公园的白塔及拙政园的远香堂等。即便在现代园林中，以植物造景为主的理念使园林建筑的地位退居其次，在园林中所占的比例越来越小，但园林建筑仍然是园林中耀眼的景观，具有不可替代的作用。

一、园林建筑的造景功能和使用功能

常见的园林建筑有亭、廊、轩、榭、舫，以及现代园林中的服务性建筑等。虽然不同的建筑有着各异的园林造景功能和作用，但总体来说有以下作用：

（一）造景功能

造景功能是园林建筑与普通建筑最大的区别。由于建筑存在于园林中，因此必须满足其在整个园林造景中的景观功能需要，所以在位置选择、造型设计、色彩渲染等各方面都有较高的要求。

1. 作为全园或局部的主景

在园林中的大型建筑，一般都是园林的主景；而较小的园林建筑，也可作为某一局部景区的主景。即使现代园林中的建筑较少，但一旦设置园林建筑，也大都可以起到这样的造景作用。

2. 作为园林赏景的空间

园林赏景的空间即观赏风景的平台。在园林中，一个单体的建筑往往是设计者为游人安排的最佳景观观赏点，而一组建筑可以设计出步移景异的观景路线和多个观景点。

3. 组合园林空间

合理的园林建筑布局可以利用其体量、组合，运用起、结、开、和的不同手段，使其与其他园林构景要素合理配合，起到分隔和重组空间的作用，如在古典私家园林中利用廊、亭进行空间的组合就是常用的手段。

（二）使用功能

园林建筑在起到景观功能的同时，也在为游人提供着使用功能。特别是现代园林中的建筑，由于它服务于大众，这方面的功能就显得更加重要。亭的使用功能主要表现为：为人们提供游览、休息、遮阴、避雨的地方，如旅游路线上的亭，不但可以观景，而且可以驻足休息、乘凉、避雨；又如现代园林中的茶室、展室、餐厅等，是人们从事文化娱乐的好去处。

二、园林建筑艺术布局设计

不同的园林建筑在不同的园林中所起的作用不同。下面就针对园林中主要的建筑，分别介绍其艺术布局设计。

（一）亭

亭是中国园林中运用最多的一种建筑形式。无论是在传统园林中，还是在现代园林中，都可以见到各式各样的亭。中国古代的亭，起初的形式是较小的四方亭，木构草顶，结构简易，施工方便；之后在明清代园林中，亭的结构变得较为复杂；随着现代社会技术水平的提高，新材料的不断出现，园林亭子的造型也越来越复杂多样。

由于亭的体量较小，造价较低，可满足观景的需要，并且其自身的色彩丰富，形态多样，又可满足点景的要求，因此，亭成为园林中最简单又最常用的建筑形式。

1. 亭的平面形状和立体造型

亭的造型变化灵活、多样，但总的来说，主要取决于其平面形状和立体造型。

(1) 亭的平面形状　从平面形状来看，亭大致可分为单体式、组合式，以及与廊墙相结合的形式。而亭的平面形状大体可分为三角形亭、方形亭、五角形亭、六角形亭、八角形亭、十字形亭、圆亭、蘑菇亭、伞亭等，如图 5-59 所示。

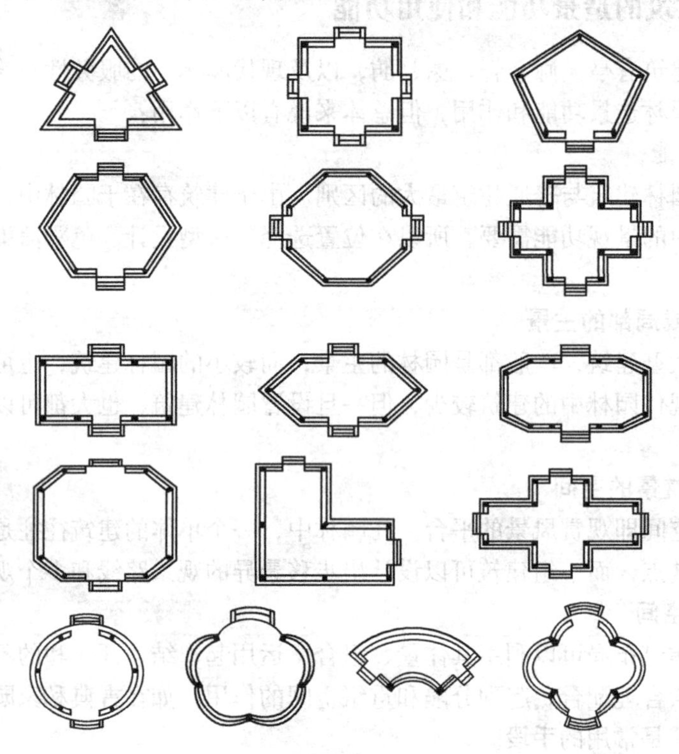

图 5-59　亭的平面形状图

(2) 亭的立体造型　从层数上看，亭的立体造型有单层和双层之分；亭的立面有单檐和重檐之分，也有三重檐的，如北京景山正中的万春亭。亭屋顶的檐角一般反翘，北方起翘比较轻微，显得持重、平缓；南方戗角兜转耸起，如半月形，翘得很高，显得轻巧雅逸，如图 5-60 所示。

2. 亭在园林中的艺术设计

亭虽然在园林中用的较普遍，但对具体的园林，如何设计和安排也是很关键的。

(1) 建亭位置的选择　亭在园林布局中的位置选择极其灵活。对于某一具体的园林设计布局而言，亭的位置选择既要考虑到其景观效果，又要发挥其休息功能的发挥，园林中常有以下几种选择：

1) 山上建亭。由于山地具有的地形高度优势，自然就成为园林中建亭的好地方。根据需要，可选择建亭的位置有山巅、山腰等。在山顶建亭是中国园林中用得最多的一种形式，这是由于山顶处于园林中的制高点，能够突出亭的点景作用，也利于游人登高远眺，俯瞰山

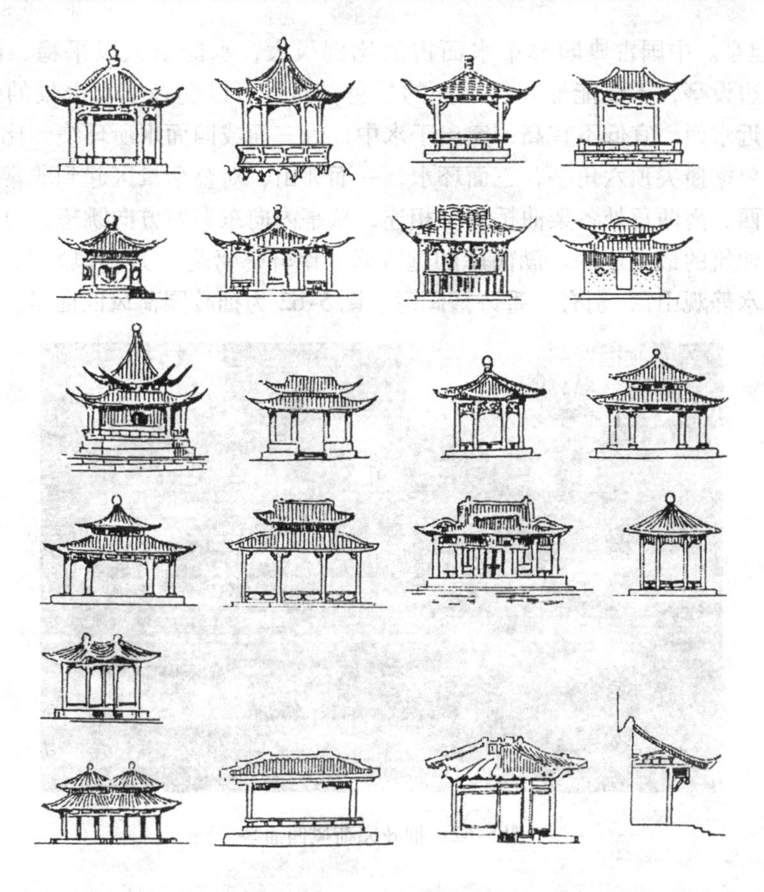

图 5-60　亭的立体造型

下景色，而山顶同时是游人辛勤攀登后的观景终点，有利于游人休息，如图 5-61 所示。在山腰建亭，一般选择在转角处且有较大平坦地面的地方，除了点景和观景的作用外，最重要的作用就是满足游人在上山途中的小憩。

图 5-61　山上建亭（北京香山）

2）临水建亭。中国古典园林中水面占的比例很大，水能给人以平稳、清澈、明朗之感，所以在水边设亭，不仅能够观赏水面的景色，而且可以起到丰富水景的作用。水面设亭，一般宜贴近水面，宜低不宜高，突出于水中，为三面或四面水所环绕。比如拙政园中的荷风四面亭是单檐攒尖顶六角亭，三面环水，一面邻山，对整个景区起到非常重要的意境表达作用。亭的西、南两角处各架曲桥与岸相连，从亭内向东、西方向眺望，可看到拙政园中部湖面及周围建筑的最大进深。湖南岸的远香堂、南轩，傍晚“月到风来”，“爽借清风明借月，动观流水静观山”，别有一番诗情画意。图5-62为拙政园荷风四面亭。

图5-62　拙政园荷风四面亭

3）平地建亭。平地建亭一般位于视线的焦点上，或道路的交叉口；有时候设置在路侧的林荫之间，有时为草坪、花圃、湖石所围绕；或位于堂、厅、室、廊与建筑的一侧，供户外活动所用。有些自然风景区在进入主景区之前，在路边或路中筑亭，作为一种标志或点缀。图5-63所示为某公园建在平地中的三角亭。

图5-63　平地建亭

（2）亭与建筑及植物的配合　与建筑物相结合而筑成的亭，有的与建筑物贴得很紧，与建筑物合为一体；有的则完全独立设置，用廊或墙与建筑相连，这时，亭子的形象与尺度大小宜服从主体建筑的风格及总体空间的要求。如图 5-64 所示的承德避暑山庄烟雨楼，在主体建筑的三个角上布置了三个形状不同但风格一致的亭子。烟雨楼东部有两个小圆亭，北面一座为八角亭，南面一座为四方亭，西南角黄石大假山上的则为六角亭。它们之间互相呼应，高低错落，陪衬着主体。从湖四周的各个角度均能看到它们优美生动的形象。

图 5-64　承德避暑山庄烟雨楼

亭与植物的结合能创造独到的园林意境，如牡丹亭、桂花亭、仙梅亭、兰亭，以及前面提到的拙政园的荷风四面亭等。

（3）亭的造型及色彩艺术处理　亭无论建在何处，其造型、体量和色彩都要与整个园林的形式、意境取得协调统一。比如中国皇家园林中的亭，体量一般较大，色彩以黄、红为主，且雕梁画栋、金碧辉煌，皇家气派展现无遗，如颐和园中的廓如亭，面积达 130m^2，由 24 根圆柱和 16 根方柱支撑，是中国现存的最大的园亭；而南方私家园林中的亭则体量较小，色彩以灰暗为主，透出典雅的气息；现代园林中的亭则利用现代材料，依据园林性质和功能，在造型上大胆创新，形成了花样繁多的亭，如常见的蘑菇亭、伞亭等，如图 5-65 所示。另外，在亭的造型设计中，有时候还要体现民族建筑的特征，如图 5-66 所示。

（二）廊

廊在中国古典园林中很普遍，主要是作为建筑物之间的联系而出现的。由于中国古建筑中的亭都是木构架的建筑物，一般个体建筑的平面形状都较为简单因此常常通过廊把一幢幢的单体建筑连接起来，形成建筑群体，达到园林空间层次丰富多变的造景效果。廊在园林中成为空间联系和空间划分的一种重要方式，它不仅具有联系交通、遮风避雨的实用功能，而且对园林中风景的展开和观赏序列起着重要的组织作用。在现代园林中，廊已经不仅仅是单纯作为建筑的附属物，也常常在园林中单独成景。

1. 廊的基本类型及其特点

从廊的横剖面进行分析，廊的基本类型大致可分成下面四种形式：双面空廊、单面空

a)

b)

图5-65 亭的常见造型

a）蘑菇亭 b）伞亭

图5-66 具有民族特色的亭的造型

廊、复廊和双层廊。其中最基本的是双面空廊的形式；在双面空廊的一侧立柱间砌有实墙，或半空半实墙的，就成为单面空廊；在双面空廊的中间夹一道墙，就形成了复廊的形式，或称之为“内外廊”，因为在廊内分成两条走道，所以廊的跨度一般较宽；把廊建成两层，上下都是廊道，即变成了双层廊的形式，或称“楼廊”。如果从廊的总体造型及其与环境、地形相结合的角度来考虑，又可把廊分成图5-67所示的类型。

（1）双面空廊　在建筑物之间按一定的设计意图联系起来的折廊、直廊、抄手廊、回廊等，多采用双面空廊的形式。在风景层次深远的大空间中，以及曲折灵巧的小空间中均可运用双面空廊。北京颐和园的长廊是中国园林中最长的廊，共273间，全长728m。整个长廊北依万寿山，南临昆明湖，穿花透树，曲折蜿蜒，把万寿山的十几组建筑群在水平方向上联系起来，增加了景色的空间层次和整体感，成为交通的纽带。同时，它又作为万寿山与昆

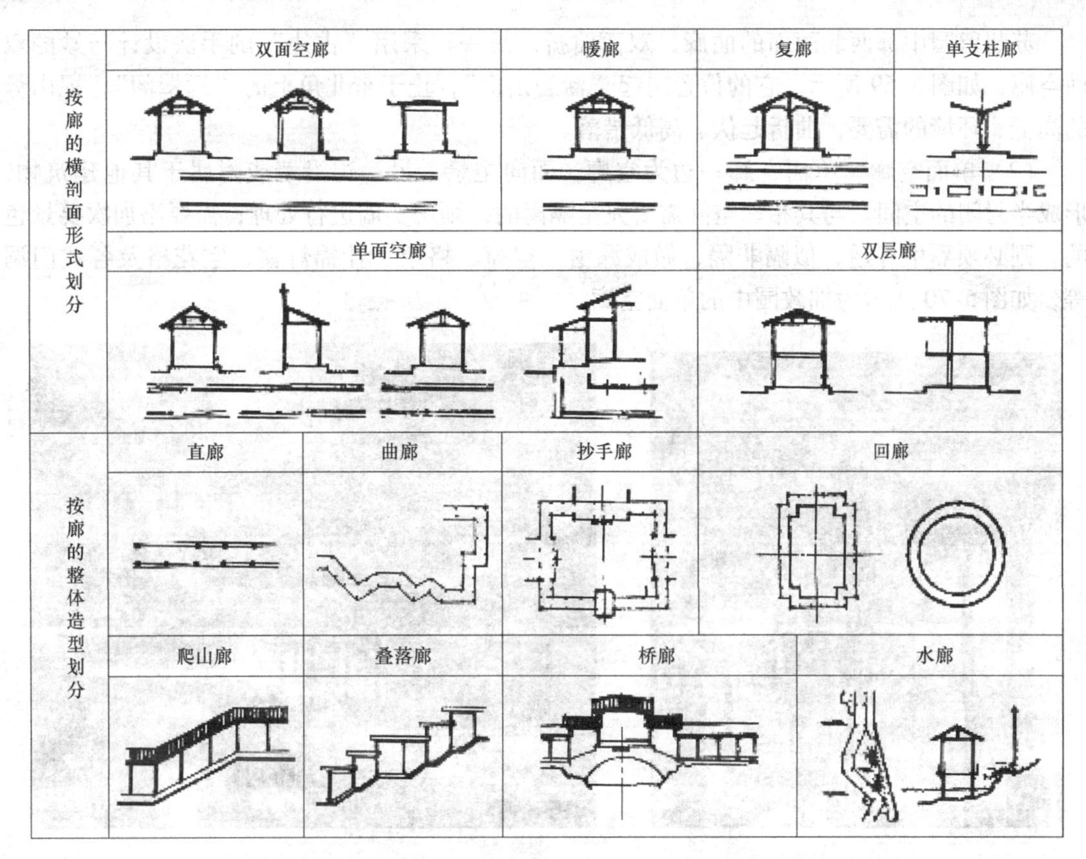

图 5-67　廊的基本类型

明湖之间的过渡空间来处理，为避免单调，在长廊中间还建有四座八角重檐顶亭，丰富了总体形象。如图 5-68 所示为颐和园长廊。

图 5-68　颐和园长廊

苏州留园中部西北两面的曲廊，双面曲折，是一种采用“占边”的手法设计巧妙的双面空廊，如图5-69所示。它的位置南起“涵碧山房”，止于东北角上的“远翠阁”，视山势的高低、环境的需要，曲折起伏、高低错落。

（2）单面空廊　单面空廊一边为空廊，面向主景，另一边沿墙或附属于其他建筑物，形成半封闭的空间。与其相邻空间需要完全隔离的，则用实墙进行处理；需要添加次要景色的，则必须隔中有透、似隔非隔，做成漏窗、空窗、格扇、什锦灯窗、空花格及各式门洞等，如图5-70所示为拙政园中的单面空廊。

图5-69　苏州留园折廊

图5-70　拙政园单面空廊

（3）复廊　复廊指的是在双面空廊的中间隔一道墙，形成两侧各成为单面空廊形式的廊。复廊中间的墙上多开有各种式样的漏窗，从廊的这一边，可以透过漏窗看到空廊那一边的景色。这种复廊一般安排在廊的两边都有景物，而景物的特征又各不相同的地方，通过复廊把这两个不同景色的空间联系起来。比如，如图5-71所示的苏州沧浪亭东北面的复廊就很有名。它妙在借景，沧浪亭本身无水，但北部园外有河池，在北部顺着弯曲的河流修建空透的复廊，通过复廊，将园外的水和园内的山互相借用，连成一体，手法绝妙。

（4）双层廊　双层廊可提供人们在上、下两层不同高度的廊中观赏景色。某些时候，双层廊也便于联系不同标高的建筑物或风景点，以组织人流。扬州的何园，用双层折廊划分前宅与后园的空间，楼廊高低曲折，回缭于各住宅、厅堂之间，成为交通上的纽带，经复廊可通往全园。双层折廊的主要一段取游廊与复道相结合的形式，中间夹墙上点缀着什锦空窗，很有特色。园中有水池，池边安置有假山、戏亭、花台等。通过楼廊的上、下立体交通可多层次欣赏园林景色，如图5-72所示。

2. 廊的位置及其空间组合艺术设计

在园林的平地、山坡、水边等不同的地段上建廊，因为地形与环境的不同，其作用及要求也各不相同。

（1）平地建廊　平地建廊常建于草坪一角、休息广场中、大门出入口附近，也可用来覆盖园路而建，既可独立成景，又可与建筑相连。在园林的小空间中或小型园林中建廊，经

常沿界墙及附属建筑物，以“占边”的形式布置，有一面、两面、三面和四面建廊的，在由墙、廊、舫等围绕起来的庭园中部组景，易于形成四面环绕的向心布局，使中心庭园有较大的空间。另外，通过平地建廊，能充分发挥其划分景区、增加空间层次、有效联系景点、组织旅游路线的作用。

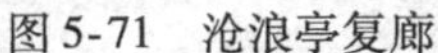

图5-71　沧浪亭复廊

图5-72　何园双层廊

（2）水边或水上建廊　水边或水上建的廊，一般情况下称之为水廊，供欣赏水景及联系水上建筑之用，形成以水景为主的空间。水廊有位于岸边和完全凌驾于水上两种形式。

1）位于岸边的水廊。位于岸边的水廊，廊基一般紧接水面，廊的平面也大体贴紧岸边，尽量与水接近，其线型布局形式一般随水岸而变。在水岸自然的情况下，廊大多沿着水边成自由式格局，顺其地势与环境相融合。

2）凌驾于水面之上的水廊。凌驾于水面之上的水廊，以露出水面的石台或石墩为基，廊基一般宜低不宜高，宜使廊的底板尽可能地贴近水面，并要求廊两边的水能穿廊下而互相贯通。在其体量设计中，一定要注意与水面的空间尺度相适宜，且不可过大。

（3）山地建廊　山地建廊，以供游山观景或联系山坡上下不同标高的建筑物之用，也可以借此来丰富山地建筑的空间构图。山地建廊一般依山势蜿蜒转折而上，也有的为爬山廊，有的位于山的斜坡上。

3. 廊的平面及立面艺术处理

廊的景观形象是通过平面及立面两个方面体现的。

（1）廊的平面设计选择　根据造景要求和地形地势，廊的平面可设计成直廊、弧形廊、曲廊、回廊及圆形廊等形式。

（2）廊的立面构造设计　廊的立面基本形式有悬山、歇山、平顶廊、折板顶廊、十字顶廊、伞状顶廊等。艺术处理中，要注意廊与园林功能紧密结合。比如建在较高地势上的廊，为了满足其四面观景的需要，一般选择开敞的造型，并加大檐口出挑，以强化遮阴防雨的效果；建在水面上的廊，则一般体量不能太大，主要强化其分隔水面的作用，同时也要使其两侧开敞，在适当位置建亭可扩大平面空间，以满足游人观赏水景之用。现代园林中的廊，一般多在平地建造，独立成景，其造型追求别致，功能满足游人休憩之用。

（三）榭

榭是中国园林建筑中依水架起的观景平台，平台一部分架在岸上，一部分伸入水中。除要满足人们休息游赏的一般功能要求外，榭主要起观景与点景的作用，是园内景色的点缀

品，从属于自然环境。

榭四面敞开，平面形式比较自由，常与廊、台组合在一起。作为一种临水建筑物，一定要使建筑物能与水面和池岸很好地结合，使之配合得自然、贴切。所以，水榭在园林艺术处理中应注意以下几点：

（1）水榭宜突出于池岸，形成三面或四面临水的形式　如果建筑物不宜突出于池岸，也应以伸入水面上的平台作为建筑与水面的过渡，以便为人们提供身临水面之上的开阔视野。

（2）水榭宜尽可能贴近水面　例如上海动物园中的荷花池榭，在这方面处理得较好，它结合原有地形的高差，把水榭做成了高低两个空间，中间用花格墙作分隔，上面一间的地坪与岸上的地坪相近，作为敞厅，然后通过5~6步梯级降到下面一层空间，作为临水平台。在剖面的高低错落上，该荷花池榭做到了建筑与池岸、建筑与水面的比例适宜。

当建筑物与水面的高差较大，而建筑物地坪又不宜下降时，应对建筑物下部的支撑部分进行适当处理，创造出新的意境，如图5-73所示为某园中的水榭。

（四）舫

舫是仿照船的造型，在园林湖泊中建造起来的一种园林建筑。江南园林造园多以水为中心，园主很自然地希望能创造出一种类似舟舫的建筑形象，使得水面虽小，却能令人似有置身于舟楫的感受。舫这种园林建筑类型就很好地满足了这种需要。由于舫的下部在水中，一般用石材制成，而上部则是木结构的，像船但不能动，故又称为不系舟，人居其中有乘舟之感。舫在古代园林中应用较多，在现代园林中已不多见，但仿古园林中依然在用，如图5-74所示的大唐芙蓉园仿古舫。如果要在园林中安排设计，一定要符合园林造景及意境的需要。

图5-73　某园中的水榭

图5-74　大唐芙蓉园仿古舫

（五）厅堂

《园冶》中指出："堂者，当也，谓当正向阳之屋，以取堂堂高显之义"。厅也相似，所以厅堂常一并称谓。厅堂是古代会客、治事、礼祭的场所。建筑坐北朝南，体量高大，居于园林的重要位置，成为全园的主题建筑。在现代园林中，厅堂常用作茶室、餐厅、展览馆等，多与亭、廊、楼、阁结合，组成建筑群。

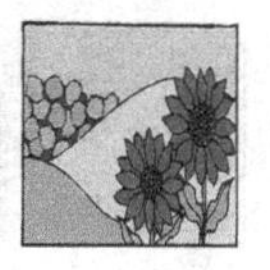

（六）楼阁

多层的屋叫楼，而楼四面开窗就是阁，楼和阁也常并称为楼阁。楼阁是园林中登高远望、游憩赏景的建筑。在园林中，楼阁都是作为主景来应用，常成为整个园林的构图中心，是全园的标志，如图5-75所示的颐和园佛香阁。

为了更好地突出楼阁的园林功能，一般将其布局设计在园内的制高点上，或浩瀚的自然水体旁，高度要以览尽周围美景为度，楼阁的造型还要有特色。古代著名的楼阁有位于长江之畔的黄鹤楼、洞庭水旁的岳阳楼及图5-76所示位于赣水之滨的滕王阁，它们并称“江南三楼”。

图5-75　颐和园佛香阁

图5-76　建于赣水之滨的滕王阁

除以上介绍的园林建筑外，还有古典园林中的轩与台，以及现代园林中大量服务性的建筑，如饭店、茶馆、小卖部、摄影服务部、厕所等。但无论哪种建筑，只要存在于园林环境中，其位置选择和艺术处理都要遵循满足使用功能的需要，符合园林造景的要求，建筑造型、体量、色彩等各个方面都要与周围园林空间环境的协调，并尽可能做到造型创新。

★ 实例分析

大唐芙蓉园建筑艺术分析。

大唐芙蓉园位于西安市曲江新区，占地面积为66.7hm^2，其中水面为20hm^2，建于原唐代芙蓉园遗址以北，是中国第一个全方位展示盛唐风貌的大型皇家园林式文化主题公园。大唐芙蓉园由中国工程院院士张锦秋担纲规划与建筑设计，日本园林大师秋山宽承担园林景观设计。全园共分12个景区，园内唐式古建筑在建筑规模上居全国第一，是世界上最大的仿古建筑群，集中了唐时期的所有建筑形式。园内亭、台、楼、阁、榭、廊一应俱全，建筑设计均采用砖瓦混凝结构与木材结构相结合，既保存了唐代建筑的原貌，又能使建筑长久不受损害。

整个建筑体系布局合理，建筑在各个景区发挥着重要的景观作用，建筑形式和艺术风格统一于大唐建筑的风格之上，造型及体量恰如其分地满足景区文化内涵的需要。图5-77所示为大唐芙蓉园建筑体系效果图。

图 5-77　大唐芙蓉园建筑体系效果图

如图 5-78 所示，帝王文化中的紫云楼是全园标志性建筑，位于全园的中心制高点，为全园的主景，展示了“形神升腾紫云景，天下臣服帝王心”的唐代帝王风范。

图 5-78　大唐芙蓉园主景紫云楼

如图 5-79 所示，位于紫云楼南的凤鸣九天剧院，是歌舞文化区内一个蕴含盛唐风韵的现代化皇家剧院。剧院金碧辉煌，体现出皇家风范。

御宴宫位于园区西门南侧，设计风格也是唐代建筑形式，充分展示了唐代饮食文化的特色，如图 5-80 所示。

坐落于风景迤逦的芙蓉池畔的一组仿唐建筑群，是园内一个超五星级的精品小酒店——芳林苑，如图 5-81 所示。63 间不同风格的客房，古典的园林设计，是皇家风范的象征，是大唐芙蓉园内独具特色的“唐代皇家馆舍式酒店”。

如图 5-82 所示，仕女馆是由以望春阁为中心的仿唐建筑群组成，展示了唐代女性“巾帼风采，敢与男子争天下；柔情三千，横贯古今流芳名”的精神风貌。如图 5-83 所示，总长度近 300m 的彩霞亭廊，由北向东依水延伸，时而与湖畔接壤，时而宁立湖水之中，如一抹彩霞，是展示唐代女性传奇故事、反映唐代女性生活百态的文化故事长廊。

图 5-79　凤鸣九天剧院

图 5-80　御宴宫

图 5-81　芳林苑

图 5-82 望春阁

图 5-83 彩霞亭廊

总之，整个大唐芙蓉园内的建筑规划设计很好地处理了景观、功能、风格及统一多样的关系，使建筑成为每一个景区的主景。建筑造型风格统一到展示大唐文化上，使用功能满足现代人的需要，园内建筑的类型、造型、体量又各不相同，合理地利用了亭、廊、榭、楼、堂等各种建筑形式，完美地表达了园林主题。整个建筑具有多曲、多变、雅朴、空透的四大特点，即建筑多处设计有曲廊，布局随地形变化，色彩以灰、白、赭、茶色为主，透出典雅之气，建筑重组的空间密而通透，得体和谐。

★ 实训

一、实训题目

园林建筑艺术布局设计。

二、实训目的

通过园林建筑艺术布局设计实训，了解各类园林建筑的作用和功能，掌握园林建筑艺术布局设计的一般规律，熟悉园林建筑艺术处理的手法。

三、实训区的选择要求及实训方法

在进行实训设计任务布置前，先安排学生利用课余时间，对当地主要园林建筑进行考察参观，再指定某设计区域作为实训区域，要求区域面积不小于10hm^2，设计区域的园林景观和自然景观优美。

四、资料提供

1）设计区域1∶1000的地形图。

2）设计区域的周边环境资料。

五、成果要求

1）1∶1000～1∶500的园林建筑布局设计平面图。

2）主要建筑造型设计效果图。

3）园林建筑艺术布局设计分析报告。

六、评分标准

满分为100分，其中，园林建筑艺术布局设计图占40分，主要建筑造型设计效果图占20分，分析报告占40分。

项目六　园林小品艺术

园林小品是指园林中供休息、装饰、展示和为园林管理及方便游人之用的小型建筑或设施，是园林环境中不可缺少的园林组成要素。由于其功能简单、体量一般较小、富有情趣、造型别致、色彩丰富，在现代园林中用得越来越多。

一、园林小品的类型

园林小品的类型非常丰富，一般认为主要的园林小品有：园门、园墙、园窗、花架、雕塑、园椅、园凳、园灯、栏杆、园林标识牌等。

在园林造景中，小品作为园林空间的点缀，体积虽小，但只要能匠心独运，也会成为点睛之笔。大多数小品作为园林的配件，虽居于从属地位，但可巧为烘托，可谓小而不贱，从而不卑。所以，园林小品的设计及处理，只要剪裁得体、配置得宜，必将构成一幅幅优美动人的园林景象，充分发挥为园林增添景致的作用。

二、园林小品的造景艺术功能

不同的园林小品具有不同的园林功能和作用，即便是同一种园林小品，在不同的园林环境中也会起到不同的艺术功能和作用，但总的来说，园林小品在园林中的作用基本上包括以下几个方面。

1. 使用功能和装饰功能

大多数小型的园林小品，具有服务、管理、公用的功能，都是由于其必要的使用功能而设置于园林空间中，但正是由于存在于园林特定的环境中，又在色彩、造型等各方面对其有较高的要求，使其又具备了较强的装饰效果，如常见的花架、园椅、园凳、园林垃圾桶、栏杆、园灯等，莫不如此。

2. 作为整个园林的主景或局部主景

作为主景的园林小品，一般体量较大，如在纪念性园林、主题公园及城市广场中常见的大型雕塑。比如矗立在兰州的黄河母亲雕塑，寓意深刻，象征着哺育中华民族生生不息、不屈不挠的黄河母亲和快乐幸福、茁壮成长的华夏子孙，如图 5-84 所示。

图 5-84　黄河母亲主题雕塑

3. 起到点景的作用

点景即点缀风景。在园林中分布广、数量大的各类小品，或以其独特的造型，或以其鲜艳的色彩，或以其与周围环境结合起来所表达的意境，在园林中起到良好的点景作用。比如西安大雁塔西侧的绿地空间中，点缀着一组反映关中民风的小雕塑，如图 5-85 所示，很好地发挥了小品的景观点缀作用。

a)　　b)

图 5-85　关中民风雕塑

a）关中私塾　b）关中走亲戚

4. 表达主题，突出意境

有的园林小品设置在公园的出入口，或某个特定景区的游人视线焦点上，用以表达园林主题。例如在很多动物园的入口，以动物形象作为标志性雕塑，如图 5-86 所示；在儿童公

园中采用大量的卡通形象雕塑也属于这一类；而在许多具有自然地形的园林绿地中，常布置牛、羊、鹿等动物雕塑，能更加突出园林的意境，如图5-87所示。

图5-86 某动物园门口的动物形象雕塑

图5-87 草坪上的动物雕塑

5. 组景的功能

有的园林小品不仅可以作为观赏景色的场所，而且设计中常常利用一些园林小品，进行园林景观的隔离和联系，把外界的景色组织起来，使园林意境更为生动，画面更富有诗情画意，如园墙、园窗等。

6. 渲染气氛的作用

园林小品除具有组景、观景作用外，还常常把那些使用功能作用较为明显的园椅、园凳及园灯等予以艺术化，以便渲染周围的气氛，增强空间的感染力。

三、园林小品的艺术设计和布局

（一）花架

花架又称为花廊、绿廊、凉棚，是一种由立柱和顶部为格子条的构筑物形式构成的，能使藤蔓类植物攀缘并覆盖的设施。在各种园林绿地中，花架以它活泼的造型、色彩和植物表现，营造了集景物观赏和使用功能为一体的景观空间。由于其构成材料所具有的植物特性，更易于同园林绿地环境相协调。

1. 花架的功能作用

（1）组织空间　作为一种园林小品，花架本身具有一定的内部空间和外延空间。与其他园林空间构成要素相比，花架具有两方面的特点，即有三维建筑空间和四维植物空间的双重性。所以，花架既能独立完成组织空间的功能，又能与其他造园要素一起构成一个复合的园林空间。

（2）构成景观　一般的花架都具有一定的体量，比如高度、宽度、长度及面积等尺度要素。在平面构图的形式和立面造型、色彩的表现上，花架都具有独立或相对独立布置的设计特点，再加上与攀缘植物的密切结合，更有效地展现了植物的观赏特性，构成了很有特色的将软质景观和硬质景观融合在一起的景观形式。所以，不管是独立成景的花架形式，还是依附于建筑物的配景形式的花架，都具有非常积极的景观效果。

（3）遮阳休息　园林绿地是以为大众提供室外观赏、游览和休息为主要活动内容的风景用地。园林的水、山、建筑、广场、道路、植物这六大造园要素中，只有建筑因素属于室内活动的范畴。在绿地中，花架棚架的骨骼为游人提供了通透的休息空间，而藤蔓植物的攀缘与覆盖使其顶部具有遮阳的功能。酷热的夏季，游人在花架下观赏、游览和休息，并与自然环境融洽相处，会使园林绿地的功能得到充分发挥。

2. 花架的艺术设计要点

（1）花架的园林位置布局　花架在园林空间中的位置布局比较灵活，没有定式，公园的隅角、水边、园路一侧、建筑旁、草坪边等都可设置，只要与周围环境协调，能起到花架在特定园林中的使用和造景功能即可。

（2）花架的造型　花架的造型要与环境、建筑相协调，如西方柱式建筑，花架宜用柱状的造型；中国坡顶建筑，花架可配以有脊的椽条；现代园林中的花架也可随园林的性质和功能，在造型上大胆创新，并强化园林环境。园林中常见的花架形式有：

1）点形花架。点形花架一般布置在视线的焦点处，使得形体构图相对比较集中。因为它具有较好的观赏效果，所以攀缘植物的布置不宜过多，只要求达到装饰和陪衬的效果就可以，应着重于表现花架的造型。花架在园林中一般是作为独立观赏的景物，因此在造型上要求较高。

2）直形花架。直形花架是一种最常见的形式，人们所熟悉的葡萄架就类似于直形花架。其做法是直线立柱，再沿柱子排列的方向布置梁，两排梁上按照一定的间距布置花架条，花架条两端向外挑出悬臂，在柱与柱之间布置座凳或花窗隔断。

3）折形花架。在平面形式上，将转折处处理成不同角度，比如60°、90°的花架或圆弧形的花架形式称为折形花架。通常情况下，直角处理位于场地的直角地段；锐角或钝角处理位于场地变化丰富的角隅；弧形处理位于圆形广场的边缘，如图5-88所示。

（3）花架尺度与空间　花架尺度要与所在空间及观赏距离相适应，每个单元或每间花架的大小又要与总体量配合，长而大的花架开间要大一些；临近高大建筑的花架也要高大一些；处在空旷广场的花架应大一点；而在较小空间中的花架体量应变小。

（4）花架与植物的搭配　花架要与植物相适应，配合植株的大小、高低、轻重、枝干的疏密及攀缘的习性等选择格栅的宽度和粗细，还要与花架的整体架构、合理造型、美观要求相统一。

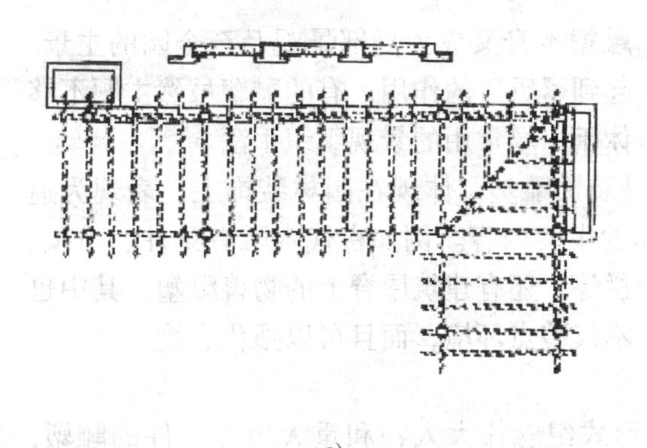

a)

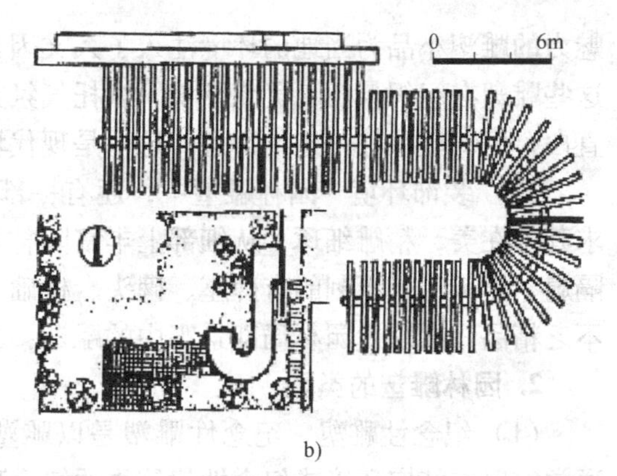

b)

图 5-88　折形花架

a）折形花架平面图　b）半圆弧形花架平面图

（5）花架材料的选择　花架材料分为两类，即架构材料和附着材料。架构材料是指花架小品的建构材料，包括水泥、金属、人工合成有机材料以及竹木材料等。水泥、金属等材料结实耐用，而竹木材料的质感、色泽、肌理很自然，制作经济、简便，在风雨中不易损伤植物。选择构架材料可根据园林需要灵活处理。一般自然式园林中的花架多以竹木结构的花架材料为主，以取得与自然园林的协调；规则式园林多选用水泥、金属等材料。附着材料就是指花架攀缘植物，它的选择必须结合花架的主要用途。以装饰为主要目的的花架则应选择观花、观果或观叶的植物种类；以遮阳为主要目的的花架可选择枝叶浓密、绿期长，且具有一定观赏价值的植物。

（二）雕塑

雕塑是园林中具有很强艺术感染力的景观形象。在西方古典园林中几乎是无园不雕；在我国古典皇家园林中，雕塑的用量也比较大；在现代园林中雕塑的用量也不少，街道、公园、广场、居住区小游园内布置各种题材、大小各异的雕塑作品。有纪念性题材及生活性题材的雕塑，包括纪念物、恐龙、人物形象、童话、神话、儿童、动物等内容，代表了所在空间的语言。这些雕塑造型生动、立意新颖，不仅点缀了环境，而且给人以美的享受。

1. 园林雕塑的功能作用

雕塑在环境景观的营建中起着相当重要的作用，它在丰富和美化人们生活空间的同时，更丰富了人们的精神生活，反映了时代精神和地域文化的特征，许许多多优秀的雕塑更是成为城市的标志和象征。园林雕塑来源于生活且形象丰富，有动物、人物、植物、山石以及抽象的几何体等形象，美化了人们的心灵，陶冶了人们的情操。具有艺术魅力的雕塑营造出的理想环境能为后者注入优秀的人文因素。园林雕塑的功能作用体现在以下几个方面：

（1）表达园林主题　雕塑艺术具有其自身独特的艺术语言，生动的形体富有很强的表现力，这是其他艺术形式所难以达到的。所以，园林雕塑往往是表达园林主题的主要方式，用园林艺术的其他形式无法具体表达的主题，用雕塑艺术就可表达出来。园林雕塑还可以通过自身的形象塑造，典型、生动地再现生活，反映当时社会的审美趋向，不仅表现了时代特征与创作者的思想情感，甚至成为一个城市的标志，更甚者可以成为一个时代的象征。

（2）组织园林景观　园林雕塑是三维空间的艺术品，大部分都可全方位观赏，是园林景观建设中的重要组成部分，也是环境景观的设计手法之一。在现代园林中，许多具有艺术

魅力的雕塑小品为当地的环境注入了人文因素，雕塑本身又成为局部景观乃至全园的主景。这些雕塑在组织景观、美化环境、烘托气氛方面起到了重要的作用，有的雕塑虽然主题不够直白，但却蕴藏着一定的寓意。这也是现代城市休闲广场常用的景观组织手法。

（3）装饰环境　园林雕塑中，还有一部分是装饰雕塑。体现在园林装饰上，表现为追求其外在美，精雕细琢，从细部上丰富园林总体的审美内容。例如古代木雕有梁柱、吊顶、隔扇、裙板等，石刻的有碑座、碑头、柱础、桥栏等，还有建筑屋脊上的吻兽雕塑，其中也不乏精品。在现代园林局部景观中的雕塑小品，不仅装点环境，而且可以强化意境。

2. 园林雕塑的类型

（1）纪念性雕塑　纪念性雕塑是以雕塑的形式纪念伟大人物和重大历史事件的雕塑，通常安置在特定环境或纪念性建筑物的综合环境中，具有永久、固定的性质，在环境景观中处于视觉焦点的位置，起到控制和统率全部环境的作用。

（2）主题性雕塑　主题性雕塑是指在特定的环境中，为了表达某一主题而设置的雕塑。这些与环境有机结合的主题性雕塑，能增加环境的文化内涵，还能弥补环境缺乏表达主题的功能，以突出鲜明的环境特征。许多环境景观的主体就是景观雕塑，并且常以景观雕塑来给这个环境命名。此类雕塑最重要的就是雕塑的选题要贴切恰当，一般采用写实的手法。

（3）功能性雕塑　功能性雕塑不仅具有装饰美感，还具有无法替代的实用功能。比如在儿童公园里装点各种小动物的雕塑，其造型风趣、夸张，不仅美化、装点了园林环境，而且满足了游人休息的需要。功能性雕塑还有很多其他的应用实例。例如，为了使环境内外交融，有的园林建筑物或构筑物的结构支柱可雕塑成植物的树干。

（4）装饰性雕塑　园林装饰性雕塑是指装饰、装点园林环境的各种雕塑，主要在空间环境中起装饰和美化环境的作用，是园林雕塑中数量相对较大的一类，对于丰富园林景观，美化园林环境，满足人们的游览观赏有着不可或缺的作用。园林装饰性雕塑的题材非常广泛，包括各种有趣的人物、动物、民间传说以及纯粹装饰的几何花纹等。例如陕西省汉阴县城南公园中设置的雕塑“抱瓮丈人”，取自成语“抱瓮灌畦”故事，这个传说故事就发生在该县，别有一番景观装饰作用，如图5-89所示。

图5-89　装饰性雕塑

装饰性雕塑不过分追求鲜明的主题或思想内涵，但强调环境的视觉美感，以美的造型、美的姿态、美的构图，形成美的画面，给人以美的视觉享受。这类雕塑应该与环境的整体效果及作者所要表达的思想相协调，从含蓄的艺术情趣中给人以积极向上的精神动力。图 5-90 所示为绿地奔马雕塑。

图 5-90　绿地奔马雕塑

3. 园林雕塑的艺术布局

园林雕塑本身具有生活性、建筑性、历史性和视觉条件的特殊性。雕塑的题材形式和手法历来不拘一格，但园林雕塑必须从属于园林环境，因此，要全面考虑雕塑在园林中的布局，合理安排，使之服从于园林的总体规划，服从于园林的主题思想和意境要求。比如，纪念性公园中的雕塑围绕着特定的内容，以不朽的主题感染观赏者，其艺术价值是超越时空的；而游憩性公园和居住区绿地中的雕塑，其色彩及形体的塑造就应以朴素和轻松为主，其艺术价值重在展现祥和美好的生存空间和现代气息，体形不应过大、题材不宜凝重。雕塑的艺术价值不仅反映在形式上，更重要的是要表达内在的含义和展示真实的美。当一种强烈的情感、一个美好的寓意闪烁在艺术作品中时，它就能被人们所感受、所联想，使人们从单纯的感性认识上升到精神境界的审美享受。无论是庭院中，还是公园里，雕塑的艺术价值都随着其对环境的影响而得以完善和提高，而空间过于拥挤或过于空旷都会减弱其艺术效果，所以雕塑的体量需要与周围环境统一协调。

4. 园林雕塑的选题与选址

景观雕塑是固定陈列在某特定环境之中的园林小品，它限定人们的观赏条件，并将较持久地与环境相互影响、相互作用。景观雕塑的选题常要服从于整个环境思想的表达，作者赋予雕塑的主题、运用的手法以及雕塑的风格都应与整体环境相协调，这样有利于发挥环境和雕塑各自的作用。好的题材不仅能使雕塑的形象更丰富，而且能加深人们对环境的认识，从而增加环境的感染力，在瞬间打动人心，给人留下难忘的印象。雕塑的选址要有利于雕塑主题的表达、观赏以及形体美的展示，雕塑体量的大小、尺度也受其周围环境的影响。观赏雕塑的视觉要求主要是通过水平视野与直视角关系来加以调整，所以雕塑的选址应协调好游人与雕塑的视觉关系，同时要考虑观赏时的透视变形和对错觉的矫正。雕塑通常设置在入口、花坛中心、草坪、树丛等局部环境之中。园林雕塑题材广泛，表现手法多种多样，艺术构思别具一格，常用的手法如下：

（1）形象再现的手法　形象的再现是园林雕塑创作中最基本的构思手法，内容比较具体、含义比较特定的纪念性雕塑就经常使用这种手法，如图5-91所示西安大唐芙蓉园中的“西天取经”雕塑。

图5-91　“西天取经”雕塑

（2）环境烘托的手法　将雕塑布局在特定的园林环境中，借以烘托环境的气氛，表达雕塑的内容与主题，充分利用环境的美学特征来加强雕塑形式美的表现，以提高园林雕塑的感染力和表现力。比如杭州西湖孤山的背山坡处的装饰性雕塑“海娃放羊”。放羊娃设置在一块孤石的顶部，几只羊有呼有应地绕孤石而下，瞻前顾后形成一个动态的画面，周围全是自然的山坡踏道以及林木，如果去掉这些环境，那么将会极大地失去自然的情趣和山野之趣。

（3）含蓄影射的手法　含蓄影射的手法实质上就是园林艺术布局中意境的创造。运用这种构思手法，可使园林雕塑产生“画外音”，并且富有诗情画意，使游人产生无限的联想与想象，增强了雕塑的艺术魅力。

（三）园椅与园凳

园椅与园凳属于休憩性的园林小品设施。在园林中，设置形式优美的座凳便于游人休憩，在丛林中巧妙地安置一组景石凳或一组树桩凳，可以使人顿觉林间生机勃勃，同时园椅与园凳的艺术造型也能装点园林。在大树浓阴下，布置两三个石凳，长短随意，往往能使无组织的自然空间变为有意境的庭园景色。

1. 园椅与园凳的功能

（1）休息作用　园林绿地在美化环境的同时，为人们提供了游览、观赏和休息的室外空间。赏景通常有静态观赏和动态观赏两种形式，后者是通过游览路线即园路的组织完成的，而前者则是通过诸如廊、亭、榭、轩等室内外的休息性建筑类观赏点来组织的。然而，大多数园林，特别是现代园林，都是以植物材料为主构成的绿色空间，建筑类观赏点遍布于

全园也是不可能的，为了使游人在动态观赏的过程中获得短暂的休息以恢复体力，设置休息性的园林小品——园椅与园凳，便显得尤为重要。

（2）点景作用　园椅与园凳以形态各异的造型和色彩布置在园林中，不仅能够为游人提供短暂的休息，而且能使园林环境得到装点，二者的相互融合意味着人与自然取得了密切的联系，并形成了以人为中心的风景构图，这是附带休息性小品的园林环境人性化的充分体现。

（3）保护作用　在园林环境中，特别是在有乔木栽植的休息广场或有古树生长的环境中，利用园椅与园凳或自然山石对树木进行围合，不仅可以为游人在树荫下提供休息，还可以起到保护树木的作用，并间接地提示人们保护树木、爱护环境。

2. 园椅与园凳的形式

（1）造型　园椅与园凳最为常见的形式有直线型、曲线型、组合型和仿生模拟型，如图5-92所示。直线型的园椅与园凳适合设置于园林环境中的园路旁、水岸边、规整的草坪和几何形状的休息、集散广场边缘等大多数环境之中；曲线型的园椅与园凳适合设置于环境自由的地方，如园路的弯曲处、环形或圆形广场、水湾旁等地段；仿生模拟型和组合型园椅与园凳适合设置于活动内容集中、游人多和儿童游戏场等环境的空间之中，以满足游人观赏、休息、儿童嬉戏等功能的要求。

a)　b)　c)　d)

图5-92　园林椅凳

（2）色彩　园椅与园凳的色彩与所处的环境和使用的功能有关。在儿童活动场，为了适应儿童的心理，色彩就应该鲜艳一些，如红、黄、蓝三原色的配合使用会使环境显得更为活泼；在各种广场上，使用的色彩应该以适合大众对色彩的感觉为目的，如黑色、白色，甚至灰色都能为人们接受；在以安静、休息为主的绿色空间中，应该以中性色为主，或者就以所使用的材料原色而出现，如低亮度的暗橙色、橘红色、深绿色，以及与树干颜色接近的圆木色等。

（3）材料　园椅与园凳的使用材料多种多样，通常可以分为铁制、木制、石制、塑料及人造木材五种类型，另外，合金材料以及自然山石等均可作为园椅与园凳的材料。铸铁制园椅由于表面质感较粗糙，色彩单调，加之冬季其表面温度太低，在现代园林中的使用已经越来越少。

3. 园椅与园凳的空间处理

园椅与园凳的布置需要特定的环境空间，不同的环境要有与之相适应的造型和色彩形式：在布置时要考虑其不仅要能使游人得到休息，而且还要注意不影响其他游人的游览，所以说，园椅与园凳所处空间的合理性是一个相当重要的问题，通常采取以下几种方式：

（1）位于道路两侧的位置　园椅与园凳设置于道路两侧时，宜交错布置，避免正面相对，否则会相互影响，如图5-93所示。

（2）位于道路的转弯处　园椅与园凳设置于道路的转弯处时，应开辟出一个小空间，以免影响游人及交通行驶，如图5-94所示。

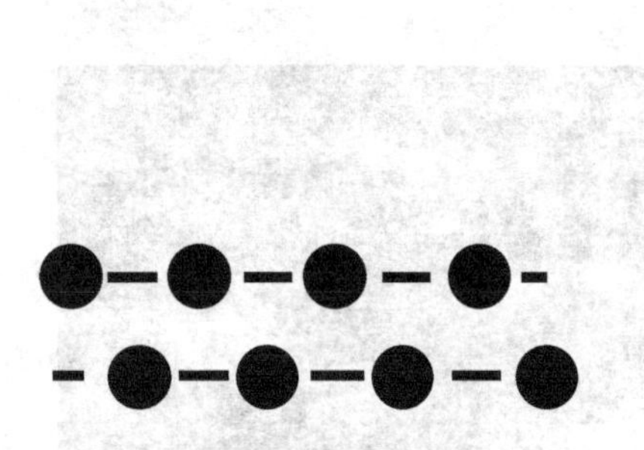

图5-93　道路两侧的布置形式示意图

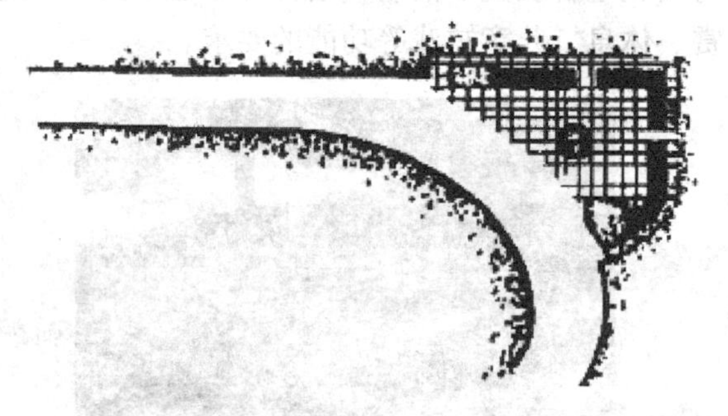

图5-94　道路转弯处的布置形式

（3）位于广场上　园椅与园凳设置于规则广场上时，宜布置在周边，这样便于中心景物的独立和人流通畅，如图5-95所示；设置于不规则的小广场上时，一定要考虑广场的形状，以不影响景物并保证人流路线的畅通为原则，形成自由活泼的空间效果，如图5-96所示，以给使用者提供一个较安静的空间，不受游人干扰。

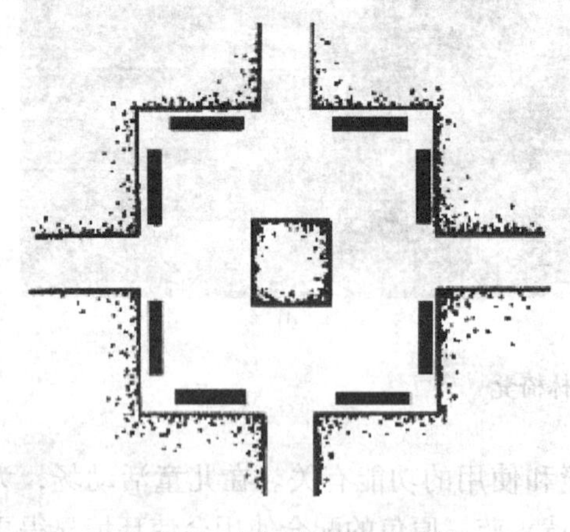

图5-95　规则广场上的布置

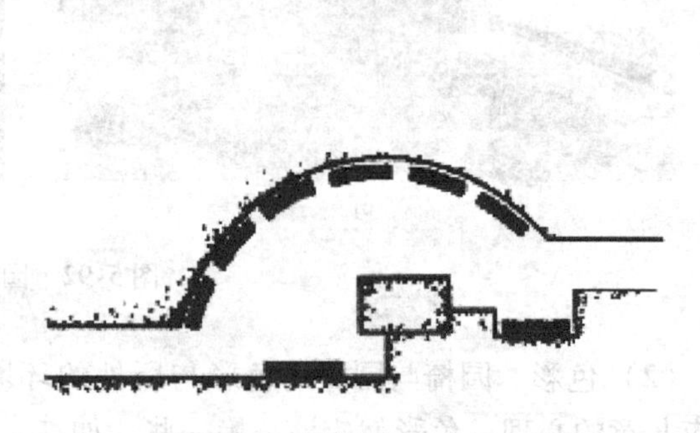

图5-96　不规则小环境的布置

（4）与建筑的室内外空间结合　园椅与园凳可以设于两柱之间，如图5-97所示，也可以通过花架或建筑的外墙向外延伸。

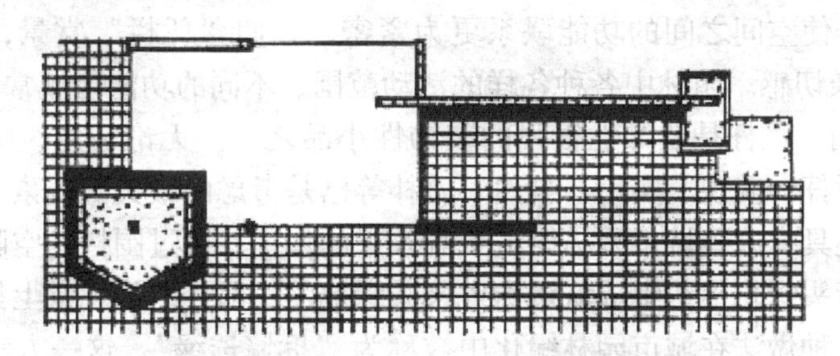

图5-97　与建筑室内外空间相结合的布置

园林中设置园椅时，要充分考虑因游人的结构，如年龄、职业、爱好等不同，而有不同的要求。有的人喜欢独立就座，安静休息；有的人希望接近人群，喜欢热闹；有的人又需要回避游人，要求有私密的环境等。因此，园椅的位置选择应充分满足各类人的不同要求。

（四）栏杆

由外形美观的立柱和镶嵌图案按一定的空间间隔排成栅栏状的构筑物称为栏杆。栏杆按材料构成可分为钢制栏杆、混凝土预制栏杆、铁制栏杆、竹制栏杆、木制栏杆等多种，在园林环境中起到安全防护、隔离和装饰等作用。其造型具有简洁、明快、开敞、通透和不阻隔空间、灵活多样的形式特点，大大丰富了园林景致，如图5-98所示。

图5-98　栏杆

1. 栏杆的功能作用

栏杆的主要功能是安全防护和隔离，又因为栏杆的造型富有连续性和节奏感，所以也用于装饰园景。通常情况下，具有防护功能的栏杆设在山体蹬道的两侧，普通隔离性质的栏杆常设在广场的四周、草地的周围、花坛的边缘、游步道路的两边等地段。除此之外，在喷泉或水体的池边、门廊的两侧、阳台或屋顶花园的四周、园桥的两旁、挡土墙的边缘等园地环境中设置栏杆，也可以起到隔离和保护的作用。栏杆的功能作用归纳如下：

（1）防护功能　一般情况下，栏杆多依附于建筑物，而园林中的栏杆则多为独立设置，并具有较好的防护功能。通常，防护功能的栏杆常设在园地环境四周与城市道路结合的部位，具有明显的范围界定的防护功能。

（2）分隔空间　园林栏杆是划分园林空间的要素之一，多用于开敞空间或特定局部空间的分隔。开阔的园林空间给人以空旷感，若以栏杆的形式进行功能性的空间划分，不但不会阻断空间，还会使空间之间的功能联系更为紧密，人们“凭栏”赏景，则能在大空间中获得“人本”的亲切感。园林中各种各样的活动范围、不同的功能区域常以栏杆为界。

（3）装饰作用　栏杆是装饰性很强的装饰性小品之一。无论是建筑物内部的栏杆，还是园林环境中的栏杆，美观、实用、自然、质朴等已是考虑的最关键因素。

另外，栏杆还具有改善城市园林绿地景观效果的作用。通过围栏的空隙将沿街各单位的零星绿地组织到街头绿化中，组成城市街道公共绿地的一部分，从视觉上扩大城市的绿化空间，美化市容，此种做法在城市园林绿化中被称为“拆墙透绿”。这一方法在一些大中城市中得到了大范围的推广，具有不错的效果。

2. 栏杆的造型形式及艺术处理

栏杆的式样很多，不胜枚举，但其造型的原则却都相同，即必须与环境统一、协调。例如在雄伟的建筑环境内，必须配以坚实且具有庄重感的栏杆；而廊、亭等建筑小品的栏杆，则宜玲珑轻巧，并可结合座凳，为游人提供安全休息的设施，如图5-99所示。

（1）不同环境的栏杆形式　栏杆设置要与周围环境协调一致，才能得到相得益彰的效果。在宽敞的环境中，可采用展示性栏杆围合空间，构成一定可视范围的环境；在狭长的环境中，宜采用贴边布置，以充分利用空间；在背景景物优美的环境中，可采用通透、轻巧的造型，便于视景连续；相反，则宜采用实体墙。栏杆的具体色彩和造型应与环境融合，简洁雅观。栏杆与建筑的配合，要注意与建筑风格相协调，且能与建筑物其他部分形成统一的整体，宜虚则虚，宜实则实，绝不能喧宾夺主而造成整体的混乱。栏杆的形式和虚实与其所在的环境和组景要求有密切的关系。临水宜多设空栏，避免视线受到过多的阻碍，以便观赏波光倒影、游鱼禽鸟及水生植物等。临水平台、水榭、平水面的小桥等处所设的栏杆即属于此类。而高台多用实栏，游人登临远眺时，实栏可给人以安全感，可以只进行简洁的处理，以节省资金。若栏杆从属于建筑物的平台，即使是位于高处，也需就其整体的构图需要加以考虑。

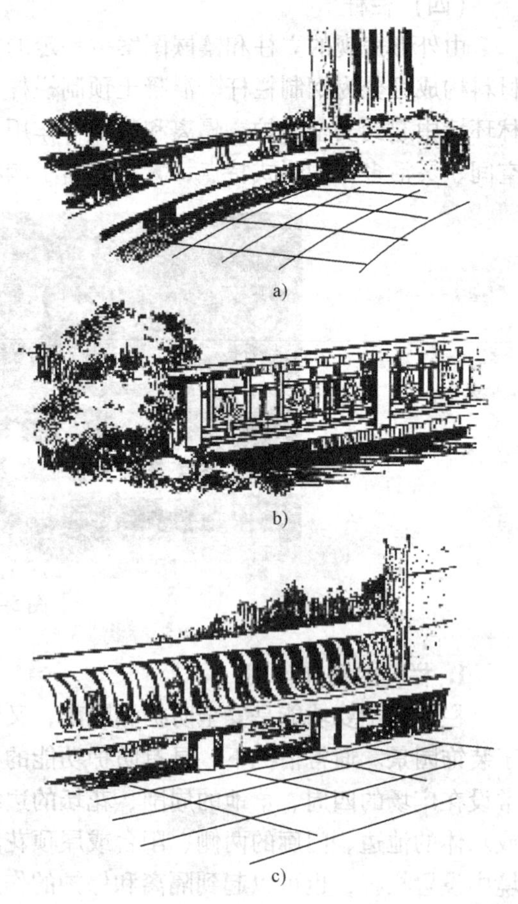

a）

b）

c）

图5-99　为游人提供安全休息的栏杆

a）上海静安公园靠背栏杆

b）武汉东湖钢筋混凝土花格栏杆

c）镇江金山公园靠背栏杆

（2）不同材料的栏杆形式　园林中适于用作园林栏杆的材料很多，为了与环境协调又不失自然气息，尽量使用一些朴素质感的材料，如石、砖、仿木、仿竹等，如图5-100所示。各种材料可单独使用，也可混合使用，如石制

桩墩、钢制的横杆等。恰当地选择所需材料是栏杆设计的重要步骤，选材不仅要考虑满足功能的要求，还要考虑与园林环境的协调统一。镶边栏杆对材料强度要求比较低；而围护栏杆则应选择强度高的材料。栏杆的造型与选材也有关系，轻巧、纤细的栏杆与设计持重、粗实的栏杆，在选择材料上就有所不同。应提倡就地取材、因地制宜，既能体现地方特色，又能降低造价，以达到经济的目的。各种材料由于其质地、色彩、纹理和加工工艺等因素的不同，形成了各种不同的造型风格。

图 5-100　不同材料的栏杆

1）天然石材。各种岩石由于石质坚硬，显得较朴素、粗犷、浑厚。

2）人造石材。人造石材多由可塑性材料仿真制作，如钢筋混凝土、混凝土等，制作自由，造型比较活泼，形式丰富多样。质感和色彩可随设计要求而定，又可获得天然石材的效果。

3）金属。金属栏杆包括钢管和钢筋等制成的栏杆。这类栏杆造型简洁、通透，丰富多样，加工工艺方便，可制成一定的放样图案，其耐久性好，且具有时代气息，不过在室外运用时，它的表面必须加以防锈蚀处理。

4）砖栏杆。砖栏杆在古朴中透出典雅，且经济实用、施工方便，在中国庭院园林或名胜古迹环境修复中至今仍有使用，但在公共园林中已很少采用，这可能是由于其质感过于简朴或与现代园林材料难以融合的原因所致。

5）仿竹木。仿竹木栏杆的使用与园林环境结合在绿地中更能反映其朴素的特点。竹材在南方地区来源丰富，加工方便，其纹理、色泽、质感极富装饰性，但耐久性差；由于竹材的植物材质特性，在北方应用，也能与自然环境相协调，取得良好的效果。为了达到木材料、自然竹的装饰效果，广州等地近年来在园林中大量采用仿竹木栏杆，颇具竹、木材的自然气息，耐久性也强，值得推广。

（五）标示小品

园林标示性小品是园林中最为常见而且也最易引人注意的指示性标识或宣教设施，小到指路标识，大到宣传廊、宣传牌等，都可以吸引人们的视线，使人驻足观赏。提供简明信息是一般标示小品设置的目的所在，如景点的分布及方向、导游线路的介绍等，因此其位置常设在园林入口、道路交叉口处、景区交界等地段。由于园林是由多个造园要素综合营造的优美环境，为了展现园林景观特色，在标示小品的制作方面也相应有多样化的表现方式。

1. 导游标识

导游标识是城市综合性公园或各类风景区非常重要的小品设施，一般设在入口处，为游人提供必要的信息，以满足各类游人游览的需要。根据材料类型的不同，导游标识可分为以下几种。

（1）金属标识　金属标识除了采用刻字、镶块字等比较特殊的工艺以外，还有加工文字和底牌的方法、改变文字或底牌材质的方法以及借助印刷品的方法。

（2）石材标识　石材标识一般采用加工石料、修饰和改变文字两种处理方法。

（3）木质标识　木质标识通常采用雕刻或粘贴印刷品的方法制作。

（4）陶瓷标识　陶瓷标识采用烧制带有标志的陶瓷进行制作。

（5）塑质标识　塑质标识一般使用丙烯板粘贴印刷品的办法制成。

对于城市综合性园林或大型风景区而言，导游标识的使用材料多种多样，只要能够与环境之间形成统一、协调的关系，并满足导游功能，就可以应用。

2. 表现形式

（1）园林入口　园林入口的标识主要以导游牌的形式出现，以方便游人对全园游览有一个大概的了解，这些标识多用金属材料制成，也有用石材、木材等制成的。

（2）景区入口　在园林内部的各景区出入口处，为了更好地展示景区特点，引导游人游览，一般也要布置导游牌，并与其他材料结合，共同塑造成景观的形式。这些导游牌常常用石材、木材等制成。

（3）景点介绍　园林内部的各个景点，特别是带有历史传说或神话故事的景点，也常常以景点的文字或图片形式来表现。

（4）方向导识　在大型公园或风景区游览中，经常会遇到一些道路的交叉口，为了让游人方便得到明确具体的游览信息，在交叉口处设置方向提示小品是十分必要的。由于地处道路的交叉口处，因此一般提示设置在绿地之中，并且多用比较自然的材料，如石质、木质等制成，如图5-101所示。

3. 宣传牌

宣传牌都属于在园林绿地中进行宣传、教育、科普等方面的一种景观设施。在节假日，利用公众场合对游人进行相关知识的普及、教育和了解，采用寓教于乐的形式，对大众素质的提高大有裨益。

（1）材料选择　在材料选择方面，一般从主件材料和构件材料两方面进行考虑。

a)

b)

图 5-101　导识牌

a）西安世园会重庆园石质导识牌　b）木质导识牌

1）主件材料。主件材料一般选用经久耐用的花岗岩类、不锈钢、天然石、铝钛、瓷砖、木材、丙烯板等。

2）构件材料。构件材料除选择与主件相同的材料外，还可以采用混凝土、钢材、砖材等。

（2）位置选择　宣传牌的位置最好选在游人停留较多之处，比如园内各类广场、建筑物前、道路交叉口等地段。另外，宣传牌还可与围墙、挡土墙、花台、花坛以及其他园林环境相结合。

（3）一般要求　宣传牌通常设在人流路线以外的绿地之中，而且前部应留有一定的场地，与广场结合的宣传牌，其前部的场地应利用广场，没必要单独开辟；宣传牌的两侧或后部宜与花坛或乔木结合，以陪衬并美化环境或构成绿荫；橱窗的高度控制在视域范围内，以方便人们浏览，如图 5-102 所示。

图 5-102　宣传牌

除以上园林中常见的小品外，园林中的园门、园墙及园灯等小品形式在此就不一一论述了。

★ 实例分析

大唐芙蓉园小品艺术分析。

大唐芙蓉园作为一座大型的人工自然山水园林，自然也离不开园林小品。整个园林中的小品体积虽然小，但造型新颖、精美多彩、立意有章、适得其所，富有地方和历史文化特色。园内的小品设计手法新颖、布局灵活，突出了园林小品的多样性、时代性、区域性、艺术性和实用性，从内容的选择和形式的表达上都对各个景区的主题文化起到了锦上添花的作用。比如在大门口处设计了一个巨大的、刻有园名的印章，如图 5-103 所示，既点明了公园的主题，又蕴含了中国古文化。

女性文化区以丽人行为主题的雕塑群塑造了唐代仕女的形象，雕塑的材质选用汉白玉，21 个形态各异的仕女，或置于水边，或处于林中，或藏于花丛，形态各异，栩栩如生，活灵活现地表现了盛唐妇女的生活，如图 5-104 所示。

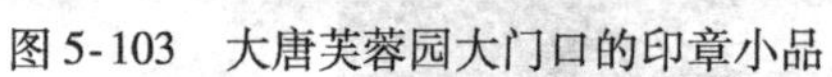

图 5-103　大唐芙蓉园大门口的印章小品

图 5-104　仕女雕塑

茶文化区选用了一批出土于法门寺地宫的茶具仿真模型，将其放大制作，既展示了唐代茶文化，也蕴含了唐代的佛教文化，如图 5-105 所示。

图 5-105　鎏金银龟盒

佛教文化区的佛手印经、百步生莲汀步浮雕、观音壁浮雕等极大地强化了佛教文化的意境和氛围，如图 5-106 所示的释迦牟尼佛手印。

儿童文化区设有供儿童游玩的设施，每一个设施也都与唐代的少年儿童活动有关，如“呆若木鸡”、“对弈”等，如图 5-107 所示，不仅给儿童增添了游戏快乐，而且帮助人了解了历史。

图 5-106　释迦牟尼佛手印

图 5-107　对弈

总之，大唐芙蓉园利用小品恰到好处地点缀和丰富了不同区域的景观，起到了良好作用。

★ 实训

一、实训题目

园林小品艺术布局设计。

二、实训目的

通过园林小品艺术布局设计实训，了解各类园林小品的作用和功能，掌握园林小品艺术布局设计的一般规律，熟悉园林小品艺术处理手法。

三、实训区的选择要求及实训方法

指定当地某园林或较大型的学校作为实训区域，要求实训区域面积不小于 $2hm^2$。

四、资料提供

1）设计区域 1∶500 的园林或单位平面图。

2）公园或单位介绍资料。

五、成果要求

1）1∶50 的园林绿地小品布局设计平面图。

2）小品造型设计效果图。

3）园林小品艺术布局设计分析说明报告。

六、评分标准

满分为 100 分，其中，园林绿地细部艺术布局设计图占 40 分，小品造型设计效果图占 20 分，分析报告占 40 分。

项目七　园林植物景观配置

园林植物是指应用于园林中的所有乔木、灌木、草本及各类花卉植物的总称。它是园林造景中最重要的造景要素，以植物造景为主，已是世界园林界的共识。英国造园家克劳斯顿提出："园林设计归根到底是植物材料的设计"，充分说明了植物在园林景观建造中的重要

性。又由于园林植物具有生命，其种类复杂多变，观赏价值及生态适应性各异，所以在以其为材料而进行的造景设计就显得复杂许多。园林植物种类繁多，由于在形态、叶色及花果等各方面有着不同的观赏价值，再加之与其他园林要素能有机地结合，体现出不同的园林艺术效果，有着独特的艺术功能。所以，园林设计者在掌握各种园林植物的生态学、生物学特性有关知识的同时，还必须掌握园林植物的艺术功能，才能在设计中充分运用。

一、园林植物的艺术功能

园林植物在园林中的特殊身份，以及园林植物本身的复杂性，使其在园林中的功能具有多重性。从不同的角度出发，会有不同的功能分类，但一般而言可分为三大功能，即建造艺术功能、美学艺术功能及环境生态功能。

（一）建造艺术功能

园林植物的建造艺术功能是指其能在园林景观中起到类似于建筑物及其他构筑物一样的构成空间，呼应、联系、分隔、拓展空间和建造景观的作用和功能。

1. 构成空间

空间感是指由地平面、垂直面以及顶面单独或共同组合成的具有实在的或暗示性的范围围合。植物可用于园林空间的任何一个平面或立面空间，通过不同植物的选择和组合，以及合理地利用植物与其他园林要素的组合，达到构成实体或虚体的空间的作用。

在地平面上，以不同种类和不同高度的地被植物或灌木来暗示空间边界是园林中常用的方法，这些植物虽不能在垂直面上以实体来分隔与限制空间，但确实在较低的水平面通过利用人们对不同植物的视觉感受，起到分隔和构成空间的作用，像园林中的矮篱及不同高度、不同色彩地被草坪的组合等，如图 5-108 所示。

图 5-108　以植物暗示空间边界

在垂直面上，植物能通过几种方式影响空间感。首先，乔木的树杆直立于外部环境空间，主要是以暗示的方式来限制空间，如图 5-109 所示。其次，植物的叶丛、叶丛分枝的高度和疏密度影响着空间的闭合感。树冠越浓密、体积越大，组合越紧密，其围合感就越强。常绿树木能形成常年稳定的垂直面围合空间效果，而落叶树在不同季节可形成不同的空间围合感受，如图 5-110 所示。

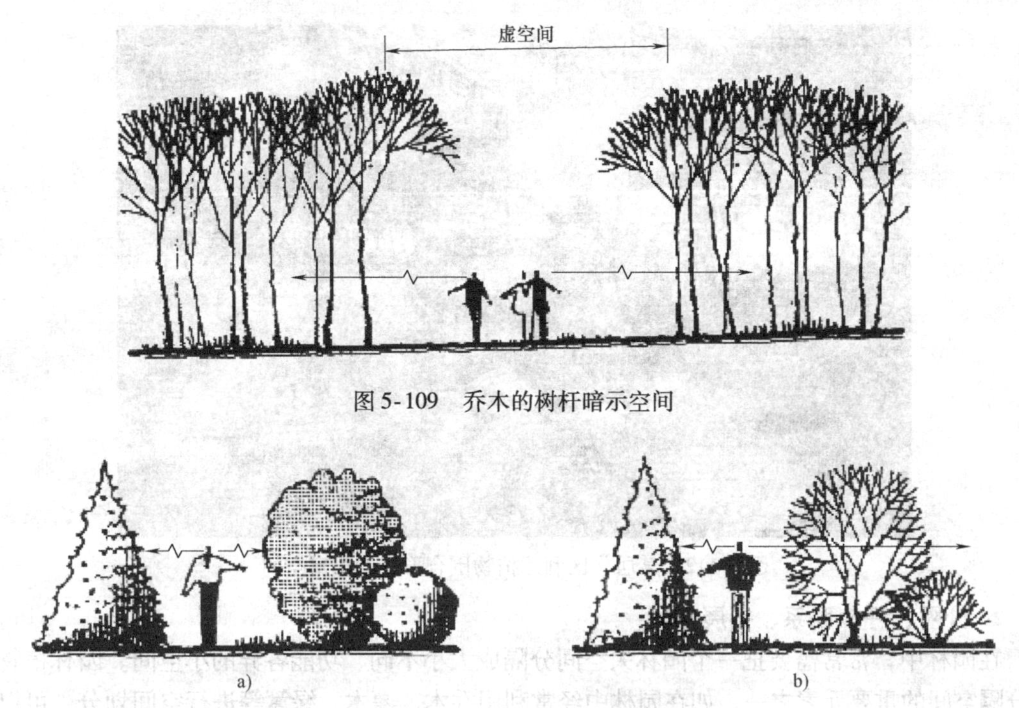

图 5-109　乔木的树杆暗示空间

图 5-110　不同季节可形成不同的空间围合感受
a）夏季　b）冬季

在空间的顶面，利用高大的乔木树冠也可以限制或改变空间形态。乔木树冠就像室外空间的“顶棚”，不仅限制了伸向天空的视线，还影响着垂直面的尺度。如图 5-111 所示，乔木树冠顶面封闭感的强弱直接受到相邻树冠互相连接覆盖的程度、树冠枝叶的浓密程度及树冠高度等综合因素的影响。

图 5-111　乔木树冠构成空间顶面

总之，一个出众的园林设计者，总能够利用植物构成许多相互联系的空间环境，引导游人进出和穿越空间，充分发挥植物“缩小空间”和“扩大空间”的功能。比如在山地的底部布置矮小的植物，在山顶栽植高大的乔木，以强化地形；在城市高大的建筑间通过植物的布置来构成多样空间，消除单调、空旷、冷酷、无人情味空间的目的。这些都是园林植物构成空间的功能体现，如图 5-112 所示为某居住区利用植物围合形成的丰富空间。

图 5-112　某居住区利用植物围合形成的丰富空间

2. 分隔、呼应联系、拓展空间

在园林中，常常需要把一个园林大空间分隔成大小不同、功能各异的小空间。园林植物就是分隔空间的重要元素之一，如在园林中经常利用乔木、灌木、绿篱等进行空间划分，可以达到似隔非隔的效果（矮篱、中篱），也可以达到隔绝视线的效果（高篱）。为了保证同一个园林或景区的统一性，就需要在不同的小空间之间通过某些相同或相似的元素加以呼应和联系，植物材料就是最好的材料。比如可以通过园林植物的同类选择或相似选择，使不同的空间隔而不断，呼应联系，如陕西省安康市汉江南北两岸，尽管以江水相隔，两岸的绿化风格不同，但由于两岸的基调树种都是垂柳和慈竹，使两者相呼应，从而使一江两岸的景观成为一体。在园林设计中，如果能使园内植物能与园外的植物产生联系，则会达到拓展园林空间、扩大园景范围的效果。比如北京颐和园，巧妙地在西堤及园墙周围栽植高大的乔木树种，使园内的植物景观和园外玉泉山的植物景观相联通，从而使颐和园空间得以无限扩大，如图 5-113 所示。

图 5-113　颐和园利用植物拓展空间

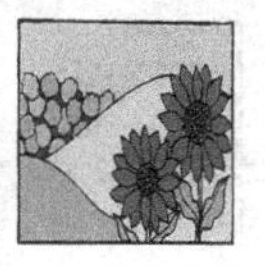

3. 建造景观的功能

由于植物本身具有多变的观赏特性，使得园林植物本身也成为主要的造景元素，起到非常重要的，甚至于不可替代的建造景观的功能。比如园林中常见的草地草坪景观、树林草地景观、针叶林景观、阔叶林景观、竹林景观、孤植大树景观、花丛景观、各式的垂直绿化景观等，这些都是其他造景元素无法实现的。

（二）美学艺术功能

园林植物的美学艺术功能主要体现在园林植物本身所体现的景观形态及组合观赏功能、色彩及变化功能、意境表达及体现地域特性功能等多个方面。这些功能也使园林植物成为园林造景的主要素材，体现了其在园林构图中的重要地位。

1. 景观形态及组合观赏功能

园林植物以其整体的形象，或其某个具有特殊观赏特性的器官形态展现在园林景观空间中，经过人们的艺术组合配置处理，又呈现出千姿百态的植物景观群落，构成实实在在的园林景观形态美。

2. 色彩及变化功能

园林植物色彩是园林中的自然色彩，其最大的特点是丰富性和可变性。从丰富性来说，不同的园林植物以其根、茎、叶、花、果等不同的器官形态向外展示着五彩缤纷的色彩，就拿园林中最基本的色调绿色来说，细分可有135种之多，可以说世界上从来就没有叶色完全相同的两种树，而园林花卉的色彩就更加丰富。园林植物的色彩与园林建筑及设施的色彩不同之处，还在于它的变化特性，如阔叶落叶树的叶色春季嫩绿、夏天深绿、秋季黄绿等，果实从青绿到黄红，以及花果在一年特定的时期才能出现等，这些色彩随季节的变化特性使园林植物在园林构图及色彩构图中扮演着重要的角色。

3. 意境表达功能

从魏晋南北朝开始，中国古代造园家就已经在运用植物来表达园林意境，比如在园林中要求植物的配置自然，以营造自然和谐的意境主题，常把植物的生态特性和形态特征作性格化的比拟和联想，与其他园林要素协调搭配以表达某种意境，如“梅标洁，宜幽清，宜疏篱，宜峻岭”；“松柏骨苍，宜峭壁奇峰”；喻松、竹、梅为“岁寒三友”，梅、兰、竹、菊为“四君子”；喻荷花为“出淤泥而不染，濯清涟而不妖”的君子等。现代园林中常在烈士陵园中广植松柏，寓意烈士精神万古长青，在节日广场布置暖色调的花卉以营造热烈喜庆的意境氛围等。

4. 体现地域特性功能

由于不同的园林植物对生态环境有着一定的要求，因此南国的椰子、槟榔、柑橘不可能在北方应用，同样，北方的毛白杨、油松也在南国城市中难觅踪迹。在现代城市建筑日益趋同的今日，植物就成为抗击城市景观趋同的一个利器。

（三）环境生态功能

世界园林界之所以普遍认同“园林应以植物造景为主”和“融游赏于生态环境之中”，即应用生态学观点研究植物艺术配置，其主要的原因就是园林植物在园林中所起到的不可替代的环境生态功能。其环境生态功能主要表现为两个方面。其一是通过植物本身的生命活动过程改善环境生态的功能，具体表现为吸收二氧化碳及其他有害气体、杀灭细菌、吸滞尘埃等净化空气的功能；净化水体，改良土壤的功能；增加空气湿度，调节气温，创造局部微风，防风阻沙等改善城市小气候的功能；涵养水源，保持水土的功能；降低和控制噪声，分散和减弱城市光污染的功能等。其二是为人们创造一个清新、优美的可游、可憩、可居、可赏的多彩园林空间环境。

二、园林植物的观赏特性

通常所见到的园林植物，是由根、干、枝、叶、花、果、形等组成的。不同的植物在不同的季节，会呈现出不同的观赏价值。因此，必须掌握植物不同时期的观赏特性与变化规律，并充分利用其各部位的观赏特性，以构成特定环境的园林艺术景观。

（一）根

树木的根一般生长在土壤之中，其观赏价值不大。只有某些根系特别发达的树种，根部高高隆起，从而突出地面，并盘根错节，具有较高的观赏价值，如海边的椰子、溪旁的枫杨。而有些植物由于其特殊的生长习性，根暴露空中，同样有很好的观赏价值，如在我国南方城市园林中大量应用的榕树，暴露在空中的大根弯曲盘节，显得苍劲壮观，而悬吊空中的细根则尽显飘逸。

（二）干

树干的观赏价值与其质感、色彩、姿态有着密切的关系。

1. 通直壮观型

这类树木的树干通直圆满，具有整齐、挺拔的感觉，如银杏、悬铃木、香樟、国槐、水杉、白皮松、毛白杨等。行道树一般选用这类树，就能形成良好的夹景及列景景观效果。

2. 以色取胜型

这类树木的树干一般有特殊的颜色，从而提升其观赏价值，如白皮松、梧桐、金枝槐、紫竹、红瑞木等。

3. 姿态奇异性

这类树木的树干的姿态奇特，如藤萝蜿蜒扭曲、千姿百态、形状奇异。佛肚竹大腹便便，龟甲竹形态奇特，紫藤、凌霄扭曲变化，其妙无穷。

（三）枝

树枝是树冠的骨架，其分枝角度的大小、枝条粗细的分布，以及枝条的疏密等都直接影响其观赏价值的高低。比如松树类树种中的油松、华山松、马尾松等侧枝轮生并呈水平伸出分布，使树冠自然形成分层结构；而垂柳、垂榆则小枝下垂、轻盈飘逸，给人一种柔情似水的感觉，在春季池湖边生长垂柳更有一番美不可言的意境；龙爪槐、龙柏等树木由于枝条的生长特性，造就了树形独特的美观；而更多的落叶树种如栎类、白杨树、榆树等落叶后，其枝干在冬季更显苍劲有力；而金丝柳、黄金槐枝条为金色，棣棠、七里香枝条为绿色，都有较高的观赏价值。

（四）叶

园林植物的叶有着极其丰富多彩的形态和外貌。叶的观赏特性主要表现在以下几个方面：

1. 叶的大小

比如芭蕉、棕榈、厚朴等树木的叶子较大，在园林中合理应用就会产生良好的景观效果；而槐树、柽柳、侧柏、及油橄榄等则是叶形较小的一类；而大量的植物叶片大小居中，

这样就提供了较大的选择余地。

2. 叶的形状

园林植物的叶形变化是非常丰富的，一般有单叶、复叶之分，如女贞为单叶，白蜡为复叶。同时，单个叶子又有不同的形状，针形的如雪松、油松；披针形的如杉木、夹竹桃；圆形的如山麻杆、紫荆；掌状的如五角枫、梧桐树等；再就是奇异形的，如鹅掌楸、羊蹄甲、银杏等。

3. 叶的色彩

除了叶形外，叶色的丰富是园林植物最主要的观赏之所在。特别是现在流行的彩化设计，更是如此。根据植物叶色的特点，园林植物可分为以下几类。

（1）绿色叶类　这类植物的叶色为基本的绿色，但其深浅程度不同，呈现出不同的绿色，如一般的常绿树多为深绿色，而落叶树种则多为浅绿色，原产于美国的草坪多呈深绿色，而产于丹麦的草坪多为浅绿色等。将不同绿色的园林植物搭配在一起，能形成和谐、柔和的色彩感。

（2）春色叶类及新叶有色类　把春季新发叶有显著不同叶色的园林植物统称为春色叶类，比如臭椿、五角枫的春叶呈红色，黄连木春叶呈紫色。而有些园林植物不论什么季节，只要发出新叶就会具有美丽的色彩，这类树种统称为新叶有色类，如铁力木、金叶女贞等。

（3）秋色叶类　这类植物在秋季，叶子都有显著的色彩变化，在园林中选择这类植物会形成彩色的秋季景观，能很好地体现季相变化，如黄栌、银杏、柿树、乌桕、枫香等。著名的北京香山红叶，其实主要是黄栌秋叶变红的结果，九寨沟的秋景之所以醉人更是源于秋天的彩叶。

（4）常色叶类　这类树种，其叶常年均成异色，这类树种有时被称为彩叶树种，如紫叶小檗、金叶小檗、紫叶李、紫叶桃、红花檵木等。

（5）斑色叶及双色叶类　绿叶上具有其他颜色的斑点或花纹的植物为斑色叶类，如变叶木、桃叶珊瑚。而叶背与叶表面的颜色显著不同的植物称为双色叶树种，如银白杨、胡颓子的叶面深绿叶背银白；红背桂则叶面绿色背面红色。

总之，园林植物的叶无论从大小、形状，还是色彩等方面，都有丰富的变化，只要合理地加以选择利用，均能起到良好的造景作用。

（五）花

园林植物的花朵有各式各样的形状和大小，在色彩上更是千变万化，许多花又有着非常丰富的香味，只要选择合理，就能营造出富有诗意的园林景观来。

1. 花的形状、大小

园林植物的花，小的如米粒，如满天星、六月雪、桂花等，大的如白玉兰、广玉兰、菊花等。而花形变化更是多样，如郁金香的花朵呈酒杯状，高雅、尊贵；金丝桃花朵上的金黄色小蕊常伸出花冠之外；而珙桐花则如白色鸽子，花开时如满树白鸽，十分壮观；更有牡丹、梅花、吊钟花等形态各异，具有很高的观赏价值。

2. 花的色彩

园林植物的花色变化极多，无法一一列举，在这里将几种基本颜色列举如下：

（1）红色系花　红色系花如海棠、桃、梅、贴梗海棠、石榴、锦带、毛刺槐、合欢、紫荆、丹桂、一品红等。

(2) 黄色系花　黄色系花如迎春、迎夏、连翘、云南黄馨、金钟花、金桂、金丝桃、腊梅、万寿菊等。

(3) 白色系花　白色系花如茉莉、白丁香、女贞、荚蒾、柑橘类、珍珠梅、白玉兰、广玉兰、栀子花、梨、绣线菊等。

3. 花的香味

园林植物中也不乏香味的植物，如清香四溢的茉莉，浓香无比的白玉兰，甜香扑鼻的栀子、玫瑰，淡香幽然的兰花，浓香欲滴的桂花等。利用花香进行植物造景，能充分满足嗅觉赏景的需要。

(六) 果

园林中适当应用观果植物，不但可以收到经济效益，而且能够起到花、叶无法起到的景观效果。观果主要表现在形与色两个方面：

1. 果实的形状

观果的树种应以果实形状的奇、巨、丰为准。所谓“奇”，是指形状以奇异有趣为主，如罗汉松的果实像罗汉，铜钱树的果实形似铜币，磨盘柿的果实像磨盘，有的大的像串玲，有的小如盅等。所谓“巨”，是指单体果形较大，如柚、橙，有的虽然单个果实较小但果穗较大，如接骨木、葡萄等。所谓“丰”，是就全树而言，应使整个树木应有一定丰盛的果实数量，给人一种丰收的景象，这样才能体现出较高的观赏效果，如秋季红果满树的山楂、苹果、柑橘等。

2. 果实的色彩

果实的色彩比起果形则具有更高的观赏价值，而不同色彩的果实在园林配植中则起到不同的作用。

(1) 红色果实类　红色果实类如火棘、山楂、珊瑚树、南天竹、金银木、枸骨、冬青及各种红色小果等。

(2) 黄色果实类　黄色果实类如杏、梅、桔橘类、梨、木瓜、南蛇藤等。

(3) 白色果实类　白色果实类如红瑞木、湖北花秋、陕甘花秋、人参果等。

(4) 黑色果实类　黑色果实类如小蜡、女贞、君迁子、刺楸等。

除了以上几类常见的果实颜色外，还有呈紫色、蓝色及其他色的果实，在园林中都可以灵活应用。

(七) 形

尽管植物的根、干、枝、叶、花、果、形等，各自都有着其特殊的观赏特性，但在园林中，植物本身不可能以某个器官单独存在，而是以植物的整体形状存在于园林中。而自然界园林植物的形态非常丰富，如圆柱形的杜松、柏；尖塔形的雪松、水杉；匍匐状的地柏；拱枝形的连翘；垂枝形的垂柳；圆头形的桂花、伞形的合欢等。

三、园林植物景观配置的基本原则

园林植物种类繁多，各类植物又特性各异，其艺术功能和观赏特性千差万别，因而就使得植物景观配置设计具有多样性和复杂性。设计者一般都力求体现“四季常绿，三季有花，高低错落，疏密有致”，但在实际设计中要做到这一点，其实并不容易。如果面面俱到，则重点不突出，而且容易给人一种杂乱感；如果不能做到立体布局并充分选择和利用园林植

物，则显得单调乏味。总之，要做好园林植物设计应遵循以下的基本原则：

（一）满足园林造景性质和功能要求

植物造景必须符合园林造景性质和功能的要求。这一点是景观配置设计首先应该考虑的问题。园林的功能很多，但具体到某一特定的园林，总有其具体的主要功能。比如城市道路绿化的主要功能就是遮阴和组织交通，同时兼有美化的功能，行道树应以高大乔木为主；而综合性公园的主要功能是满足人们的游憩，所以应有集体活动的广场或大草坪，以及遮阴的乔木、成片的灌木和树林等；校园绿化则应考虑将生活区、教学区和体育活动区分开，并注意给学生创造一个有益于学习的环境，因此以草坪、疏林为主，多设置座椅、置石；而工厂区绿化的主要功能则是防护，所以工厂的厂前区、办公室周围以美化为主，而生产区则以防护为主；纪念性园林则要创造出一种庄严肃穆的意境，在设计形式上和植物选择上应与意境相一致，如毛主席纪念堂周边广植松柏，与雕塑、建筑共同组成协调的景观意境，如图5-114所示。

图5-114　毛主席纪念堂周边广植松柏

（二）要与园林总体布局相一致，与周围环境相协调

在规则式园林中，多用规则式的配置方式，以表现植物的整形美；在自然式园林中，则多运用不对称的自然式种植，以充分表现植物的自然美。同时必须注意植物与其他园林要素的合理结合，如在大门、主干道、广场、大型建筑附近多采用规则式植物造景；在自然山水园、自然水池边，多采用自然式配置。在植物景观配置中还必须充分考虑园林绿地与周围环境的协调性，应使园林植物能和谐地存在于周围环境中。

（三）必须满足植物对生态条件的要求，做到“适地适树”

园林植物造景设计要想达到预期的景观效果，首先必须满足植物的生态要求，使植物能正常生长，这是选择植物的最基本的条件。然而，近几年在园林绿化方面屡屡出现违背自然规律的现象。比如以前流行的“南树北移”，将香樟栽到西安，将椰子引到北京，其结果可想而知。再比如从20世纪90年代初以来，中国流行建立大面积的冷季型草坪，这本身并无可厚非，但有些人已将大量的冷季型草，如草地草熟禾、黑麦草引种到亚热带地区，结果一到夏季，草坪很难平安度夏。所以，选择植物必须因地制宜。比如街道绿化要选择易成活，对土、水、肥要求不高，耐修剪、抗烟尘较强的树种；而水边绿化则应选择耐水湿的柳树、池杉、枫杨等植物；而在干旱瘠薄的地方则可选择油松、马尾松、侧柏等耐旱性植物，同时也应综合考虑光照、土壤等生态因子。

（四）充分体现园林植物的艺术功能和观赏特性

在平面设计上要使植物种植疏密适度，做到既有利于造景又有利于植物生长，体现景观的变化性。竖向设计要注意对比效果及树冠、林冠线的变化，从而形成景观层次及远近观赏效果。合理配置和组合植物，充分利用其空间建造功能，构成多变而丰富的园林空间单元，达到远看有整体美，近观有个体美，步移景异的景观效果，切忌苗圃式的种植方式。

（五）充分发挥植物景观的变化性

植物景观配置要综合考虑时间、环境、植物种类及植物特点，使丰富的植物形态和色彩随着季节的变化交替出现，使园林绿地的各个分区地段突出一个季节的植物景观，在不同季节出现不同景观。而植物景观组合的色彩、芳香、个体、叶、花的形态变化虽多种多样，但应主次分明，从景观和功能出发，突出某一个方面，以免产生杂乱感，同时也必须注意不能由于植物选择不当而形成过于呆板和单调的景观。比如目前一些居住小区绿化中，只种植常绿树种，而拒绝落叶树种，从而造成四季一景，非常单调。

四、园林树木的配置艺术

在众多的园林植物中，园林树木占其中的绝对主导地位，它们无疑是园林植物的主体，是园林植物造景的主题和核心。园林树木的配置主要有以下几个类型：

（一）孤植

孤植是指乔木或灌木的孤立种植类型，是中西方园林中广泛采用的一种造景形式。孤植园林中作为局部或整个绿地的主景，表现植株的个体美。在园林中配置合理的孤植树能起到画龙点睛的作用。

1. 树种选择

由于孤植树景观展现的是树木个体美，应选择树体高大、树形美观、生长旺盛、成荫效果好、寿命长的树种，如南方常见的香樟、楠木、榕树，北方常用的银杏、国槐、七叶树、油松等，以及应用较为广泛的雪松、悬铃木等。

2. 种植位置的选择

种植位置要求选择在比较开阔的地方，同时要有比较合适的观赏视距和观赏点，以提供足够的空间赏景，常见的位置有草坪、水边、空旷的庭院、较缓的坡地上等。

3. 构图艺术处理

应从园林总构图协调来考虑孤植树的构图地位，一般在规则式园林中宜居于园林构图的中心，在自然式园林中不布置在中央，而应偏于一侧，如图 5-115 所示为位于草坪一侧的孤植树；必须考虑其与周围环境及背景的关系，应使孤植树和背景有强烈的对比，才能突出孤植树的个体美，如可以以天空、水面、草坪等自然景物为背景，也可以建筑、树丛等形成色彩对比；同时要求孤植树周围尽量避免栽植过高大的植物，

以免影响孤植造景的效果。

图 5-115　位于草坪一侧的孤植树

（二）对植

对植是指用两株或两丛相同的或相似的树，按照一定的轴线关系，作对称或均衡的种植方式。对植一般在园林构图中作为配景来应用，在艺术构图上是用来强调主题的，给人一种庄严、整齐、对称、平衡的感觉，也是一般人最容易接受的造景形式，如图 5-116 所示。

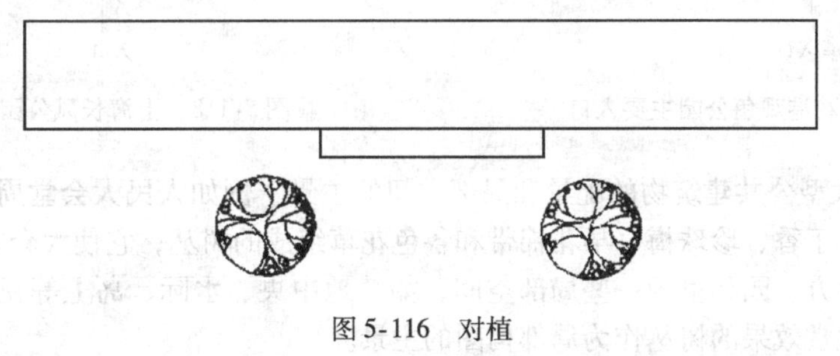

图 5-116　对植

1. 设置位置

对植一般多用于公园、道路、建筑、广场的出入口。

2. 树种的选择

在均衡对称的布局情况下，树种相同或相似，形态和体量相同。

3. 艺术处理

规则式园林中的对植，要做到绝对对称，要求树种相同、大小一致、整齐、美观；而自然式园林中的对植，则应为均衡对称，可选树种相似的两种树，且大小要依轴线关系的变化，使整个构图做到均衡、自然。

（三）丛植

丛植是指由两株到十几株同种或异种树木组合而成的种植类型。丛植是园林绿地中重点

布置的一种种植类型，它以反映树木群体组合形象美为主。

从植中，每个体树之间既有统一联系，又有各自的变化，分别以主、次、配的地位互相对比、相互衬托，组成既有通相、又有殊相的植物群体。

1. 丛植在造景方面的作用

（1）作为对景和景物的屏障　这种手法常用于园林绿地入口或主要道路的分道、弯道尽端的处理。

杭州花港观鱼公园的主要入口内正对主路有一组雪松组成的树丛，如图 5-117 所示，它一方面是入园后的一个对景，同时也起障景作用，使游人不至于一入园就一览无余地看到园内的景色，且使游人很自然地顺两边的分道入园游览。用作这种处理的树种要选用生长势强、枝叶繁茂、体形美观的树，树丛的高度必须超过游人的视线高度。

上海长风公园的主要入口运用垂柳和龙柏组成的树丛作障景来分隔空间，如图 5-118 所示，其特点是前面有比较开朗的草地，而且树丛偏于西北一面，形成入口内部空间的主景，又不会使人感到空间过于闭塞。由于树丛的位置偏于一侧，游人便会很自然地向东转入环路游览。树丛前的草地一方面为入口内广场人流的集散提供了补充面积的条件，另一方面由树丛和草地组成适度开阔的空间，有助于渲染公园开朗、明快的气氛。

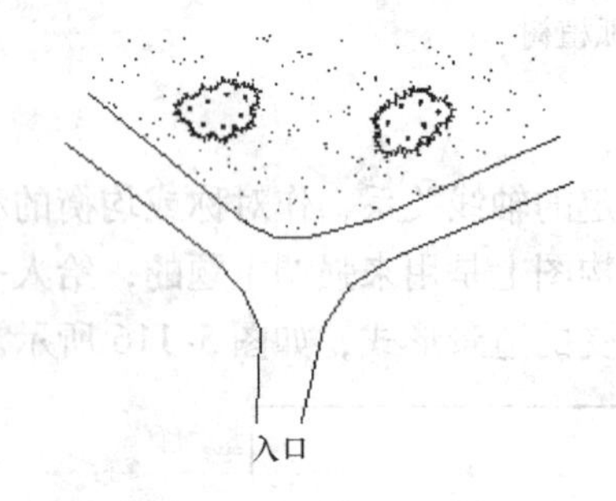

图 5-117　花港观鱼公园主要入口

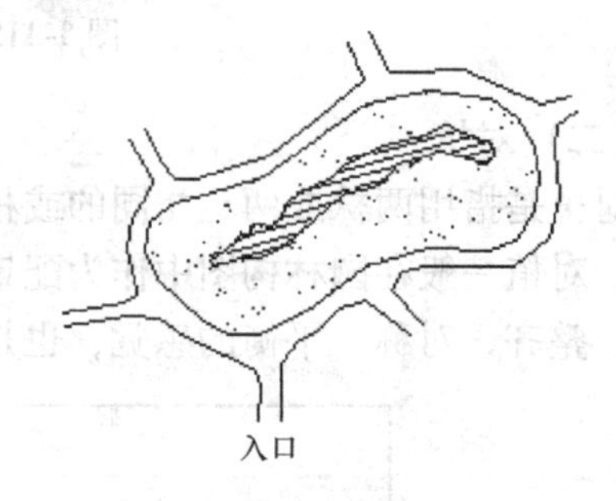

图 5-118　上海长风公园的主要入口

（2）作为大型公共建筑物的配景和局部空间的主景　例如人民大会堂周围布置有油松、元宝枫、玉兰、丁香、珍珠梅、早花锦带和各色花草组成的树丛，它使大会堂两面的配景体量相称、朴素大方。园林里的一些局部空间，如草地中央、水际、岛上等视线集中的位置，可利用有突出观赏效果的树丛作为局部构图的主景。

（3）用树丛作景物的背景　为了突出雕像、纪念碑等景物的轮廓，可用树丛作为背景和陪衬。运用树丛作背景时，应注意在色彩和亮度方面与主体景物产生对比，树种一般选择常绿的树种。

（4）利用树丛增加空间的层次和作为夹景及框景　对于比较狭长而空旷的空间，为了增加景深和空间的层次，可利用树丛作适当的分隔，除了整个树丛在位置方面的作用外，树丛内部丰富的层次在增添层次方面也很突出。如果前方有景可观，可将树丛分布在视线两旁，形成一个夹景或框景，如北京颐和园东岸游船码头附近，以桧柏树丛作为框景远眺万寿山的景色，就是为一般摄影爱好者反复研究的镜头。

2. 丛植配置的基本形式

（1）两株配合　两株配合在构图上必须符合多样统一的原理，两株树必须既有调和又有对比，使二者成为对立的统一体。因此，两株配合首先必须有通相，即采用同一树种或外

形十分相似者，才能产生调和，使二者统一起来，但又必须有其殊相，即在姿态和大小上应有差异，才能产生对比，使树丛显得活泼。正如明朝画家龚贤所说："二株一丛，必一俯一仰，一欹一直，一向左一向右……"，"二株一丛，则两面俱宜向外，然中间小枝联络，亦不得相背无情也"。

两株的树丛，其栽植距离应该小于两树冠半径之和，方能成为一个整体，如图 5-119 所示。

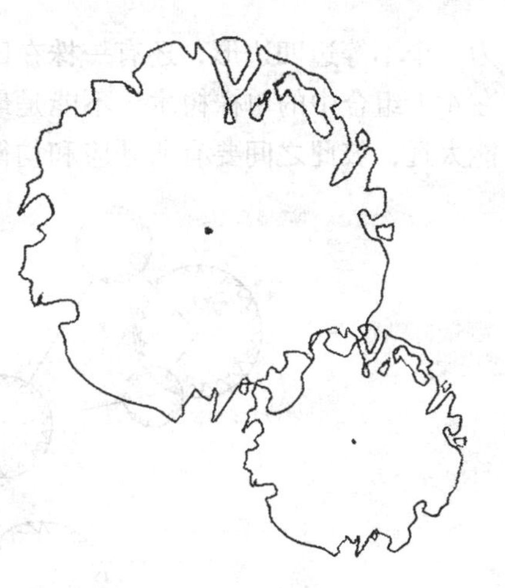

图 5-119 两株配合

（2）三株配合 三株配合最好采用姿态大小有差异的同一种树，如果是两个不同树种，最好同为常绿树，或同为落叶树，或同为乔木，或同为灌木，忌用三个不同树种。三株配植，树木的大小、姿态要有对比和差异，栽植时，三株忌同在一直线上或成等边三角形。三株的距离都不要相等，其中最大的和最小的要靠近一些成为一组，中间大小的远离一些成为一组。若采用两个不同树种，其中大的和中间的为一种，小的为另一种，这样就可以使两个小组既有变化又有统一，如图 5-120 所示。

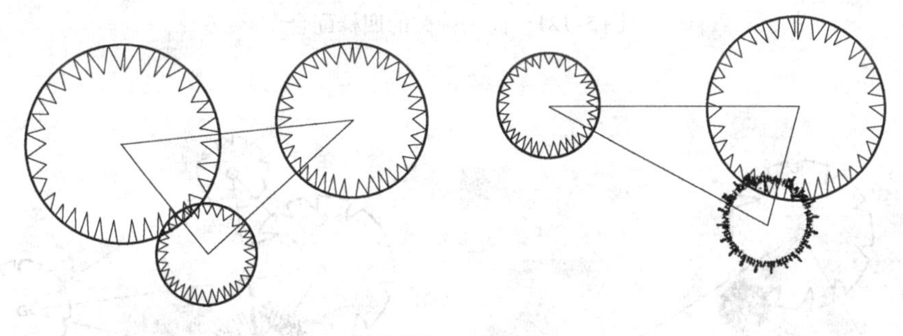

图 5-120 三株配合

（3）四株配合 四株配合仍以采用姿态、大小不同的同树种为好，分为两组，形成 3∶1 的组合，最大株和最小株都不能单独成为一组，其基本平面形式为不等边四边形或不等边三角形两种，忌四株成直线、正方形和成等边三角形，或可进行一大三小、三大一小分组，或进行双双分组，如图 5-121 所示。

四株配合最多只能应用两种不同树种，可一种为三株，另一种为一株，单株的一种最好为 3 号或 2 号，居于三株的一组，在整个构图中又属于另一树种的中央。忌一个树种偏于一侧，如图 5-122 所示。

（4）五株配合 五株配合可以是一个树种或两个树种，分成 3∶2 或 4∶1 两组。五株同为一个树种，可以同为乔木，同为灌木，同为常绿，同为落叶树，每棵树的体形、姿态、动势、大小、栽植距离都要不同，如果按树木的大小分为五号，在 3∶2 组合中，三株的小组应该是 a、b、d 成组，两株为 c、e 成组；或是分为 a、c、d 一组，b、e 一组；或 a、c、e 成组，b、d 成组。主体必须在三株一组中，其中三株小组的组合原则与三株树丛相同，两株小组的组合原则与两株配合相同，二小组必须各有动势，且两组的动势要取得均衡，如图 5-123所示。3∶2 组合在平面布置上，基本可以分为两种方式，一为梅花形，即四株分布为一个不等边四边形，还有一株在四边形中，另一种方式为不等边五边形，五株各占一角。在4∶1组合中的单株树木，不能是最大和最小的，最好为b、c号树种，两小组之间距离不能太远，彼此之间要有所呼应和均衡，如图5-124所示。

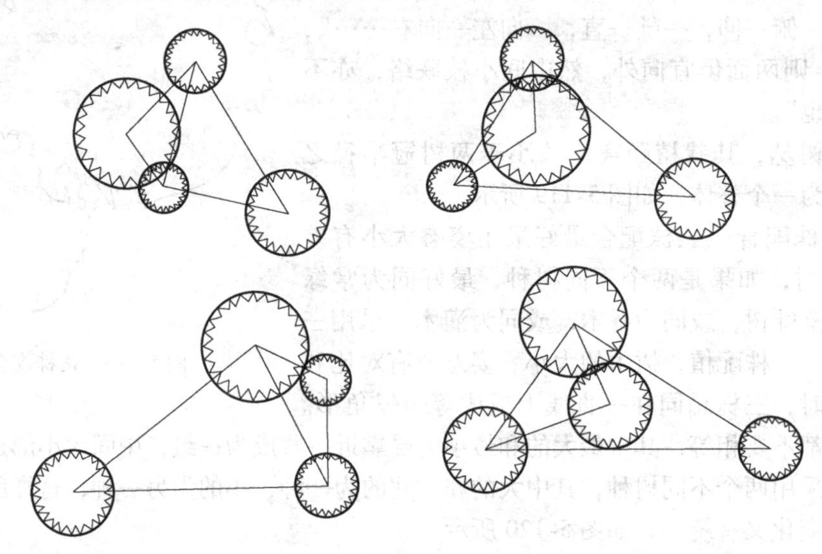

图5-121　同一种树的四株配合

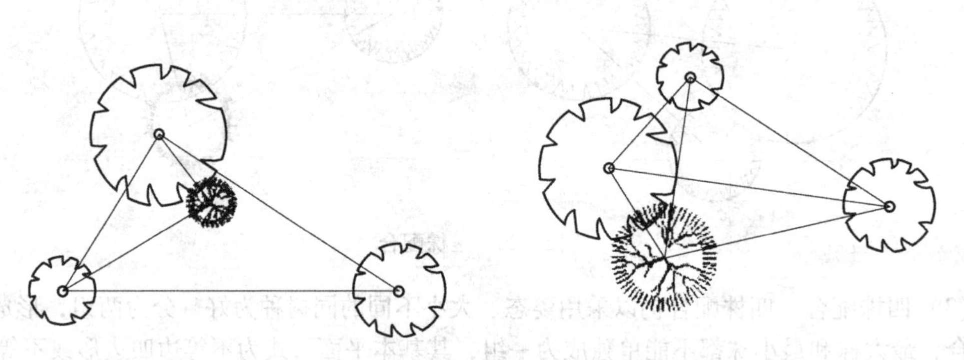

图5-122　两种树的四株配合

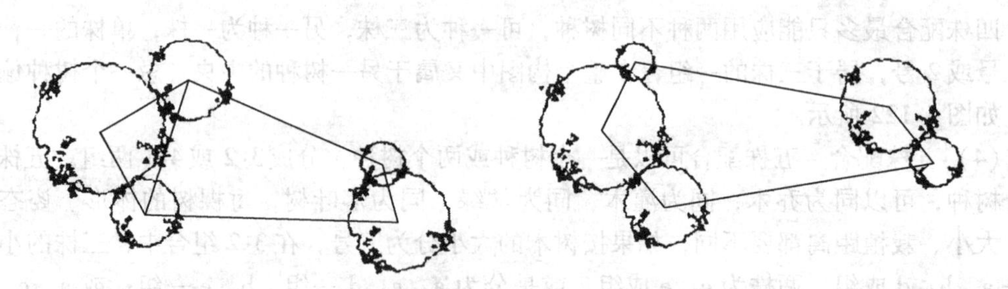

图5-123　五株树的3∶2组合

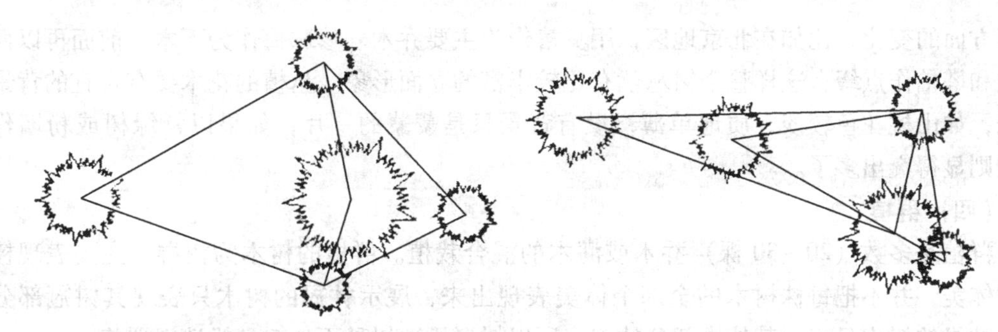

图 5-124　五株树的 4∶1 组合

当五株树丛由两个不同树种组合时，通常三株为一树种，另外两株为另一树种，在 4∶1 组合中，三株的树种应分为两组，不可把两株的分为两组，如果要把两株的树种分为两个组，其中一株应该配置在另一树种的包围之中；在 3∶2 组合中，不能同一树种三株一个组。应该把两种树种分别分在两小组，如图 5-125 所示。

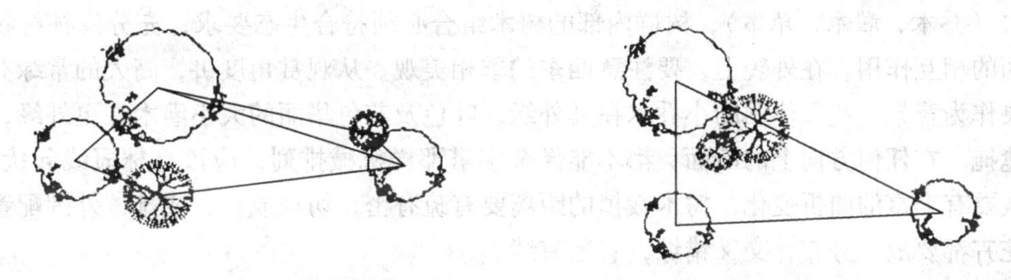

图 5-125　五株树的两个不同树种组合

（5）六株以上配合　树木的配植，株数越多越复杂，但分析起来，孤植和两株丛植是基本。六株以上配合，实质为两株、三株、四株、五株几个基本形式的相互结合，故《芥子园画谱》中有“五株既熟，则千株万株可以类推，交搭巧妙，在此转关”一说。

3. 丛植艺术处理应注意的问题

丛植必须遵照种植设计的一般原则，以当地的自然条件和总的设计意图为依据，用的树种少，但要选得准，充分掌握植株个体的生物学特性及个体之间的相互影响。一方面，树木在形象上的差异不宜过于悬殊，使树木能够组合成统一的整体；另一方面，在树种组合上又要避免千篇一律，使树木在性格和形态方面有所对比，否则会流于呆板。因此要在树木形体和谐中求其高低大小的变化，在色彩的协调中求得丰富的变化，在有统一的质感和空透度中求得质感和疏密的变化。

树丛中应有一个基本树种，在布局上能清楚看出树丛的主体部分、从属部分和搭配部分，后者要与主体部分取得联系和呼应，但又各具一定的独立性，这样才能在主次之间产生对立统一的艺术效果。

树丛可分为单纯树丛和混交树丛，运用比较广泛的是混交树丛，其组成可分为乔木、灌木及草本三层，搭配时一般以常绿树和落叶树混交，乔木与灌木、草木混交，阳性树与阴性树混交。例如华北地区以油松、元宝枫和黄栌组成树丛，树种间可保持相对的稳定。北京人民大会堂以油松、元宝枫、玉兰、丁香、旱花锦带和珍珠梅组成的树丛也很成功。

树丛的植株在位置上要达到均衡，树丛的立面宜有大小、高低、层次、疏密、色彩、亮度等方面的变化，比如在北京地区，用臭椿作为主要乔木、珍珠梅作为下木，前面再以西府海棠和塔柏作点缀，这样整个树丛就有比较丰富的立面形象。丛植的花木要有合宜的背景来衬托，如山桃花色较淡，质地单薄，没有背景只是蒙蒙的一片，如果以常绿树或粉墙作背景，则显得突出多了。

（四）群植

群植是多数（20～30 棵）乔木或灌木的混合栽植。群植的树木为树群，主要表现树木的群体美，并不把每株树木的全部个体美表现出来，展示林冠的树木只表现其树冠部分的美，林缘的树木只表现其外缘部分的美，所以树群挑选树种不如树丛挑选得严格。

1. 树群的分类

树群可分为单纯树群和混交树群两类。

（1）单纯树群　单纯树群由一种树木组成，观赏效果相对稳定，可以应用阴性宿根花卉作为地被植物。

（2）混交树群　混交树群可分为五层（乔木、亚乔木、大灌木、小灌木、地被植物）或三层（乔木、灌木、草本），树群内部的树木组合必须符合生态要求，充分发挥植物有机体之间的相互作用。在外貌上，要注意四季的季相美观。从观赏角度讲，高大的常绿乔木应居中央作为背景，花果艳丽的小乔木在其外缘，叶色及花色华丽的大小灌木在更外缘，避免互相遮掩。在任何方向上的断面，都不能像金字塔那样机械排列，应该是林冠线起伏错落，林缘线要有丰富的曲折变化，树木栽植的距离要有疏有密，切忌成行、成排，外围配置的灌木、花卉都要成丛分布，交叉错综，有断有续。

2. 群植的艺术处理

（1）树群应该布置在有足够距离的开阔场地上　因为树群在园林造景方面的作用与树丛类同，是构图上的主景之一，所以在树群的主要立面的前方，至少留出树群高度的 4 倍、树群宽度的 1.5 倍以上的空地，以便游人欣赏。

（2）树群的内部最好采取郁闭和成层的组合　树群的内部采取郁闭和成层的组合，主要是有利于更好地发挥树群的生态作用，并能形成复群生态景观，但由于复层树群水平郁闭度大，则林内潮湿，不便解决游人入内休息的问题，只有在靠近园路或庇荫广场的一侧，可种植具有开展树冠的乔木，供游人庇荫休息之用。

（3）树群林缘线的纵轴和横轴切忌相等　树群林缘线的纵轴和横轴一般最好不超过 3:1，若大于 4:1 则为带状树群或林带。林带主要用于屏障视线，分隔园林，防尘、防风，作为背景及河流与道路两侧的配景。

（五）林植

树林是大量树木的总体，它是指株数在数十株以上的大面积树木栽植，它不仅树木数量多，面积大，而且具有一定的密度和群落外貌，对周围环境有着明显的影响，包括园林绿地中的防护林和风景林。在园林绿地中，树林是一种最基本、最大量的种植类型，在树种选择和个体搭配方面的艺术要求不是很高，着重反映一种森林意境美。

园林中以造景为主的风景林按其使用功能和疏密度的不同，可分为疏林和密林两类，一般都与草地结合在一起，也可以与广场结合。与草地结合的树林主要是供人活动的，而且游人密度不宜过大，在少数情况下则限制人的活动；与广场结合的树林可供大量游人活动。

1. 疏林

疏林一般是指郁闭度为0.3～0.6的树林，常与草地结合，称为草地疏林。由于林内允许人们活动，多采用单纯的乔木种植，在功能上方便游人进行各种活动，在景观上突出表现单纯简洁和壮阔的风景效果。草地疏林是园林中应用最多的一种形式，也是风景区中吸引游人的地方，不论是鸟语花香的春天，浓荫蔽日的夏天，或是晴空万里的秋天，游人总是喜欢在林间草地上进行休息、游戏、看书、摄影、野餐和赏景等活动，即使在白雪皑皑的严冬，草地疏林内仍然别具风味。疏林应选用树冠高大、呈伞状展开又具有独特观赏价值和庇荫效果的树种，树木的叶面较小，树荫疏朗，生长健壮，花和叶的色彩要丰富，树干美观，树枝线条要曲折多致，常绿树与落叶树的搭配要合适。树木种植要三五成群、疏密相间、有断有续、错落有致，务必使构图生动活泼。林下的禾本科草类应含水量少，组织坚韧、耐踩踏，如在北方可选高羊茅、草地早熟禾、黑麦草等，在南方可选狗牙根、结缕草等。

2. 密林

凡是郁闭度在0.7～1.0的单纯或混交树林，都称为密林。密林的林地区不允许游人入内，游人只能在林地内的园路与广场上活动，道路占林区的5%～10%。密林可分为单纯密林和混交密林两类。

（1）单纯密林　单纯密林是由一个树种组成的密林。它没有垂直郁闭景观和丰富的季节相变化，为了弥补这一缺点，单纯密林的种植在株行距要有自然疏密的变化，可采用异龄树木，或利用起伏变化的地形，形成林冠的变化。林区外缘线还可以配置同一树种的树群、树丛和孤植树，以增强林缘线的曲折变化。单纯密林下应该配置花色艳丽的阴性或半阴性多年生草本花卉及开花繁荣的低矮耐阴灌木。单纯配置一种草花或花灌木，给人以壮阔简洁的艺术感染，具有雄伟豪迈的气魄。为了提高林下景观的艺术效果，单纯密林的水平郁闭度不能太高，最好在0.7～0.8之间，以利于林下地被植物的正常生长和增强林下光照度。

（2）混交密林　混交密林是一个郁闭的、具有多层结构的植物群落，即大乔木、大灌木、小灌木、高草和低草各自根据其生态要求和彼此相互依存的条件，形成不同的层次，所以季相变化比较丰富。在混交密林与开阔草地相邻的边缘，或与辽阔水面邻接的边缘，或密林内部环抱而成的林中空旷草地的林缘，在游人至少可以在密林高度的三倍以上的距离去欣赏的场合下，垂直成层的景观应十分突出，不宜全部采用多层郁闭的景观，要有一部分不郁闭的双层结构，使游人的视线可透入林中，欣赏幽深的自然美。为了使游人深入林地，密林内部可以有自然园路通过，但沿路两旁垂直郁闭密度不可太大，为了引人入胜，常在道路两侧，配置开花艳丽的自然式灌木林带或自然式花带，使主干道成为优美的林荫花径。对于密林种植，大面积的可采用片状混交，小面积的多采用点状混交，同时要注意常绿与落叶、乔木与灌木的配合比例。全部林地的郁闭度，应该有疏有密，在混交中应该分出主调、基调和配调来。

（六）篱植

篱植是规则式种植中常用的一种形式，是由灌木或小乔木以相等的株行距、单行或双行排列成行，密集生长的规则绿带。

1. 绿篱的园林功能和作用

（1）防范及围护　防范是绿篱在园林中最普遍的功能作用。一般的工厂、机关、学校、医院及各类园林绿地都可以运用绿篱作为防范的边界。园林中的观赏草地及规则式观赏种植

区常用绿篱加以围护，不让游人入内和任意穿行。这种植物组成的防范性周界，造价经济，富于生气，艺术效果也好。

（2）屏障视线，分隔空间　规则式园林常常应用较高的绿篱来屏障视线，或分隔不同功能的园林空间；自然式园林中的局部规则式园林空间，可以用绿篱包围起来，使两种不同风格的园林布局原本强烈的对比得到缓和；对于面积有限而需要安排多种活动的用地，都可以用绿篱隔离，屏障视线，隔绝噪声，减少相互的干扰。

（3）作为背景或装饰　绿篱常作为花坛、花境、雕塑、喷泉及装饰小品的背景。比如在西方古典园林中，常将欧洲紫杉及月桂树等常绿树修剪成为各种形式的绿篱，作为喷泉和雕像的背景，其高度要与喷泉及雕塑的高度相称，色彩以选用暗绿色树种为宜。绿篱也常作为规则式园林的区划和装饰图案的线条。

（4）屏障隐蔽　绿篱作为绿色屏障，可隐蔽不美观的构筑物及脏乱差的地段。

2. 绿篱的类型

（1）根据绿篱的高度划分　根据绿篱的高度可分为矮篱、中篱和高篱。

1）矮篱。矮篱是高度在30～50cm的绿篱，多用于花境的镶边、花坛和观赏草地的图案花纹。

2）中篱。中篱是高度在70～120cm的绿篱，主要用于观赏草地、规则式观赏种植区的围护以及建筑的基础种植。

3）高篱。高篱是高度在160～200cm的绿篱，也称为绿篱或树墙，一般用于园林绿地的防范，屏障视线，分隔园林空间和作为喷泉、雕塑等的背景。

（2）根据功能要求与观赏要求划分　根据功能要求与观赏要求的不同，绿篱可以分为常绿篱、落叶篱、花篱、彩叶篱、观果篱、刺篱、蔓篱及编篱等八种类型。

（3）根据整形、修剪与否划分　根据整形、修剪与否，绿篱还可以分为整形绿篱与自然绿篱两类。

1）整形绿篱。把绿篱修剪为具有几何形体时称为整形绿篱，多用于规则式园林中。

2）自然绿篱。自然绿篱是指不按几何体整形、修剪的绿篱，或称为不整形绿篱，多用于自然式园林或庭园。为了绿篱下枝不至于枯落并使其生长紧密，促使其下部分枝加多而进行的生理修剪，还是必要的。

3. 绿篱园林艺术处理

（1）绿篱树种的选择　作为绿篱用的树种，一般要求萌蘖性、再生力强，易发生不定芽，分枝多，耐修剪，叶小而密，花小而繁，果小而多，生长速度不宜过快，移植容易，能大量繁殖。绿篱树种的具体选择要根据使用目的来确定，整形绿篱一般选用生长缓慢、分枝点低、结构紧密、不需要大量修剪或耐修剪的常绿灌木和乔木，如黄杨类、侧柏、桧柏、龙柏、女贞类、桃叶珊瑚、欧洲紫杉、海桐、小蜡等；不整形绿篱可选用体积大、枝叶浓密、分枝点低、开花繁丽的灌木，如木槿、构骨、枸桔、黄刺玫、珍珠梅、溲疏、花椒、栀子、扶桑、小檗、太平花、玫瑰等。

（2）绿篱艺术处理　作为装饰性的绿篱，一般应用于花坛、草坪、道路分车带中，要求设计成规则式的图案类型，选择色彩变化、低矮的植物种类，并常与其他园林植物搭配造景；作为空间划分目的的绿篱，一般根据园林空间围合程度的不同，可选择中篱和高篱，一般以枝叶浓密的常绿树种为主，布局在花园的四周、道路的两旁等；作为背

景的绿篱，可根据主景的体量选择绿篱的形式，一般以高篱为主，与主景有鲜明的色彩对比，多修剪成规则式。如图5-126所示为西安世界园艺博览会中的欧洲园林区中，以高篱为背景的雕塑。

图5-126　作背景的绿篱

（七）列植

列植即行列式栽植，是指乔、灌木按一定的株行距成排成行地种植。列植形式形成的景观比较整齐、单纯、宏伟。列植艺术处理中应注意以下问题：

1）列植多用于规则式园林造景设计中，如用在道路、广场、办公楼前等。

2）列植宜选用树冠、体形比较整齐的树种，如水杉、雪松、香樟等。

五、园林攀缘植物的配置艺术

1. 攀缘植物的景观配置形式

根据园林造景的需要及攀附构筑物的不同，攀缘植物的配置形式有多种。

（1）附壁式　附壁式即攀缘植物种植于墙垣或建筑物墙壁附近，沿着墙壁攀附生长，营造垂直绿化景观的形式。这种形式在城市绿化中的应用量最大，能够有效地提高城市绿视率，如图5-127所示。

（2）廊架式　廊架式即利用廊架作为攀缘植物的依附物，采用与廊架结合造景的形式，如图5-128所示。

（3）篱垣式　篱垣式即利用栅栏、篱架、矮墙垣等作为攀援植物攀援依附的造景形式，如图5-129所示。

（4）立柱式　立柱式即攀援植物依附于园林中的柱状建筑或构筑物的一种垂直绿化形式，如图5-130所示。

（5）垂挂式　垂挂式即在建筑物高处种植攀援植物，使植物枝蔓垂挂下来的一种造景形式，如图5-131所示。

图 5-127　附壁式

图 5-128　廊架式

图 5-129　篱垣式

图 5-130　立柱式

图 5-131　垂挂式

2. 攀援植物的园林造景艺术处理

攀援植物在园林中主要用于进行垂直绿化，本身一般不能作为主景来应用，常与其他建筑物和构筑物结合起来进行园林构景。在其配景中，应全面考虑以下两方面的问题：

（1）满足造景功能和目的的要求　在园林中进行景观配置时一定要分清是哪一类景观配置形式，达到何种造景目的，在此基础上，依据造景艺术手法，进行配置组合。

（2）选择合适的攀缘植物　选择植物种类的依据主要有两个，其一是造景的形式和环境，其二是植物的生物学、生态学特性。比如附壁式配置形式，就要选择爬山虎、凌霄等有吸盘、依附性强，铺盖度高的植物，如果是阴面则可考虑耐阴的常春藤等；如果是廊架式，则要选择缠绕攀援能力强，枝蔓较粗壮，遮阴效果好的，最好能观花、结果的植物，如常见的紫藤、葡萄、猕猴桃、木香、藤本月季等；如果是篱垣式，则要选择有一定防范作用，又美观的植物，如蔷薇、藤本月季、云实等有刺且可观花的植物；如果为立柱式，可选择美国地锦、凌霄、络石等；如果为垂挂式，则可选择迎春、素馨、紫藤、雀梅藤等。

六、园林草本花卉的配置艺术

草本花卉植物种类繁多、花形多样、色彩鲜艳，是园林造景中经常用作重点装饰和色彩构图的植物材料。

（一）花坛

花坛是在具有一定几何形轮廓的植床内，种植各种不同色彩的观赏植物而构成有华丽纹样或鲜艳色彩的装饰图案，在园林构图中常作为主景或配景。

1. 花坛的类型

（1）根据表现的主题划分　根据表现的主题划分，花坛可分为以下类型：

1）花丛式花坛。花丛式花坛也称为盛花花坛，是以观花草本植物盛开时，群体的华丽色彩为表现主题，故花丛式花坛栽植的花卉必须花期一致，开花繁茂。为了维持花丛式花坛花朵盛开时的华丽效果，该类花坛的花卉必须经常更换，通常多应用球根花卉及一年生花卉，如郁金香、万寿菊、一串红、三色堇。花丛式花坛可以由一种花卉群体组成，也可以由好几种花卉的群体组成。花丛花坛的表现可以是平面的，也可以是中央高、四周低的锥状体或球面。

2）模纹式花坛。模纹式花坛是以各种不同色彩的观叶植物或花叶兼美观的植物组成的，以华丽复杂的图案纹样为表现主题的花坛。模纹式花坛有的修剪得十分平整，整个花坛好像是一块华丽的地毯；有的纹样模拟由绸带编成的绳结式样；有的装饰纹样一部分凸出表面，另一部分凹陷，好似浮雕一般。模纹式花坛最常用的植物为各种不同色彩的五色苋，低矮的观叶植物，或花期较长、花朵又小又密的低矮观花植物，以及常绿小灌木、彩叶小灌木，如小叶黄杨、金叶女贞、红叶小檗等。模纹式花坛因为内部纹样繁复华丽，所以植床的外形轮廓应该比较简单。模纹式花坛的图案完全是装饰性的。

3）标题式花坛。标题式花坛在形式上与模纹式花坛是没有多大区别的，它是通过一定的艺术形象来表达一定的思想主题，有时由文字组成表示庆祝节日、大规模展览会的名称或园林绿地的命名；有时用具有一定含义的图徽或绘画，或用名人的肖像作为花坛的题材；有时用具有一定象征意义的图案组成标题式花坛。

4）装饰小品花坛。装饰小品花坛具有一定的实用目的，或作为园林绿地的装饰物，以提高园林绿地的观赏艺术效果。像时钟花坛和常在独立花坛中央用粘湿土壤与植物塑成的各种装饰小品（亭、动物、花瓶、花篮等）所组成的花坛为装饰小品花坛。

5）立体花坛。立体花坛是呈立体状的花坛。它是以竹木或钢架作为骨架，以花材作为装饰，根据园林造景需要建造的一类花坛。在现代园林，特别是在城市道路、广场中，这类花坛应用得越来越多。

（2）根据园林风景构图划分　根据园林风景构图划分，花坛可以分为以下类型：

1）独立花坛。独立花坛作为园林局部构图的主体，可以是花丛式的、模纹式的、标题式的或装饰小品花坛，通常布置在建筑广场的中央、公园的入口广场上、林荫道交叉口以及大型公共建筑的正前方。独立花坛的外形平面轮廓不外乎三角形、正方形、长方形、菱形、梯形、五边形、六边形、八边形、半圆形、圆形、椭圆形，以及其他的单面对称或多面对称的花式图案形，其长轴和短轴的差异不能大于1:3。独立花坛的面积不宜太大，游人不得入内，可设置在平地或斜坡上。

2）花坛群。由两个以上的个体花坛，组成一个不能分割的构图整体时，称为花坛群。花坛群的构图中心可以是独立花坛，也可以是水池、喷泉、雕像或纪念碑等。花坛群内、花坛与花坛之间，通常为草坪或铺装场地，大规模的铺装花坛群内部还可以放置坐椅、附设花架，供游人休息。

3）花坛组群。由几个花坛群组合成一个不可分割的构图整体时，称为花坛组群。花坛组群通常布置在大型建筑广场上、大型的公共建筑前方或是大规模的规则式园林中，其构图中心常常是大型的喷泉、水池、雕塑或纪念性建筑物。由于花坛组群规模巨大，除重点部分采用花丛式或模纹式花坛外，其他多采用花缘镶边的草坪或由常绿灌木矮篱组成的图案来装饰。

4）带状花坛。凡宽度在1m以上，长短轴比超过4:1的长形花坛称为带状花坛。带状花坛可作为主景或配景，常设于道路的中央或两旁，以及作为建筑物的基部装饰或草地的边饰物。带状花坛可以是花丛式的、模纹式的或标题式的，通常多采用花丛式花坛。

5）连续花坛群。由多个独立花坛或带状花坛，成直线排列成一行，组成一个有节奏的、不可分割的构图整体，称为连续花坛群，通常布置在道路和游憩林荫路，以及纵长广场的长轴线上，有时也可布置在草地上。为连续风景构图，可以用两种或三种不同花坛来交替演进，并常常以水池、喷泉或雕像来强调连续景观的起点、高潮和结尾。在宽阔雄伟的石阶坡道中央，也可以呈平面或斜面布置连续花坛群。

2. 花坛艺术处理要点

（1）作为主景处理　这类花坛和花坛群，其外形必然是对称的，其本身的轴线应该与构图整体的轴线相协调。花坛或花坛群的平面轮廓应该与广场的外形相一致，但可以有细微的变化，使构图显得生动活泼一些，如图5-132所示。

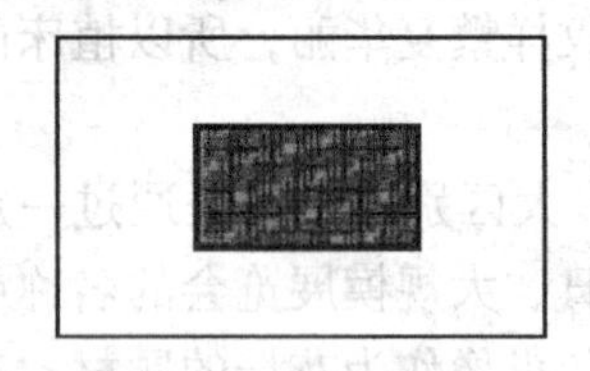
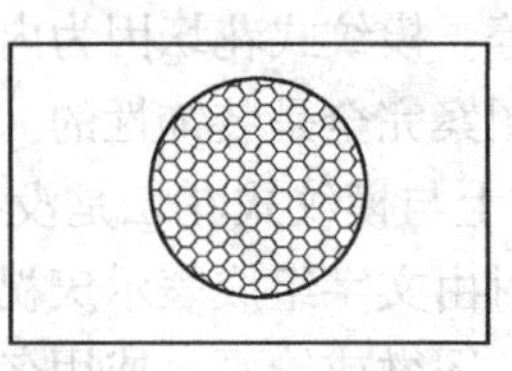
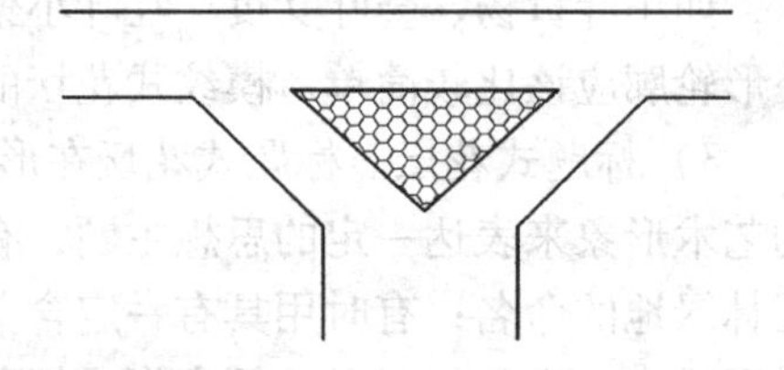

图5-132　花坛轮廓和广场形状相协调

在交通量或人流量很大的情况下，为了满足交通功能上的需要，花坛的外形常与广场不一致。比如三角形或正方形的街道广场常布置圆形的花坛。当花坛直接作为雕塑、喷泉、纪念性构筑物时，花坛只能处于从属地位，其花纹和色彩应恰如其分，避免喧宾夺主。

(2) 作为配景处理　作为配景处理的花坛总是以花坛群的形式出现，通常配置在主景主轴两侧。如果主景是多轴对称的，作为配景的个体花坛，只能配置在对称轴的两侧，其花坛个体本身最好不对称，以突出主景主轴。

(3) 花坛的体量及空间处理　花坛或花坛群与广场的面积比一般为1:15～1:3。华丽的花坛面积可以比简洁花坛的面积小一些，在行人数量大或交通量很大的广场上，花坛面积应更小一些。作为个体花坛，面积不宜过大，否则影响视觉效果，过大则鉴赏不清而且产生变形。所以模纹式花坛直径或短轴长度最好在8～10m，图案十分粗放简单的独立花坛或图案十分简单的花丛式花坛直径或短轴为15～20m。花坛主要是以平面观赏为主，所以植床不能太高，一般高出地面7～10cm，周围用缘石围起，使花坛有一个明显的轮廓，同时也可以防止车辆驶入，并避免因泥土流失而污染道路或广场。缘石高度通常为10～30cm，宽度为10～30cm，缘石对花坛有一定的装饰作用，但只是从属地位，所以其形状应朴素简洁，色彩应与广场铺装材料相互协调。

为了减少模纹式花坛或标题式花坛的图案纹样变形，常将花坛设立在斜面上，或将花坛作为中央隆起的球面。图案的线条也不能太细，五色苋通常为5cm，最细不少于2～3cm，矮黄杨和其他常绿灌木作的图案线条要在10cm以上。花坛的装饰和纹样应与园林或周围建筑的风格取得一致。

(二) 花境

花境是园林中从规则式到自然式构图的过渡形式，其平面轮廓与带状花坛相似，种植床的两边是平等的直线或曲线。花境内植物配置是自然式的，主要表现观赏植物本身所特有的自然美以及观赏植物自然组合的群落美。花境两边的边缘线是平行的，并且最少在一边用常绿木本或草本矮生植物（麦冬科、葱兰、沿阶草、瓜子黄杨等）镶边。花境内以种植多年生宿根花卉和开花灌木为主，常常三五年不加更换，管理比较方便。

花境是连续风景构图，布置花境的场合很多，应用广泛，比如在建筑物或围墙的墙基作基础栽植；在道路沿线的两侧或中央布置观赏花境；在绿篱、挡土墙或花架和绿廊的建筑台基前都可布置花境，以提高园林的风景效果。

依据园林构图，花境可分为单面观赏花境和双面观赏花境。单面观赏花境的植物配置由低到高，形成一个面向道路或广场的斜面；花境远离游人那一边的背后，有建筑物或绿篱作为背景，使游人不能从另一边去欣赏它。双面观赏花境的植物配置是中间最高，向两边逐渐降低，这种花境多设置在道路、广场和草地的中央，花境的两边都可以让游人靠近去欣赏。

花境的种植床一般也应稍高出地面，在有缘石镶边的情况下与花坛相同，没有缘石镶边的，植床外缘与草地或路面相平，中间或内侧应稍高，形成5%～10%的坡度，以利排水。

花境的镶边和背景植物，要修剪成规则的带形，花境内的植物组合由数种以上的植物自然混交而成，在构图中有主调、基调和配调，要有高低参差，色彩上对比与调和相统一，植物的线形、叶形、姿态及枝叶分布上，也要做到多样统一的组合，还要照顾到季相变化。

七、园林草坪及地被植物的配置艺术

（一）草坪

草坪是指多年生低矮草本植物在天然形成或人工建植后，经养护管理而形成的相对均匀、平整的草地植被。用于建植草坪的植物则称为草坪植物。由于草坪在园林中的功能有着花卉和树木无法替代的作用，从20世纪80年代开始，在中国的城乡绿化方面得到越来越广泛的应用。

1. 草坪的分类

根据不同的依据，草坪可分为不同的类型，主要有依据草坪的用途和景观功能进行分类、草坪草的生物学特性分类及草坪草组合形式三种分类方法，在草坪的艺术配置中一般三种分类方法要进行综合考虑。

（1）依据草坪的用途和景观功能划分

1）游憩草坪。游憩草坪指供户外游憩的草坪，一般在公园、广场等场所较多应用。

2）观赏草坪。观赏草坪指专供观赏而不能践踏的草坪。在公园及办公楼前等以造景为主的草坪多为此类。

3）运动草坪。运动草坪指专供进行体育运动的草坪，如足球场草坪、高尔夫球场草坪等。

4）护坡草坪。护坡草坪指防止水土流失，保护公路、铁路及其他坡坎的草坪。

（2）依据草坪的生物学特性划分

现有草坪植物都是人们从自然野生状态下的草本植物中经过长期选育而来的。由于各种草坪草的起源不同，自然分布在不同的气候带，从而形成了各自不同的生态适应性及不同的生长发育特征，一般分为以下几种类型：

1）暖季型草坪。暖季型草坪也称为暖地型草坪，是指由暖季型草建植而成的草坪。暖季型草是指在最适应生长温度在26～32℃的草坪草。这类草坪夏季生长旺盛，抗热性强，抗寒性相对较差，绿期较短，适宜在我国南方地区应用，在北方使用则表现为秋、冬季枯黄，绿期短，在秦岭以北一般只有180天左右的绿期。常用的有暖季型草狗牙根、结缕草、野牛草、地毯草、钝叶草、马蹄金等。这类草坪的限制因子是低温，而不同的品种抗低温能力差异较大，比如结缕草草坪，抗寒性相对较强，在青岛被广泛应用，而马蹄金草坪一般要求不低于-8℃，才能安全越冬，因此只能在秦岭以南应用。

2）冷季型草坪。冷季型草坪也称为冷地型草坪，是指冷季型草建植的草坪。冷季型草是指最适生长温度在15～24℃的草坪草。这类草坪春秋生长旺盛，抗寒性较强，抗热性较差，绿期较长，适宜在北方使用，在南方使用则表现为抗热性较差，病虫害较严重，有“夏枯”现象发生。由于这类草绿期较长（一般绿期在280天以上，抗热品种在秦岭以南表现为四季常绿），深受人们喜爱，近十几年发展很快。常见的冷季型草有草地早熟禾、黑麦草、高羊茅、紫羊茅、剪股颖、大羊胡子草、小羊胡子草等。

（3）根据草坪植物的组成划分

1）单纯草坪。单纯草坪指由一种草坪植物组成的草坪。暖季型草坪一般多为单纯型

草坪。

2）混合草坪。混合草坪指由两种或两种以上的草坪植物组成的草坪。冷季型草坪多建植成混合草坪。

3）缀花草坪。缀花草坪指以草坪植物为主，混有少量草本花卉的草坪，从而形成一种自然、野趣的景观。

2. 草坪植物配置的基本形式

（1）规则式草坪　规则式草坪指地形平坦，且外形为整齐的几何形状的草坪，一般运动场草坪或观赏性草坪均属于这类草坪。

（2）自然式草坪　自然式草坪指地形有起伏变化，外形轮廓曲直自然，表现出自然美的草坪。一般自然风景区、自然式或混合式园林中的游憩草坪多为此类。

（二）地被植物

虽然草坪在园林中的用量很大，但由于草坪对养护管理的要求较高，极大地增加了园林养护管理的费用，近年来，在城市绿化中利用多年生地被植物替代草坪进行覆地绿化的方式已经开始流行。与草坪相比，地被植物养护简单、病虫害少、抗旱性强、寿命长，大多数地被植物还能开出美丽的花朵。常见的地被植物有鸢尾、麦冬、三叶草等。

总之，景观植物的种类繁多，景观配置的形式复杂多样，在进行景观配置时，应因地制宜地灵活应用。

★ 实例分析

石家庄市友谊公园植物景观配置分析。

1. 设计区及周边环境基本状况

石家庄市友谊公园位于石家庄市区友谊北大街东侧，北临新华西路，东临原石太铁路路基，周围是机关、医院、学校及居住区。公园地形呈三角形，面积为2.4hm^2，园内地势较平坦。

2. 公园性质和功能

依据周边人群状况，该公园规划设计为综合性公园，主要功能是为周边群众提供一个休息、娱乐、健身、游览的清新环境。

3. 植物景观配置分析

根据公园的性质和功能，结合公园的形状和地形，整个公园设计成自然式。根据周边学校、机关及居住区的人员分析，依据休息娱乐的要求，为了突出公园特色，设计者匠心独具地选择了竹子作为全园的基调植物，主要体现竹文化的内涵，突出万竿挺翠、秀枝万千的特色，使公园中的每一处景区都能见到竹子的身影，不但以竹统一了全园的景色，而且完美地表达了园林主题和意境，并在地处北方的石家庄独树一帜。在大量种植竹子外，为了体现生物的多样性，形成各景区的差异性和景观的多样性，在不同的景区配置不同的植物组合，如在大门区，水景后栽植常绿高大乔木作为水景的背景，同时与其后的片植落叶林共同构成障景，以分隔空间、组织游览；在植物景观区东面周边栽种竹子、雪松及各类花灌木，西部建植草坪，营造出疏林草地的景观效果，整个区域达到了乔木、灌木、草高低错落、疏密相间，异彩纷呈，使人乐而忘返。在儿童活动区，利用绿篱植物设计出植物迷宫，在园中园区设计温室，引种南方树种、花卉，在整个公园周边广植竹子和常绿树种，以达到隔离的效果，使整个园林的植物配置很好地服务于公园功能，也富有特色，如图5-133所示。

园林设施

编号	名称	编号	名称
1	出入口	7	亭
2	管理室	8	温室
3	茶社	9	水榭、亭廊
4	竹墙	10	厕所
5	喷淋戏水池	11	存车处
6	群雕	12	花竹墙

北

比例尺

0 10 30m

图 5-133　石家庄市友谊公园植物景观配置图

★ 实训

一、实训题目

园林植物配置设计。

二、实训目的

通过园林植物配置设计实训，了解园林植物在园林中的造景作用和功能，掌握不同园林植物的景观用途，熟悉植物的配置艺术手法，学会不同类型植物的景观应用方法。

三、实训区的选择要求

结合当地市政园林工程建设、单位绿地工程建设，或指定某区域作为实训区域，要求区域面积≥$0.5hm^2$。

四、资料提供

1）设计区域 1∶200 的地形图。

2）设计区域的周边环境资料。

五、成果要求

1）1∶200 ~1∶100 的植物景观配置设计平面图。

2）植物景观配置设计说明书。

3）如果有花坛设计，应完成花坛大样图。

六、评分标准

满分为 100 分，其中，植物景观配置设计平面图及花坛大样图占 50 分，分析报告占 50 分。

小　结

任何园林景观都是由各类园林造景要素及其合理组合而构成的，也就是说园林规划设计及园林艺术的应用实际上是对各类园林要素在园林设计区的合理选择和安排。本单元的内容是按照园林构成的要素，分项目安排知识的学习，主要是使学生掌握各种园林要素的园林作用及造景应用技巧和方法。

地形是园林的骨架，一切园林景观要素都要在地形的基础上建造，才能发挥其作用，因此地形艺术布局和改造是园林总体设计最先要考虑的，它也直接决定了园林其他要素的布局表现形式，中国园林地形设计和布局的原则是因地制宜。

水体在园林中居于特殊的地位，世界三大园林体系都很重视水的运用，中国园林更是山水不分家。大自然中的湖泊、溪流、瀑布、泉均可浓缩到园林中，水的流动性和可塑性又使其在现代园林中被发挥到极致，但无论如何，水景的布局和设计都要与园林的性质和形式相统一，与园林的环境相协调。自然式园林中水景以湖泊、溪流、瀑布、涌泉、自然水池为主，而规则式园林中的水景则多为规则式水池、喷泉等。

园路、园桥是园林的脉络，是引导游览、组织景观的必然要求，园林中的路和桥与普通的路桥最大的区别在于其本身构成了园林景观，所以园路、园桥的布局和设计既要满足组织交通的功能，做到回环、网状系统布局，又要通过铺装、色彩、造型来突出其观赏功能。

园林建筑和园林小品在现代园林中所占的面积和比例虽小，但其作用很大，通过其点缀，园林会更为生动。其在园林中的艺术处理需要结合园林的性质、造景的需要进行合理地选择。

以植物造景为主是世界园林发展的共识和趋势。植物种类的复杂性在给造景带来无穷创造空间的同时，也决定了其造景的复杂性。必须掌握不同园林植物造景的基本类型及配置规律，根据园林的性质和风格，依据园林植物的生物学、生态学特性及植物的观赏性进行合理搭配，创造出优美而富有变化的园林空间。

综上所述，不同的园林构成要素有着各异的造景功能和作用，在园林中没有一种要素是孤立存在的，在实际的园林设计实践中只有全盘考虑，合理安排，互相协调配置，才能创造出可游、可居、可憩、可赏的高水平园林作品。

园林艺术欣赏

［知识目标］

了解和掌握园林艺术欣赏的各种方法，通过选择最佳的观景时间、观景路线、观景点，充分展开想象，从不同角度及宏观和微观等方面来欣赏园林，掌握园林艺术的品鉴方法。

［能力目标］

一方面通过园林艺术欣赏和品鉴的方法，吸收前人优秀的设计手法和设计理念，进一步提高学生的园林艺术水平；另一方面通过对园林作品的欣赏，深层次地理解园林艺术的理论，体会和借鉴园林规划设计实践中正确合理地运用园林艺术理论，并了解各类要素在园林景观中的作用。

项目一　园林艺术欣赏的方法

园林欣赏需要具有艺术鉴赏能力和正确的审美观。欣赏园林艺术，则必须对园林艺术具有一定的修养，需要对美学、文学、历史、建筑和观赏植物等知识都要有所涉猎。文化与艺术是相通的，知识越广博、越深厚，生活内容也会越精彩、越丰富，才能提高自身的审美能力。

同时，还要注意审美经验的积累，当万般美景扑入眼前时，健康的感情会自然而然地抒发出来，并获得赏园的乐趣。

一、园林艺术欣赏的意义及作用

通俗地说，园林艺术欣赏就是游园，是一种观赏、领略园林美景的艺术活动；从本质上讲，园林艺术欣赏是一种审美认识活动，它是人们与园林发生联系的桥梁，也是检验园林社会效果的重要途径。然而，在游园过程中，很多游人走马观花，仅停留在对景物的表象认识上，不了解造园家当时的社会背景、历史文化、思想感情，体会不到园林艺术的精妙所在，实属遗憾之至。所以，在赏园的过程中，欣赏者根据自己的生活经验、思想感情，运用联想、想象去扩充、丰富园林作品描绘的园林景象，开拓园林意境，强化园林美感，使园林艺

术欣赏达到理想的境地。因此，园林艺术欣赏的意义及作用在于使观赏者以积极进取的精神，主动发现隐藏在景物形象深处的美，在欣赏美的基础上，进行感悟，使其美感得到进一步升华。

二、园林艺术欣赏的多样性与综合性

同一景色，不同的人感受不一。欣赏者的职业、年龄、性别、文化水平、社会经历和兴趣爱好的不同，对植物、水体、山石、建筑小品等园林要素的色调、形状的喜好也都不同。园林中的一溪一石、一花一木、一壑一瀑均是经过精心布置，以满足游人多样性的欣赏要求。

园林艺术的综合性有两方面含义，即园林艺术既是一门综合性科学，它综合了植物学、生态学、建筑学、土木工程学、心理学等许多学科的有关理论，采用多种方法进行“协同作战”；更是一门综合性艺术，尤其是中国优秀的古典园林艺术，着意追求诗的意蕴、画的境界，与文学、绘画、宗教和哲学等有着密切的关系。

随着人们审美认识的发展，现代科技的进步，园林的综合性也要得到相应发展，以适应园林艺术发展的时代需要。园林艺术作为一种综合性的艺术，应该吸收多种艺术形式，应用现代科技成果和手段，来增强园林艺术本身的表现力和魅力。

三、园林艺术的欣赏方法

游人在游园的过程中，通过对园林景物外部轮廓的欣赏来引起真实、真切的感受。例如，唐代诗人王维在《终南山》里写道：“太乙近天都，连山接海隅。白云回望合，青霭入看无。分野中峰变，阴晴众壑殊。欲投人处宿，隔水问樵夫。”他是从高、远、平、近、俯、仰几个角度和方位观察终南山山景，最终捕捉到变化多端的景观效果。北宋文学家苏轼的《题西林寺壁》中用短短数句，写尽庐山的雄伟奇秀：“横看成岭侧成峰，远近高低各不同。不识庐山真面目，只缘身在此山中。”由此可见，任何一种景物都离不开具体的空间和时间，不同的观赏方式会产生不同的景观效果。

终南山、庐山等均是自然景色之美，而园林则是造园艺术的创作，是自然的再现。游观园林景色，要抓住园林艺术的特征，要借鉴画家的眼睛、诗人的心灵来加深观景的感受。下面就介绍一些园林艺术的欣赏方法：

（一）选择最佳观景时间

园林景观可随着时节而变化，显示出独特的时空变化魅力，因此在欣赏园林景观时，要选择最佳观景时间。

1. 景观的日变化

一日之中，时间、天气的变化，会使景观产生种种微妙的景象，营造出“朝餐晨曦，夕枕烟霞”的意境。例如杭州西湖十景中的南屏晚钟，欣赏的最佳时间是在夜阑人静的时候，从远处传来低沉而又清脆的钟声，可领略古刹钟声的意境。又如苏州留园中的佳晴喜雨快雪之亭，更是通过天气变化，随境生情，突出了乐观的人生态度。

2. 景观的季候变化

季候不同，景物的美感也不同，正如北宋郭熙在《林泉高致》中描述的：“春山淡冶而如笑，夏山苍翠而如滴，秋山明净而如妆，冬山惨淡而如睡”，季节变化之美在园林艺术中

被有意识地突出、强化。再如西湖十景中的“平湖秋月”，每当仲秋季节，天高云淡，空明如镜，水月交辉，水天宛然一体，濒临欣赏，犹如置身琼楼玉宇的广寒宫中。

（二）选择最佳观景路线

中国园林一般都划分很多景区，设置若干景点，布置许多景物，然后利用园路将其联结起来，构成一座布局严谨、景象鲜明、富有节奏和韵律的园林空间。游人如能沿着这条园路游览，就可以左盼右顾，有条理地饱览全园景色。然而当游人初踏进一座名园时，往往会因为景物优美丰富而目不暇接，一时不知如何游览，这时应辨清最佳的游览路线。

游园时，游人可根据各自的游览目的和游览方式，选择最佳的游览路线。中国古典园林幽静典雅，每处景致均不相同，每条园路也有不同的功能分工。初进园林景点，如果时间充足，最好沿着主干道从序幕到高潮一景一景地乘兴品赏，步步入胜，若要寻找雅趣，则可循小径，曲径通幽，意趣超然。

如果有水上游览路线，则为最佳选择。水上游览不仅能领略到水光波影的情趣，而且由于视点较低，方位和距离瞬息即变，画面运动比在陆上游览更加强烈，容易使游人感情起伏，特别是水上环境给人的辽阔、舒展而又亲近的感觉，是陆上游览难以领略到的。此时水岸如果林竹相映，水中游鱼相逐，那情景就更令人心旷神怡了。

现今各地园林大都印有导游图，有的还配有导游、解说员，可以帮助游人了解园林的观赏价值和游览路线。

（三）选择最佳观景点

游园赏景不同于赏画，一幅画只有一个透视角度，画面上的每一个景物都是固定不变的，而园林则是一幅立体的图画，要全面领略它的俊美和意境，最佳观景点的选择极为关键。

视点、视距、视角三个因素是任何一个观景点都包含的，其中任何一个因素的改变，都会引起景物外部轮廓的变换，从而呈现出新的景观。例如扬州瘦西湖中的吹台（钓鱼台）就是造园时已经安排好的一个最佳观景点，它把五亭桥、白塔组织到一起，构成一个绮丽的画面。除造园时安排好的观景点之外，更多的观景点则需游览者自己去选择，也就是“寻景”，只有在最佳观景点上赏景、取舍，才会获得最佳的景物画面。

（四）选择不同角度观景

园林艺术欣赏对不同的空间有不同的要求。“横看成岭侧成峰，远近高低各不同”，景观从不同的角度、不同的距离去欣赏，会得到不一样的景致。比如赏山，山的美，美在山色，欣赏山色，必须从远处看；山的奇，奇在山容，观赏山容，必须从不同角度看；而置身山中，就不能领略山色的秀丽，山容的奇异了。游人“不识庐山真面目，只缘身在此山中”。

对于园林中造型各异、形态丰富的景观，在观赏时得按对象的形态特征来选择视角，通常采用下面几种观景方式：

1. 远眺

远眺的方式主要适宜对远借和大型风景园林的艺术观赏。它可以扩大视野，常常能够获得迷离玄妙的景观效果。例如四川乐山大佛，如果贴近佛身，举目仰视，只能见其高，对佛像所形成的壮丽景象，不可能有深切的体会；如果拉开距离，过江眺望，就会见到它那比例匀称、巨大和谐的身躯，端坐在高山峭壁的万绿丛中，显得分外庄严肃穆，令人心旷神怡。

又如拙政园中远眺北寺塔，数公里之外号称江南第一塔的北寺塔赫然在目，为园中景物增色不少。

2. 仰观

仰观的方式适宜对高远景物的艺术观赏。仰观会获得雄伟的景象效果，从诗人李白“飞流直下三千尺，疑是银河落九天”的诗句，可以想象出他翘首仰望的神态。根据近大远小、近高远低的透视规律，翘首仰观会获得雄伟壮观的景象效果。仰观易形成雄伟、庄严、紧张的气氛，在园林中为强调主景形象高大，可以把游人视点安排在离主景高度一倍以内，使人没有后退的余地，借用错觉使景象显得比实际更为高大。例如苏州古典园林中，观赏点与景物之间的距离一般都不大，虽然园林面积有限，但由于假山高度通常都不超过7m，若视距过大，山石就显得低矮，因此，峰石应近看，一般都放在庭园的小空间内，以示其高。

3. 临水平视法

湖泊景观以贴近水面平视为佳，一般不宜俯视，因为所居越高，湖面越小。叶圣陶在游太湖时说：“在沿湖的石上坐下，听湖波拍岸，挺单调，可是有韵律，仿佛觉得这就是所谓静趣。”泛舟湖上也是一种平视法。平视风景都布置在开阔的江河、湖海之滨。在视点处可设亭、廊、榭以供凭栏远眺。远山、天边白云、水天一色、闲闲鸥鸟、风帆远扬、孤村炊烟都会引起可望而不可即的心理感受，这也是渴望远眺的吸引力所在。

4. 环视

环视是以静观为主的观赏方法，类似于电影中的摇镜头，景物随着视线横向移动，一个接一个地徐徐展现在游人的面前。此类观景点的选择，取决于游人各自的欣赏水平和景观分布。当观赏者进入一个由多个景观呈围合状分布的区域时，适时地进行环视，会获得更多的画面美。例如在颐和园，当坐船到昆明湖中心时，环视一圈：北有排云殿、佛香阁建筑群；西有界湖桥、豳风桥，玉带桥、镜桥、练桥、柳桥；南有南湖岛和十七孔桥，隔水与万寿山遥相呼应；东连知春亭、藕香榭。环视之中，获得大范围的景物画而使游人目不暇接。

5. 登高俯瞰

园林空间一般都比较大，其间布置有假山水池、楼台亭阁，登高俯瞰可以“以大观小”，一揽全园景色，获得一个整体的园景形象。沈括在《梦溪笔谈》中说：“大都山水之法，盖以大观小，如人观假山耳。若同真山之法，以下望上，只合见一重山，岂可重重悉见，兼不应见其溪谷间事。”“会当凌绝顶，一览众山小”，过去有登泰山而小天下的说法，就是这种境界。庐山的第一奇观是瀑布，李白登山俯瞰才见到“喷壑数十里”，“隐若白虹起”的奇景。不同的角度，不同的意境，各有千秋。

每座园林里都有几个视线开敞的观景点，楼台和山岭常被作为登高俯瞰的观景点，供游人登临俯瞰和眺望。

6. 移步换景

移步换景主要是指对园林景物的连续性欣赏，以动观方式按照景观序列一景又一景地欣赏。变换不同的观赏方位，通过不同的透视处理，使园林出现不同的景观效果。观赏方位每改变一次，就会引起景物外部轮廓线的变化，产生新的外部形象。由于观赏者观赏方位、角度、距离的不断改变，景象层出不穷，相对来说，原来静止状态的景物变活了，出现了运动和速度，产生了节奏和韵律，让游人长时间地陶醉在绚丽景色之中。

欣赏和创作应该是一致的，设计师在园林设计中运用连续性布局是常见的手法之一，观赏者只有用移步换景这种方法去游园赏景，才能获得步移景异的效果，才能体会园林艺术的神妙所在。

视角和观赏方法的选择，虽然受观赏对象的制约，但观赏者的审美需要也起着重要作用。例如，欲觅北京香山秋色，非得登上香炉峰顶远眺，才能饱览由蓝天青松所衬托的一片动人的红色。想了解西湖景色的全貌，非得爬上玉皇山顶鸟瞰不可。在这里，视点的选择主要还是按照观赏者的审美目标来确定的。俗语说，“登高望远”，“入洞探微”，要望远则需登高，要探微就应入洞。目的不同，位置的高低远近也就有别。

（五）在欣赏园林艺术过程中充分展开想象力，神入其中

在欣赏园林艺术过程中，仅仅凭各种感官去感受园林美是远远不够的，要用心，用想象去观赏，才能体会园林美的真谛含义。在想象活动中，按照对比、接近、相似等联想规律，产生新的艺术形象。

1. 即景抒情

园中形象鲜明的景物，会使人产生浓郁的主观感受，激起抒发感情的强烈愿望。景生情，情咏景，两者相互作用，不断深化，逐渐向高级阶段发展。范仲淹在观赏岳阳楼后，充分抒发了自己的感情，表达他那“先天下之忧而忧，后天下之乐而乐”的崇高胸怀。游园赏景就是要陶冶这种高尚情操，激发人们对美的向往和追求。

2. 神入其中

游园的最大享受是情景交融。园林中的景物是传递和交流思想感情的媒介，一切景语皆情语。情以物兴，情以物迁，只有将感情注入其中，运用联想和想象，才能使园林空间由物质空间升华为感觉空间。随着景物的不断变换，感情波澜的跌宕起伏，为观赏者留下一个自由想象、回味无穷的广阔天地。

3. 联想

景观的美来自生活和艺术中的情趣，而直观与联想总是紧密地联系在一起。游园也是这样，园林景物有诱发联想的功能，由此让人们观赏景物和抒发情怀紧密地联系在一起，达到情景交融。

园林艺术是景象语言，造园家把自然美具有的一些特征，经过艺术概括和提炼，再现于园林里，使游人一进园林便置身于瑰丽景色之中，并根据各自的生活经验和观赏能力，展开丰富的联想和想象，把看到的景物与自己所熟识的某个事物联系起来，从而透过景物外部形象，发现其内涵，受到感染。例如扬州个园中的冬山，白色的宣石象征皑皑白雪，除两株古树外，无其他树木、花草。游人在此地徘徊，通过眼前情景展开联想，想到腊月寒冬，朔风劲吹、大地萧瑟与寒冽的情景，则寂寞、孤独的感觉油然而生。借助园林中许多匾额楹联上即景抒情的文字，更能对这种联想起到启迪作用。

游园若是匆匆来去，连景物的外部形象都没有看清楚，何以涌出联翩的想象呢？此外，游园时不同的心境状况会产生不同的景物感受，影响观赏效果。对于同一景物，当观赏者心境与景物的意境不相一致的时候，则会产生感情上的强烈对比；若能把思想情感与所见景物的意境结合起来，则会收到弦外之音的乐趣。

有人说，想象和联想是心灵的翅膀。这句话也可以借用到园林欣赏上来。只有在园林欣赏的过程中充分展开想象与联想，才能使心灵自由自在地获得深远的审美效应。

（六）从宏观和微观两方面欣赏

1. 宏观

园林景观欣赏需从大处着眼，对园林总体布局进行欣赏，即从景物的平面布置来欣赏园林的艺术形象和风格特征，欣赏造园家独具匠心的组景构图和各种造园手法的巧妙运用，纵横观览，领略它的整体美。

例如南京瞻园是在一个狭长地段上造园，延长的水面像一条脉络把整个园林空间贯连起来，构成一个完整的艺术形象，又配合环境形成不同的景观。水体源在北，终在南，先是涧谷，构成水源，水面小有聚散，出现层次；而后向南伸延，水面骤然开阔，形成湖池，构成园中水景主体；再向前去，水面又收缩成溪，湖水枯溪曲折南“流”，到“净妙堂”前出现泉瀑，达到高潮，成为视线焦点。景观处理颇具自然之理，自然之趣。苏州拙政园水系弯转，一派江南水乡景色；狮子林叠石成景，尽是林泉山野景趣。无锡寄畅园是依山造园，因水成趣，别具借景之妙；蠡园则是依水建园，湖山一揽，天光云影徘徊。

2. 微观

园林景观欣赏也需从局部、细部入手，品赏景物的细枝末节，最终让视线在大范围内结束。

所谓远看取其势，近看取其质。细细品赏一花、一草、一树、一石、一瀑，只有俯首近取才行。郦道元《水经注·清水》道：“绿水平潭，千丈见底，清洁澄深，俯视游鱼，类若乘空矣”。柳宗元《小石潭记》也说：“潭中鱼可百许头，皆若空游无所依。日光下澈，影布石上，佁然不动，俶尔远逝，往来翕忽，似与游者相乐。”湖光倒影，观鱼游跃，都为凭栏静赏的俯视美景。

观景时也要充分发挥听觉、嗅觉、触觉等多种感知器官的作用。以声显静是园林造景的一种重要手法。风声、雨声、水声、鸟鸣、蝉噪都可被用来造景，都能把游人引入意境。雨打芭蕉，松竹寒风，松涛阵阵，泉流清涧，柳浪闻莺，会引人遐思，也会叫人心旷神怡。

游人游园时要控制节奏，园林的主景和主景区是佳景荟萃之处，它们以具有典型性的局部来表现整个园林的风景特征，应格外注意欣赏。

园林景观需要宏观与微观相结合来欣赏。对于景象画面，要在不断变换中品赏，像电影镜头一样，全景、中景、近景、特写，甚至大全景、大特写、有层次地欣赏景观的特征和风格，含英咀华。大处观景得其势，细部品赏得其意趣。丰富的意趣常蕴藏在景象的局部、细部，因而这局部、细部的欣赏不能忽略，否则有遗珠之憾！

四、园林艺术的品鉴

园林艺术之美是在造园者的创造、管理者的维护与发展、游赏者的鉴赏共同作用下，才得以体现其美学价值和审美意义的。园林艺术品鉴的主体包括造园者、管理者、游赏者。有一定鉴赏能力的游赏者通过品味、鉴赏，使园林艺术产生出完善综合的生态效应，其妙处是可以启发灵感，使人的思维活动处于最佳状态，可以消除疲劳，健身养神，有利于工作、学习与身体健康。

（一）品鉴的过程

园林审美活动是园林美创造活动的组成部分。园林审美意境的整体生成，包括审美客体与审美主体两方面，游赏者对园林美的感受、思索，直至升华为主体审美意识，才实现了园

林美的价值。园林艺术品鉴的过程一般包括三个阶段：

1. 观

人们对艺术的欣赏，总是从对艺术品的直观感受开始的，园林艺术欣赏也是如此。“观”主要表现为欣赏主体对园林中感性存在的整体直观把握，这一阶段，园景起着决定性的作用。园林是一种视觉艺术，欣赏园林主要靠人们的视觉参与，但园林艺术又不单是一种视觉艺术，它还涉及听觉、嗅觉等感官，如园林中的“鸟语花香”就要依靠听觉和嗅觉；苏州拙政园的“听雨轩”，就是借“雨打芭蕉”而产生的声响效果来渲染雨景气氛的；现代园林中的音乐喷泉则是将音乐艺术同化为造园艺术，也需要视觉和听觉。

就“观”的方式而言，有动观、静观之分，如在较大面积的园林中，游人置身于其中，或由园路引导，移步换景，或遇亭台楼阁，驻足观赏，使动观与静观达到完美的结合。

对于游人而言，园林艺术欣赏中的“观”之要求，基本上都能达到，园林艺术的审美欣赏如要进一步深化，则必须进入园林欣赏的第二阶段——“品”。

2. 品

品是欣赏者根据自己的生活经验、文化素养、思想感情等，运用联想、移情、思维等心理活动，去扩充、丰富园林景象，领略、开拓园林意境的一个过程；是欣赏者在愉悦感官的基础上通过联想、想象等手段，展开思维活动，与客体发生共鸣，产生情景交融的境界。

观赏品评风景园林，往往会因欣赏者本身的审美经验、生活阅历、文化素养、思想感情的不同而间接地影响欣赏效果，因而，美的感受就会产生差异。园林艺术欣赏中的这种差异，除了体现欣赏者的审美经验与能力外，也必然反映出他的审美趣味是否高尚，他的审美理想是否先进。

在“品”的过程中，联想作为最常见的心理活动，具有生成新形象的功能，可以极大地丰富园林景观的美感意义。想象力也极为重要，中国古典园林以富有诗情画意而著称于世，这就要求欣赏者具有诗人一样的想象力。因此可以说，欣赏者具有的想象力越丰富，获得的审美意象越深刻，艺术享受也就越崇高。

“品”使园林景观的意境更加生动、深刻，使园林美感更加丰富，欣赏者的欣赏境界大都止于此。对园林艺术要进行更深入的哲学思考，则要转入园林艺术欣赏的第三个阶段——“悟”。

3. 悟

观和品是感知的，是想象、是体验、是欣赏者神游于园林景象中而达到“天人合一”的境地。“悟”则是理解、思索，是欣赏者从梦境般的园林中醒悟过来，而沉入其中的一种回味、一种探求，是在想象、回味、体验的基础上进行深层次的思考，以获得对园林意义理性的把握。

中国园林小中见大，它把外界大自然的景色引到游赏者面前，从小空间进到大空间，突破有限，通向无限，使游人触景生情、有感而发，产生富有哲理的感受和领悟，引导游赏者达到园林艺术的最高境界。

剖析园林欣赏的过程，将其分为观、品、悟三个阶段，然而在具体的欣赏活动中，三者的区别不明显，有时甚至是边观边品边悟，相互渗透，三者合一。对于园林景观，人们只有多游多览，多进行欣赏、品味、感悟，才能把握其游赏过程中的规律，获得更多的艺术享受。

（二）园林艺术的品鉴方法

园林艺术品鉴的方法是多种类、多层次的，艺术是在园林美欣赏的基础上进行的。园林艺术的鉴赏过程是从以游赏为主的感性认识阶段上升到以品鉴为主的理性认识阶段，品鉴活动是游赏者对游园感受的分析、比较与结合并得出结论。通过品鉴活动可以比较各类不同风格园林的审美形式、审美内容、审美方法、审美意义，从而交流审美经验，提高鉴赏者的审美能力，促进园林艺术的发展。

品鉴可采用专业队伍的鉴赏与群众性鉴赏两种方式。其中，鉴赏专业队伍人员的组成要经过严格的筛选，要选择那些热爱园林事业，具有实事求是精神，有一定科学文化知识、园林艺术素养及园林审美经验的人员。

园林艺术品鉴的方法主要有以下几种：

1. 比较分析

联系古今中外各类不同风格的园林进行横向和纵向的比较，从而触类旁通，在比较中进行鉴别，得出结论。有比较才有鉴别，通过比较，可以使人们对风景园林的美得到更深切的认识和更准确地把握。例如“桂林山水甲天下”，这“甲”，就是经比较而得出的结论。评价桂林山水美，一是将其与丑的山水相比较，一是与别的美丽的山水相比较。没有这种比较的思维活动，也就不会感知到“桂林山水甲天下”。

2. 多层次、多角度品评

对某一园林及园林现象、景观进行观察的时候，不能凭单一的、片面的印象，或者是简单地、孤立地从一个方面去看待它，而必须从园林的各个方面，如园林的整体效果、主题形式、意境、园容、组景章法、环境质量、创新、园林艺术的处理手段、服务设施等方面去欣赏园林、品味园林，才能作出较为客观、正确的结论。

3. 遵循客观实际

由于不同时代、不同民族、不同个性的欣赏者会因思想感情上的差别，而对艺术作品产生不同的感受和理解，对于园林的评价就极有可能在现实中产生差异，对于园林艺术作品的评价就会褒贬不一。因此，品鉴园林艺术时要尽可能地客观，要在尊重社会实践的基础上以实事求是的态度去品评。

项目二　园林艺术欣赏实例分析及体验

一、中国古典园林

（一）皇家园林——颐和园

颐和园位于北京市西北郊，是我国目前保存最为完整、规模最大的一处古典园林。颐和园是清代的皇家花园和行宫，前身为清漪园，是三山五园中最后兴建的一座园林，始建于清乾隆十五年（1750 年），乾隆二十九年（1764 年）建成，历时十五年，耗费白银 448 万两。咸丰十年（1860 年），英法联军入侵，清漪园遭焚毁。光绪十二年（1886 年），慈禧动用海军军费重修颐和园，于光绪十四年（1888 年），取“颐养冲和”之意，改名颐和园。新中国建立后，颐和园多次重修，为全国重点文物保护单位。

颐和园堪称中国造园艺术集大成之作，作为中国现存最完整、规模最大的皇家园林，既

突出了皇家园林的气势宏大、富丽堂皇，又蕴含了江南园林的清雅秀美，还兼有各民族的艺术特色，令人叹为观止。

颐和园主要由万寿山和昆明湖组成，占地面积约300.8hm^2，有各种建筑3000余间。万寿山为燕山支脉，因乾隆为其母贺60大寿而得名，虽高不足60m，但山势雄浑。昆明湖面积约为220hm^2，水面约占总面积的3/4，取汉武帝在长安开凿昆明池操练水军的典故而得名。

从整体上看，颐和园全园可以分为宫廷区、前山景区、前湖景区和后山后湖景区四个部分。

1. 宫廷区

宫廷区位于万寿山东南侧的平地上，由相对独立的若干殿堂院落组成，紧邻东宫门，这里襟山带湖，是水陆游览路线的枢纽，也是沿湖一带观赏湖山景色的最佳部位之一。

（1）外朝　外朝由广场和若干庭院构成东西向中轴线上的空间序列，帝、后驻园期间在此临朝听政。东宫门外广场东端的牌楼是这组建筑群的起点，又具有引景的作用。牌楼正面题额“涵虚”影射水，背面题额“罨秀”暗指山。

建筑群沿东西向的轴线依次安排为五个空间层次，建筑物高度逐层增加，到正殿仁寿殿前的庭院达到高潮。正殿仁寿殿是“外朝”的主体建筑物，它的尺度和体量在外朝建筑中是最大的，是皇帝处理朝政和接见外国使节的地方。

仁寿殿以西，玉澜堂以东的地段用土岗和叠石、花木代替一般的墙垣，使空间既分隔又通透，不失园林特色，由封闭的建筑空间绕过土岗的障隔，景象豁然开朗，一派湖光山色呈现眼前，这是“欲放先收”的对比造景手法的典型运用。

（2）内寝　内寝位于万寿山东南部，昆明湖北岸，主要由玉澜堂、宜芸馆、乐寿堂三组院落组成，其间有德和园及杨仁风两处游乐区。

从仁寿殿向西北，即可来到光绪皇帝的寝宫玉澜堂。玉澜堂院中以假山为主景，分东、西两组。院西有“夕佳楼”，登楼可眺望西山和湖景，立面高出周围平房之上，打破沿湖建筑形象的平板单调，突出轮廓线的起伏感。

从玉澜门到宜芸馆各殿均有走廊相通，进入正殿宜芸馆，可见东配殿“道存斋”、西配殿“近西轩”。宜芸馆是光绪皇后隆裕居住之处，院内石刻及殿内陈设均十分珍贵。

宜芸馆继续向东，就可来到德和园。德和园为看戏场所，园门、大戏楼、颐乐殿、后照殿、后垂花门等建筑物依次布置在南北轴线上。园中的大戏楼是中国目前保存最完整、建筑规模最大的古戏楼。

从德和园向西，便是慈禧的寝宫乐寿堂。乐寿堂是一座大型四合院建筑，也是颐和园内内寝的主体建筑，靠南特置一块名为“青芝岫”的奇石，很自然地成为前殿穿堂门内的照壁，靠北为铜兽、铜缸等宫廷小品，院内植有玉兰、牡丹、海棠等名贵花木，整个庭院开朗、典雅而又有浓郁的生活氛围。

出乐寿堂向西北，可进入乐寿堂的西跨院，即杨仁风，它是帝后生活区的一个附属小园林，小园依繁体“風”字建造，风格极为独特。

帝后生活区的三个院落，乐寿堂最大，玉澜堂次之，宜芸馆最小，是以建筑的规模来显示太后、帝、后之尊卑。

2. 前山景区

前山景区主要指万寿山的南坡，山中央建有一组建筑群，排云殿、佛香阁、智慧海位于前山的中央部位，构成前山的一条南北中轴线；西侧的宝云阁和清华轩，东侧的转轮藏和介寿堂分别构成东、西两条次轴线。这一大组建筑群构成全园的中心景区，如图 6-1 所示。

图 6-1　颐和园万寿山前山

排云殿是颐和园最富丽堂皇的建筑，慈禧曾把此殿作为自己的寝宫，“排云”二字出自晋朝郭璞的诗句：“神仙排云出，但见金银台。”慈禧有把自己比作神仙之意。后来慈禧把寝宫移到乐寿堂，排云殿则成为慈禧每年做寿时接受大臣朝贺的地方。排云殿面阔五间，进深三间，两侧有紫云、云锦、玉华、芳辉四座配殿，全部以黄琉璃瓦盖顶，远看金光灿灿一片。

由排云殿向上可至佛香阁。佛香阁是颐和园的中心建筑，高 41m，八角三层四重檐，体量宏大，气势雄伟，始建于乾隆十五年（1750 年）。佛香阁不仅最大限度地发挥其点景的作用，也充分利用它居高临下视野开阔的观景条件，成为观赏湖景和园外借景的绝好场所。登上佛香阁远眺，玉泉山、西山、昆明湖美景尽入眼底，美不胜收。佛香阁在全园景物中发挥着核心作用，游人行至海淀区就可看见，从园外到园内，从堤岸到湖心，从东、南、西三个方向，不同观景点，都可以看到佛香阁，但却有“远近高低各不同”的观景效果。

由佛香阁向上，可到达万寿山山顶，山顶处建有一组宗教建筑，名曰“智慧海”，其名出自《无量寿经》：“如来深广智慧海”。智慧海为两层重檐歇山顶建筑，其结构全部用砖石纵横相间发券砌成，故又称为“无梁殿”。大殿四周的外墙全部用黄、绿两色琉璃瓦铺成，且嵌有 1110 尊琉璃佛像，极富特色。铜亭位于佛香阁西侧，又名“宝云阁”，是一座通体用铜铸造的建筑。亭高 7.55m，重达 207 吨，重檐歇山顶，四面菱花隔扇，造型极为精美，其铸造工艺水平之高，体积之大，实属世间罕见。

万寿山前沿昆明湖北岸，有一条长为 728m 的长廊，长廊贯通于前山山麓临湖的平坦地带，北依万寿山，南临昆明湖，东起邀月门，西至石丈亭，是中国园林中最长的廊。为避免

长廊过长过直的单调感，在平面上运用直中有曲的变化，将万寿山前山各景点自然地连接起来，在立面上以排云殿前的排云门为中心，两侧对称建有留佳、寄澜、秋水、清遥四座八角重檐攒尖亭，作为漫长的横向延伸线上的重点装饰。长廊中的彩绘非常精美，西湖风景、人物故事、花鸟鱼虫等彩画达1.4万余幅。沿长廊漫步，内可观精美彩绘，外可赏湖光山色，真可谓美不胜收。

3. 前湖景区

前湖景区指位于万寿山之南的昆明湖的大片湖面。

（1）昆明湖景区　昆明湖原名瓮山泊，乾隆时期，将瓮山泊仿杭州西湖加大扩展，并据汉武帝挖昆明池练水军的典故而改为今名。昆明湖以西堤为界，划分为里湖、外湖，面积达220hm^2。湖水浩渺，堤桥多姿，山岛耸峙，其中南湖岛、藻鉴堂、治镜阁三座岛屿象征着传说中的蓬莱、方丈、瀛洲三座仙山，刚好坐落在长堤划分的三块湖面中心位置，彼此遥相呼应，这种“一水三山”的造园布局寄托着封建帝王祈求长生不老的幻想。

南湖岛东西宽120m，南北宽105m，接近圆形，象征满月，岛上建有龙王庙、鉴远堂、月波楼等建筑，均寓意此岛为月宫仙境。岛中的主体建筑为岛北假山上的涵虚堂，这里曾是清代帝后们赏月和观看水师表演的地方。南湖岛位于昆明湖之中，与对岸的佛香阁起对景作用；藻鉴堂岛位于昆明湖的南半部湖中，藻鉴堂意为选拔人才之堂，为岛上的中心建筑，1860年被英法联军所毁；治镜阁岛位于昆明湖的北半部湖中，是个圆形小岛。治镜阁为重十字形楼阁，建于圆形城堡之上，四方观景一览无余，现仍存城堡。南湖岛、藻鉴堂岛、治镜阁岛，这三个大岛虽比作仙山，但对楼阁堂馆的命名仍不能脱离人间政治色彩，治镜阁意为明察政治之阁。

昆明湖西北靠岸边有一座石舫，名清晏舫，取“河清海晏”之意。石舫长36m，由巨大青石雕砌而成，舱楼为欧式，木结构，但油漆为大理石的颜色，看似浑然一体，是园中唯一具有欧洲风格的建筑，如图6-2所示。

图6-2　清晏舫

（2）东堤景区　昆明湖东岸由大石砌成，即东堤。东堤上主要有十七孔桥、廓如亭、

铜牛、文昌阁、知春亭等。

从南湖岛向东堤走，必经十七孔桥。十七孔桥，桥长为150m，宽为8m，由17个孔券组成，全部用汉白玉砌成，状若飞虹，卧于廓如亭与南湖岛之间。长桥仿照北京卢沟桥，栏杆上雕有544只形态各异的石狮，皆生动可爱，是非常出色的雕刻作品。

在十七孔桥的东端，有一亭，名为廓如亭，取意于圆明园和玉泉山的“廓然大公”。乾隆年间建此亭时，亭北湖水烟波浩渺，东南千顷稻田，登亭远眺，寥廓无际，故名廓如。廓如亭规模宏大，是中国现存同类建筑中规模最大的一座，内外一共用了三圈42根柱子支撑，规模几乎相当于一座楼阁，与同样超长的十七孔桥的组合极为和谐。

从廓如亭向北，有一著名铜牛，牛身下是一个由青石雕成的有海浪纹的须弥座。湖岸铸铜牛，出自夏禹治水铸铁牛镇水患。昆明湖东堤狭长单调，在与十七孔桥相交处，湖岸形成弧度，堤面展宽。在这里，建有高大的廓如亭作为点景，岸边仍嫌空旷，需要安置园林小品来点缀，便在此安置这个奇特的园林小品——铜牛，一来点缀风景，二来镇服水患，颇具匠心。

沿东堤北行，有一城关式建筑，即文昌阁。文昌阁在湖东岸，横跨环湖路，令游人有“过关”之感觉。文昌阁上，建了一座十字形的二层楼阁，四角又配建了一层的角阁，楼阁造型纤丽，既是东堤上的主要景物，又可供游人登楼观景。

沿文昌阁向西，可见昆明湖滨有一小岛，小岛遍植桃柳，岛上一亭名为知春亭。该亭取“见柳而知春”之意而命名。此亭为前湖景区最佳观景点之一，立于该亭举目纵览，浩瀚的昆明湖，壮丽的万寿山，挺秀的玉泉山宝塔及西山群峰等，均历历在目；近景、中景、远景层次分明，犹如一幅绝妙的山水画，令人心旷神怡；若于知春亭作270°环视，则合成长达2000多米的天然风景画卷——“台榭参差金碧里，烟霞舒卷画图中”。

（3）西堤景区　西堤是仿照杭州西湖苏堤春晓景观修建，并仿苏堤建有六桥，桥上置亭，既为造景，又供休息。西堤六桥由南往北依次是：柳桥、练桥、镜桥、玉带桥、豳风桥和界湖桥。

柳桥为西堤最南端的桥，因河柳而得名，同时取意于杜甫“柳桥晴有絮”的诗句。练桥之“练”，是形容水的，由玉泉山来的水流经练桥入昆明湖，桥下水流如漂白的布帛，古人称“帛”为“练”，故名练桥。镜桥则是李白诗“两水夹明镜，双桥落彩虹”的境界。豳风桥的“豳风”二字出自《诗经》中的《豳风·七月》，描绘的是西周时期豳地（今陕西省彬县一带）百姓农耕蚕桑的劳动场景，以此为桥命名，表明帝王对于农业生产的重视。细看柳桥、练桥、镜桥、豳风桥的桥与亭，一桥一式，互不雷同。桥洞有单孔、三孔；桥拱有圆拱、瓣拱、方拱；桥亭有八角、四方、长方；亭顶有攒尖、歇山、卷棚各式，表现出设计者的智慧和技巧。玉带桥是六桥中最负盛名的，它是颐和园内最高的桥，桥体洁白，桥身瘦高，桥面宛如玉带，拱形倒影落入湖中。玉带桥不仅装饰效果最佳，而且是西堤六桥中唯一具有实用功能的桥，高大的拱形桥洞便于舟船通过。界湖桥位于西堤最北端的前湖与后湖的转折处，为昆明湖的进水口。

4. 后山后湖景区

后山后湖景区指万寿山的北坡以及山脚与北宫墙之间所夹得一条后溪河，现称后湖。后山后湖景区约为全园面积的1/10。区域虽小，却是一个清幽邃静的园林境界。这一带山水紧密相连，空间狭长幽远，与前山、前湖的开敞辽阔形成鲜明的对比。后山的中轴线南自山顶下，北至北宫门。在这条轴线上建有具有宗教功能和政治色彩的香岩宗印之阁（又名后大庙）和含世俗情趣的买卖街。这条中轴线与横贯东西的后湖和中御路两条游览线都垂直相交，并把后山后湖景区分成东西两部分，安排多处风景点，显示后山后湖诱人的感染力。

后山的中部是一组佛教建筑群，是乾隆年间仿照西藏桑鸢寺而建。建筑群中心为主殿——香岩宗印之阁，周围分布着四大部洲、八小部洲、日月台和“四智”喇嘛塔。整组建筑融集汉、藏两地风格，庄重宏伟，气势非凡，规模仅次于万寿山前山建筑群。附近一座多宝琉璃塔，高为16m，八面七层，塔身采用七色琉璃瓦镶嵌，通体流光溢彩，极为悦目。后湖是环绕后山的一段弯曲水面，即“苏州河”。后湖中段两岸建有买卖街，店铺模仿苏州水街式样，故买卖街被称为“苏州街”。帝后来游时，太监、宫女们扮成商人、顾客，有买有卖，热闹非凡，只为使帝后享受一下逛街的乐趣。

后山东麓建有谐趣园、景福阁等园林景观。谐趣园仿照无锡寄畅园而建，园虽小但玲珑精致，颇具有江南园林的灵秀之气。园内以水池为中心，春亭、霁清轩、涵远堂、瞩新楼等厅、堂、楼、榭环绕池边，其间通过婉转曲折的游廊相连，布局错落有致，环境幽美、清净。景福阁位于万寿山东部山顶上，坐北朝南，前后各五间，登阁可俯瞰园内景色。慈禧非常喜欢这个地方，经常和太监宫女们在此打牌消遣。

这四个景区的空间各有特色：宫廷区以平地建筑院落为主，规整严谨；前山区以平缓的山坡和大型楼阁、殿堂取胜，巍峨华丽；前湖区以大片水面和长堤、岛屿、桥梁为主，疏朗澄明；后山后湖区以曲溪、山崖和体量较小的寺院、小园林以及各种零散的厅、堂、亭、榭为主，展现的是蜿蜒深远的意境。同时四个部分又有机地串联为和谐的整体，共同以山水、楼台和花木演绎出一组无比优美的风景名胜。古代园林的造园手法在颐和园中基本都有体现，借景、对景、抑景、隔景等造园手法运用之实例举不胜举。总之，颐和园不愧为中国古典园林集大成之作。

（二）私家园林——网师园

网师园是苏州园林中极具艺术特色和文化价值的代表作品，地处苏州古城东南隅带城桥路阔家头巷11号，是苏州著名的私家园林。全园面积仅0.54hm^2，建筑约占园地面积的1/3网师园的面积是狮子林的一半，留园的1/4，拙政园的1/8，然而它精致雅丽、闲逸空灵，宛如苏州的深闺淑女，端庄大方，柔婉多姿，才情与品貌卓绝，风度与骨气奇高，小巧玲珑，清秀典雅，以幽深曲折见长，是中国江南中小型古典园林的代表作品，为全国重点文物保护单位。园林专家陈从周将网师园誉为“苏州园林之小园极则，在全国的园林中，亦居上选，是‘以少胜多’的典范。”1980年，以网师园内殿春簃为蓝本仿建了明轩分翠美国纽约大都会艺术博物馆，从此，网师园更加蜚声海外。

网师园的造园历史可追溯至800多年前。南宋淳熙初年（1174年），吏部侍郎史正志于此建万卷堂，名其花圃为“渔隐”，隐居于此。清乾隆年间，光禄寺少卿宋宗元在万卷堂故址营造别业，作奉母养亲之所，因花园坐落于王思巷，宋氏取其谐音，托“渔隐”之意，名为“网师小筑”。其后网师园数易其主，几经改建，曾易名为瞿园、蘧园、苏邻小筑、逸园等，几经沧桑变更，至清乾隆年间（公元1765年前后），定名为“网师园”，并形成现状的布局。至1940年，文物鉴赏家何亚农购得此园，进行了全面整修，悉从旧规，复“网师”旧名。1950年，何氏后人将网师园献给人民政府。1958年，网师园经过再次整修后对游人开放。

网师园总体格局上，东部是住宅，西部是园中之园，中部是园林主体，主要的山水景色都集中于此，是游览欣赏的主要区域。

1. 东部住宅区

东部住宅区，建筑布列整齐，照壁、大门、轿厅、大厅和花厅的三进厅堂，都颇具气势。住宅为一落三进的长廊型建筑，自大门至轿厅、万卷堂、撷秀楼，沿中轴线依次展开，是苏州现存园林中最为完整的住宅与园林合二为一的典范。

网师园坐北朝南，门前东西设巷门，三面围以高大照壁。正门为两扇对开黑漆大门，下设两尺五寸高门槛，门槛可以拆卸，有坐轿的客人登门，则卸去门槛，让轿子入门。大门额枋上有三只圆柱形阀阅，为仕宦门第旌表功绩的柱子，大门两边抱鼓石饰有狮子滚绣球浮雕。网师园门前整体布局堂皇气派，充分体现了仕宦门第的高贵，代表了园主的身份和地位。

门前旧有盘槐四株，今尚存两株，乃苏州仅存之孤例。在古代中国，槐树被视作祥瑞之树，认为槐树有驱拒邪神的功用，故古代显宦人家往往在门前植有槐树。前秦苻坚时，关陇人歌曰："长安大街，夹树杨槐。下走朱轮，上有鸾栖"，故门前植槐也是高贵门第的象征。

大门内第一进为门厅，门厅至轿厅有廊庑相连，廊庑东西为对称的半墙。半墙之上各有一排对称半窗，窗外各有一小天井，两相对称。小天井内各有砖刻一方，东为"锁云"，西为"鉏月"，对仗工稳。"锁云"意为锁天然美景、自然风云于网师园内；"鉏"乃"锄"的异体字，"鉏月"即"锄月"，出自晋人陶渊明《归园田居》中的"带月荷锄归"，表达了闲逸淡泊的归隐主旨。

轿厅额曰"清能早达"，意为清正廉能的官吏早早发达。两代园主宋宗元和李鸿裔，早年均有廉能之美誉，园内悬"清能早达"的匾额十分贴切。轿厅乃旧时停轿之处，非会客之所，东侧现停放精雕细刻的红木轿子一顶，点明了轿厅的功用。

轿厅与大厅之间有一座砖雕门楼，门楼作为大厅的南对景，为清乾隆年间制成，顶部是一座飞角半亭，单檐歇山卷棚顶，戗角起翘，黛色小瓦覆盖，造型轻巧别致，挺拔俊秀，富有灵气，被誉为"江南第一门楼"。门楼砖额"藻耀高翔"，意谓文采绚丽，展翅高飞。此处的"藻"字有双重含义，其字面意为华丽的文辞，其谐音则为"早"字，"早耀高翔"意即早早地光耀门楣，高高地飞黄腾达。此意与门楼上所刻"文王访贤"、"郭子仪拜寿"的故事，以及祥云、蝙蝠、莲藕、钱币等图案的寓意十分吻合。门楼高约6m，雕镂幅面为3.2m，从民间艺术角度欣赏，砖雕门楼雕工之精细，手法之娴熟，表现了吴文化细腻柔美的特色，其平雕、浮雕、镂雕和透空雕等砖雕艺术手法，闪烁着吴地民间工艺的璀璨光芒。

门楼南侧，即轿厅屏门后上方嵌有砖雕家堂，供奉"天地君亲师"五字牌位。旧时教育子弟，此五者依次为人生必须尊崇服从的。整座砖雕门楼，弥漫着浓重的中国古代宗法思想，是园主用以教育子弟，要求家庭其他成员必须遵循家规礼法的体现。

轿厅之后为大厅，名曰"万卷堂"，是会客、宴请及举行婚丧嫁娶等重要仪式的场所。大厅前的天井，东西植有白玉兰两株，与厅后小天井所植金桂，取金玉满堂吉祥之意。大厅为清制，位于住宅正位，面阔五间，三明两暗，正中三间，宽敞明亮，为园主执行礼仪的主厅堂。厅内悬"万卷堂"匾额，大厅内以黑白为主色调，可人雅洁。南面十字穿海棠窗户，花纹重叠，陈设的明式红木家具，线条流畅，富丽端庄。大厅正南板壁上挂有堂对一副，为清时旧制。东西两壁挂有象征春夏秋冬的大理石山水挂屏：春山晴翠（春）、华岳云深

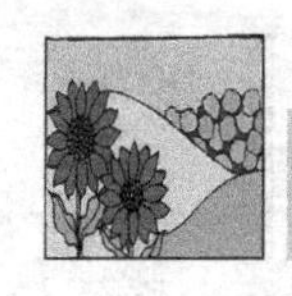

(夏)、白露横江（秋）、寒泉锄月（冬），增添了古雅之气。值得欣赏的是厅中所摆的汉铜鼓，乃岭南古代文物，蕴含着神秘可畏的宗教观念。正屋东侧“避弄”连贯三进，直通后花园，供女眷、仆婢通行，以避男宾与主人；西侧为书塾，廊间刻园记。

万卷堂之后为撷秀楼，面阔五间，附带厢房，楼下为内眷燕集之所，名曰女厅，楼上为园主夫妇居室。撷秀楼上设仿宋砖刻凭栏，登楼俯瞰，满园景色尽收眼底。晚清朴学大师俞樾书额：撷秀楼，即摘采远山秀色之楼。又有跋语：“少眉观察世大兄于园中筑楼，凭槛而望，全园在目，即上方浮屠尖亦若在几案间，晋人所谓千崖竞秀者，俱见于此，因以撷秀名楼”，突出了远借之景。撷秀楼的建筑格局与家具陈设均无万卷堂的宏丽堂皇，显得精雅古朴。庭前对称植两株桂树，秋来满室生香。

撷秀楼后有廊通至后花园，花园内峰石散置，花木扶疏。坐北面南有小室，名曰梯云室，取自唐人张读《宣室志》：唐太和中，周生有道术，能梯云取月之意。梯云室庭院的缺憾在于无水，筑园者则在题额中以“云”意相补。云为雨之兆、水之先，有云何愁无水，正所谓“云青青兮欲雨，水澹澹兮生烟”。园主为了关起窗户依然能看到山水，在南面六扇长窗的裙板上雕刻大量的花卉山水画。室内有清朝刘墉所书“东坡题跋”木刻挂屏，中间一架黄杨木落地罩上透刻鹊梅报喜图，神形具现，雕工极精。落地罩北的六幅裙板画非常华丽，带有比较浓厚的世俗生活趣味。每进住宅都有西侧小便门可入山水园，可以享受“园日涉以成趣”。

从撷秀楼北沿廊至半亭，半亭面东，亭前地上铺五福捧寿图案，寿以松鹤表示，院中以卍字、海棠纹铺地，腊梅、白皮松、黄杨、乌不宿、书带草等花木扶疏，春色满园。

半亭之北有湖石假山，高约3m，远望如一团白色云雾，聚于五峰书屋墙侧。近观内有曲折山洞，盘旋而上，可通五峰书屋楼侧腰门。假山北有百龄白皮松一株，斜出其上，颇具古意。庭东北墙隅，一峰小小湖石，配数竿紫竹，以书带草围成小花坛。半亭之西为五峰书屋，书屋东墙有蜂洞、湖石、假山，人行于曲折假山蹬道，曲折而上五峰书屋书楼，如踏云雾，飘飘欲仙，“上楼僧踏一梯云”的意境油然而生。

2. 中部大园

中部大园在住宅西面，宅、园之间处处相通且界线分明。

中国古典园林十分注重水量的创造，江南园林更是无园不水。有了水的映照，园中山石、花木或建筑景观便有了生气。网师园因为园小，就以集聚水景见长。中部大园的中央是网师园的景观中心——彩霞池，水池面积虽仅400余m^2，但因其高超的理水技巧，反给人以坦荡开阔之感。池周配置假山、建筑、花木，高低错落，进退有致，在水中形成层次分明的倒影。池底凿有深井，犹如泉眼，令池水与地下水相贯通，保持了池水的清澈纯净。池中游鱼成群，水面睡莲飘浮，充满生气。池西北角和东南角延伸有水湾和溪涧，分别架设石板曲桥和小石拱桥，玲珑别致，是江南园林中典型的小桥流水景观。其中位于水池四周东、南、西、北向的四个景点：“射鸭廊”、“濯缨水阁”、“月到风来亭”和“看松读画轩”，分别借清竹、碧水、秋月、寒松为主题，隐喻大自然的四季，创意十分巧妙。

春景射鸭廊在水池的东北角上，这里紧靠着住宅部分。廊西临池，槛外地上散植迎春，当万物尚处于冬眠之际，翠条上密若繁星的金花已打破冬之寂静，预报春之将临。“射鸭”是旧时宫廷仕女的一种游戏，即用藤圈投套池中水禽，在欣赏风景中平添了生活乐趣。廊北

是竹外一枝轩，与廊首尾相连，环地形成一个曲尺转折。轩低平近水，栏前池岸边松梅盘曲，低植拂水，新竹葱翠，建筑玲珑，轩名取自苏东坡《和秦太虚梅花》“江头千树春欲暗，竹外一枝斜更好”诗句。轩前梅树斜倚，将竹枝与春水直接联系了起来，正合诗意。

夏景濯缨水阁位于水池之南，“濯缨”的典故出自古代歌谣“沧浪之水清兮，可以濯吾缨；沧浪之水浊兮，可以濯吾足”。水阁坐南朝北，与东边云岗黄石假山为邻，正好与春景犄角相对，前边临水一面开畅空透。它临水向北有两个好处：一是看景点北向，则所看主要风景皆向阳，山石竹树、建筑亭台在阳光下，其阴影虚实对比变化，格外真切；二是北向可避免阳光直射，室内清凉宜人，水面凉风习习，能激发出游赏者最大的审美感受。

如图6-3所示，秋景月到风来亭位于水池西岸紧贴曲廊，取韩愈“晚色将秋至，长风送月来”之意。清秋时节于亭中欣赏月光波影，翘首仰望天上一轮皓月，俯视地面，银光荡漾，月沉水中。除了天上真月、水中影月之外，造园艺术家还在亭中置了一面大镜子，每当赏月者仰观，俯视之后，偶尔回头一望，会出乎意料地发现镜中还有一个月亮。三轮明月，虚虚实实，交相辉映，置身此中，宛若仙境。

图6-3　月到风来亭

冬景看松读画轩在水池尽北头，其面阔三间，硬山屋顶，东西狭长，形似一叶扁舟。轩东边有廊可通集虚斋和竹外一枝轩，西边一墙之隔便是殿春簃。水池西北隅的一个小水湾上有三曲平桥可通，另一边则是小巧的叠石假山。前面湖石砌的花坛、峰石之间，有古松三株，傲然屹立，传说是宋代建园之初所植，已有近千年历史。透过古树枝丫和峰石，则是一片开阔池水，对岸的濯缨水阁和云岗假山远远地在招呼，山石后还露出了小山丛桂轩的一角倩影。造园家巧妙利用朝向，布置多层次的景物，特别适合隆冬观赏。冬天若临轩窗向外望，近处是古松虬枝、平桥石峰；中景是逆光中碧波粼粼的亭廊倒影；远处则是池南的山树小轩，景致深远、层次分明，网师园中部山水风景画面悉呈眼前。

彩霞池东南角在黄石假山间留出的水口和小涧，是分而理水的佳作。这一小溪除了延伸水面之外，还有着暗示源头的作用。溪水断路就要架桥，造园师在水上架了一座颇有名气的小景桥——“引静桥”，俗称三步拱桥。水口宽不足三尺，小拱桥玲珑精细，小巧逗人，而作为小桥配景的附近池岸石矶，也极富变化。小溪从引静桥下流入，绕过园中的主要假山——黄石堆成的“云岗”，终止于山林围绕的另一处精华之景——“小山丛桂轩”之东。

小山丛桂轩是从前门入园游览的第一个景点，轩南轩北又都是小山，所以取南北朝诗人庾信《枯树赋》中“小山则丛桂留人”之意，题名为小山丛桂轩，有着迎接宾客、款留友人一起赏景的寓意。这座敞轩面阔三间，四面置窗，离园东部住宅不远，有游廊可通。于轩中四望，东有山涧溪流，西有老枫遮阴，南有小山丛桂，北有假山屏立，使人如入画境。

穿过假山间的小道和曲廊西行，可到“蹈和馆”。“蹈和”取履贞蹈和之意，寓意和平安吉。馆坐西向东，三开间，原是园主人宴请客人之处。馆内由小门入，可至另一个环境幽静的小庭院，院门上题额曰“琴室”，为旧时为操琴之所。从“网师小筑”侧门入园，游廊曲径串起一个又一个的小庭院，正所谓“庭院深深深几许”了。它们既有着各自的景色特点，是主景区之南很重要的游赏区，同时又能进行宴客、操琴、读书等多种生活起居活动，是住宅部分在花园中的有机延续。这种格局，在城中宅邸私园之中是很有代表性的。

3. 西部园中园

网师园西部为内园，即园中园，由殿春簃、冷泉亭、涵碧泉组成。

彩霞池西为园中园“潭西渔隐”，从彩霞池西北的平板曲桥西行，就见到书有“潭西渔隐”的小门。门内花容绰约，花街铺地，奇石当户，别有一番天地，这就是享誉海内外的殿春簃小院，如图6-4所示。

图6-4 殿春簃小院

“簃”，原意指高大楼宇边用竹子搭成的小屋；“殿春”，指春末。殿春簃原是园主的芍药圃，曾盛名一时。春季芍药开花最晚，宋人有“尚留芍药殿春风”的诗句。殿春簃以诗立景，以景会意，是古典园林小院建筑的精品。

殿春簃小院占地不足一亩，景观却很丰富，富有明代庭园“工整柔和，雅淡明快，简洁利落”的特色。小院布局合理，独具匠心，主体建筑将小院分为南北两个空间，北部为一大一小宾主相从的书房，是实地空间，但实中有虚，藏中有露，屋后另有天井；南部为一个大院落，散布着山石、清泉、半亭。南北两部在空间大小、明暗、开合、虚实形成对比，十分精致。

殿春簃主体建筑坐北朝南，三主二副，为仿明式结构。屋前有石板平台，围以低石栏，

屋顶为卷棚式，线条流畅，回音效果好，是园内听曲的好地方。正门四扇落地长窗，左右设半窗，室内正中悬匾额“殿春簃”，额上有跋云：“前庭隙地数弓，昔日之芍药圃也，今约补壁以复旧观”（古时“弓”为丈量单位，约合现在的1.6m）。

室外的庭院布局结合紧密。东南侧隙地起垄，为芍药圃，春末夏初，灼灼其华。庭院内采用周边假山的手法，使之产生余脉连绵的情趣。假山并不高大，却起、承、转、合，极有章法、韵律和节奏。假山的起始是一脚矮脉，自院西北伸起，逶迤南奔，山势不峭不陡，不徐不疾，继而渐渐拔高，出现假山群的第一个高潮。在庭院横轴线上正对“潭西渔隐”处，安排了一块石峰，古驳、突兀的峰体和正东开阔、明净的水面对比、呼应。此后，山势徘徊，似乐曲中的柔板，过渡，构半亭于山势中，亭名“冷泉”。此亭倚墙而筑，体量纤小，与小院格局十分相称，飞檐翘角，颇为轻灵。亭中有一块巨大的灵璧石，石色乌黑，形似一只展翅欲飞的苍鹰，叩之铮铮有金属声。据传说，此石原在城西桃花坞唐寅宅内，辗转到此。在半亭中“坐石可品泉，凭栏能看花”，令人赏心悦目。到此，围拥小亭的山石态势继续南趋，突然跌宕下滑，怪石嶙峋中，水气森森，俯视洞壑幽深，底藏渊潭，是一泓天然泉水，其旁有石刻“涵碧泉”，取意于宋代朱熹“一方水涵碧”的诗句，泉水清澈明净，水旁有微径。院内有此一泉，使全园水脉得以贯通，是该园造园艺术中的神来之笔。山势再往下而形成渊潭后，忽地拔高，矗立起一座陡峭的石峰，这是整个庭院中最高的湖石峰，与北面的主屋遥遥相对。假山继续往东，若断还连，绵延不绝，恰似音韵流淌，间关莺语，幽咽泉流，群山匍匐。在东侧墙根处，峰峦忽而竞涌，群山归一，聚而为一大山，使人感到沉郁苍茫，犹如八音齐奏，金鼓齐鸣。而在屋前平台下，又点放小湖石一块，既作踏步，又有余脉之意，所谓意犹未尽，余情未了。整个山石峰脉意境相连，藏泉于谷，藏路于峰，藏洞于岭，有衔接，有过渡，空间浑然一体。

小院的花街铺地也颇具特色。为了与园的“网师”主题相合，平整洁净的整片鹅卵石图案与中部大园涟漪荡漾的浩渺池水形成水陆对比，一是以水点石，一是以石点水，使整个园中处处有水可依，特别是用卵石组成渔网图案，更隐隐透出“渔隐”的意境。

网师园以宅园完整、玲珑精雅、以少胜多、迂回有致闻名于世。园虽不足九亩，但布局合理，主题突出。花园内各式建筑高低错落，疏密有致，中有回廊、小桥、石径相连，配以水池、假山、花木，形成既有变化，又完整统一的景观。空间处理巧妙，使小园不显局促，反显宽绰。园内置景不多，但皆是精品，赋、比、兴的手法融入造园之中，使园景充满韵味，文化、艺术内涵极为深厚。网师园堪称中国古典园林中以少胜多的典范。

二、西方古典园林——凡尔赛宫苑

如图6-5所示，凡尔赛宫苑是世界闻名的大型宫殿和园林，位于巴黎的西南。它规模宏大，风格突出，内容丰富，手法多变，完美地体现着西方古典主义的造园原则。

17世纪下半叶，法国成为欧洲最强大的国家，路易十四是继古罗马皇帝之后，欧洲最强有力的君主。为了彰显国家的强盛和伟大君王的精神与价值，路易十四决定建设凡尔赛宫苑。凡尔赛原是位于巴黎西南22km处的一个小村落，周围是一片适宜狩猎的沼泽地，属于“无景，无水，无树，最荒凉的不毛之地”，并不适宜建造宫苑。然而，路易十四坚信“人定胜天”，决定在凡尔赛建造宫苑。他在回忆录中还十分得意地认为：“正是在这种十分困难的条件下，才能证明我们的能力”。

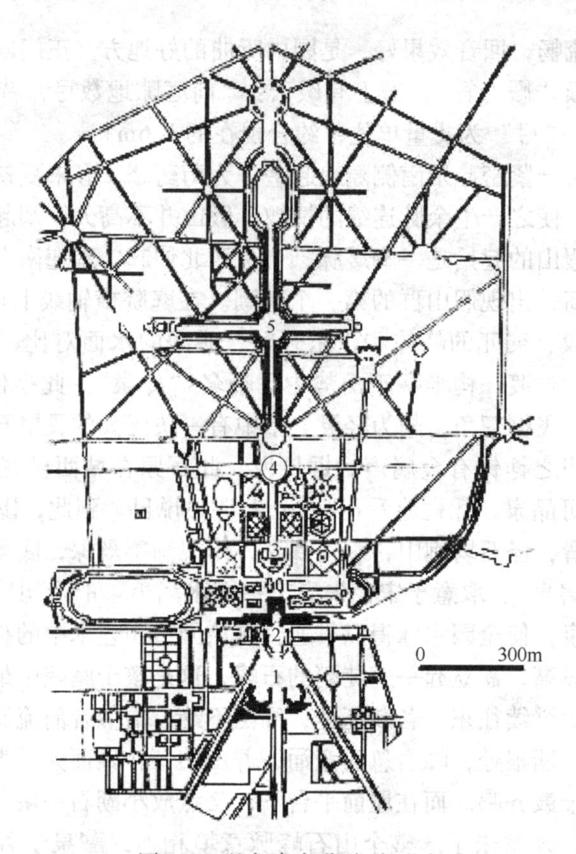

图6-5 凡尔赛宫苑总平面图

1—广场 2—宫殿主体建筑 3—拉托娜喷泉水池 4—阿波罗池 5—大运河

路易十四将建造沃-勒-维贡特庄园的建筑师路易·勒·沃、画家夏尔·勒·布仑和造园家安德烈·勒·诺特尔招来，开始了凡尔赛宫苑的建造工程。在漫长的建设过程中，法国当时最杰出的建筑师、雕塑家、造园家、画家和水利工程师等都先后在此工作过。因此，凡尔赛宫苑代表着法国当时文化艺术和工程技术的最高成就。路易十四本人也以极大的热情，关注着凡尔赛的建设，这位征服者要在凡尔赛领略“征服自然的乐趣”。

凡尔赛宫苑占地面积巨大，规划面积为1600hm^2，其中仅花园部分面积就有100hm^2。如果包括外围大林园的话，占地面积达到6000多hm^2，围墙长4km，设有22个入口。宫苑主要的东西向主轴长约3km，如包括伸向外围及城市的部分，则有14km之长。园林建造历时26年之久，其间边建边改，有些地方甚至反复多次，力求精益求精。

宫殿坐东朝西，建造在人工堆起的台地上。它的中轴向东、西两边延伸，形成贯穿并统领全局的轴线，东面是由三面建筑围绕的前庭，正中有路易十四面向东方的骑马雕像。庭园东入口处有军队广场，从中放射出三条林荫大道穿越城市。园林布置在宫殿的西面，近有花园，远有林园。宫殿二楼正中，朝东布置了国王的起居室，由此可眺望穿越城市的林荫大道。朝西的二层中央，原设计为平台，后改为著名的“镜廊”，由此处眺望园林，视线深远，循轴线可达8km之外的地平线，气势之恢宏令人叹为观止。

宫殿的最近处是水坛，一对矩形抹角的水镜面，仿佛是宫殿正面的延伸体。大理石池壁上装饰着爱神、山林水泽女神以及代表法国主要河神的青铜像。它们的姿态各个不同，栩栩

如生，塑像都采用卧姿，与平展的水池相协调。从宫殿中看出去，水坛中倒映着蓝天白云，与远处明亮的大运河交相辉映。这两个水坛经多次改造，于1685年最后成型。通往拉托娜喷泉大台阶两侧的两个喷泉“狂兽之战”与水坛构成了一个整体，并与表现大自然寓意的雕塑——“空气”、“夜晚”、“午间”、“春天”、“清水”相映成趣。

在水坛的南北两侧各有一个几何形状的花坛，一南一北，一开一合，表现出统一中求变化的手法。南花坛在王后宫殿的窗下，一条南北向的小径把南花坛分成两片，每片中间各有一个圆形喷水池，又将不同的花草镶成几何图形的四块花圃，穿插在一行一行的树丛中，好像画师调配好的五颜六色的画板。大理石雕塑狮身人面像和仿古雕塑“熟睡中的阿雷娜”矗立于绿草和花木之间。

再往南是橙园，大理石狮身人面像蹲在一个八角形小建筑的门前石阶两侧，门上方的浅浮雕让人联想到四个季节。八角建筑是个阁楼，阁楼内的地面上铺着精美的大理石，墙上是阿拉伯风格的图案，顶棚的装饰画是很形象的蓝天白云。

橙园正面朝南，是一个长达155m、有拱穹盖的长廊，两个隐藏在百步阶梯之下的横向长廊使它向外延伸，犹如一个独立的小天地。长廊的内部均由大型拱形窗的自然光线照明，双层窗户使得室内的温度在冬天也能保持在5～8℃。被长廊环绕着的是一个带有圆形池塘和六块草坪的花坛。橙园里汇集了来自世界各大洲的千余种奇花异树，譬如来自葡萄牙、西班牙、意大利的橙树、柠檬、玫瑰、月季和石榴，有的树木已经存活了两个多世纪。

北花坛与南花坛相对应，在两片花坛的北端各镶嵌着一个环形水池，池中鱼人神和美人鱼的雕像表现出对水之神性的赞美。

北花坛以北是吉拉尔东制作的五层金字塔状喷泉。喷泉由四个重叠的大理石水盘组成，每一层都由形态各异的鱼人神、海豚和巨蟹雕像支撑。自金字塔喷泉，循着一条倾斜的、两侧有22组儿童铜雕像的顽童石像小径，就可到达吉拉尔东的杰作——美女池。长方形池塘上的水呈瀑布状流淌而下，池塘上的浅浮雕美女在嬉水取乐。

花园的最北端是龙池和海王星池。龙池雕塑表现的是神话中的一个情节：勇敢的阿波罗杀死了作恶多端的巨蟒，海豚和骑在天鹅背上、手持弓箭的爱神包围着它，中心的主喷泉高达27m。路易十五时期改建的海王星池以海洋之帝作为主雕塑，表现了洛可可风格的怪诞，增添了对神奇世界的幻觉。池畔各个角落的镀金雕像射出的喷泉，数量众多，形态各异，令游人赞不绝口。

由南北花坛中心向西望，见到的是整个凡尔赛园林的主轴线，两侧有茂密的林园，高大的树木修剪齐整，增强了中轴的立体感和空间变化。花园中轴的艺术主题完全是歌颂“太阳王”路易十四。轴线的起点是饰有雕像的环形坡道围着的拉托娜泉池，池中是四层的大理石圆台，拉托娜耸立在顶端，手牵着幼年的阿波罗和阿耳忒弥斯，遥望西方，下面有口中喷水的乌龟、癞蛤蟆和跪着的村民，水柱将拉托娜笼罩在云雾之中，如图6-6所示。这一设计取自罗马神话，拉托娜与天神朱庇特私通，生下孪生兄妹太阳神阿波罗和月亮神阿尔忒弥斯，天神把那些曾经对她有所不恭，对她唾骂的村民变成乌龟、癞蛤蟆之类。

拉托娜喷泉的北侧是阿波罗池。在一个装饰着圆柱的岩洞中，矗立着的一组群雕是“仙女服侍中的阿波罗”，展现了即将整装出征的太阳神梳洗淋浴的场面。六位仙女用汲来的清泉为太阳神沐浴，并把香液喷洒在他身上。雕塑的脚下是飞流直泻的瀑布。另一组雕塑名为“海神洗刷中的太阳之马”，描述了几位海神把奔驰整日已经疲乏的天马牵到两旁山洞

图 6-6　拉托娜泉池的喷水乌龟、蛤蟆

歇息，表示一天的终结。

主轴线的西端是阿波罗喷泉，这座喷泉长为 110m，宽为 75m，也是凡尔赛宫标志性的喷泉。有三组雕塑隐藏在树丛中，中心一组雕塑是“日出东方”，年轻的阿波罗乘着驷马高车，从黎明中驶出，只见骏马高昂嘶鸣，太阳王器宇轩昂，周围是四个海神和四只海兽护驾。整组雕塑生气勃勃，尤其是四匹天马跃跃欲飞的姿态，活灵活现。路易十四以太阳王自诩，太阳是天体中唯一能够给予万物生命的星座，它用自身的升与落规范着万物。以阿波罗为中心的凡尔赛园林的设计，正是体现了太阳王的光芒四射。黄昏时分，漫天晚霞把阿波罗雕像映照得绚丽多彩。

连接拉托娜喷泉和阿波罗喷泉的是皇家林荫大道，在法国大革命时改称为绿地毯。这条大道位于拉托娜喷泉的前方，大道的中间是一片绿色草坪，长约 330 多 m，隔着草坪，可以看到大运河的宏伟景象。道路两侧点缀着 12 尊雕塑和 12 个仿古岩石花盆。在高大的七叶树和绿篱的衬托下，显得典雅素净。

皇家林荫大道的两侧是完全对称的南北梅花林。在茂密的林中，散落着形态各异的人物雕像。一年四季，树林随着大自然的变化而变换着风姿，上演着不同的景色：春天，沐浴在霏霏细雨之中，清新湿润的空气令人陶醉；夏日，阳光穿过茂密的树叶，射出道道光影；入秋，层林尽染，踩在软软的落叶上，别有一番情趣；冬日，覆盖着白雪的树林，显得更加纯洁、宁静。在树林中每一条小径的拐角处，蓦然回首，总能看到不同的风景、不同的喷泉、不同的雕像和修剪成不同图案的树丛。林子的四角，各镶嵌着一个水池，园林家们用雕塑和水来衬托大自然的春夏秋冬。

阿波罗泉池之后是壮观的大运河，呈十字形，长为 1650m，宽为 62m，横臂长 1013m。它既延长了花园中轴线，又解决了沼泽地的排水问题。运河的东西两端及纵横轴交汇处，拓宽成轮廓优美的水池。路易十四经常乘坐御舟，在广阔的水面上大宴群臣。

由于凡尔赛宫苑中的花园显得宏伟有余而丰富不足，因此设计者把主轴线上皇家大道一

段两侧的林园切割成12块，称为小林园，每块独立成一区，各有特性。小林园是凡尔赛宫苑中最独特、最可爱的部分，是真正的娱乐休憩场所，最主要的有剧场、水剧场、机关水嬉、迷阵等，充满了巴洛克趣味。宫廷的露天活动大多在小林园里举行，连宴会也常设在这儿的林中空地。小林园的尺度小，建筑和雕刻也很精美，比较亲切，增加了凡尔赛园林的层次深度，丰富了园景。

凡尔赛宫园林最令人神往和与众不同的是它多姿多彩的喷泉瀑布。那时而汩汩流淌，时而喷薄向上的涌泉，有的从怪兽口中吐出，有的从仙人指间流过，也有的从鲜花丛中冒出，令人不得不佩服法国人丰富的想象力。比想象力更伟大的是改造自然的创造力。为了建造这些喷水池，凡尔赛的建设者们把数条河流改变流向，并制造了巨大的抽水机，将塞纳河水抽到150m高的山坡上，将几个大蓄水池用30多公里长的水管相连，通过虹吸原理，形成喷泉。这些喷泉的耗水量很大，若园内的喷泉同时开启，水只够维持3个小时。即使现在，水的使用也是个大问题。因而，每年从11月份开始，喷泉就会停止喷水，直到来年的春季。

昂瑟拉德喷泉表现了由于在战争中逃命被埋在埃特纳之下的昂瑟拉德。它北边的方尖碑池，中心由230根水柱形成了25m高的水金字塔。这些喷泉附近还有许多座神化大自然的雕像。这些掩映在花草树木之间的众神雕像，优雅清新，面带神秘的微笑，更加衬托出自然之美。

大小特里亚农宫位于凡尔赛园林的西北角，是国王的私人别墅。今天看到的特里亚农宫是由阿尔杜安·芒萨尔负责建的。建筑正面的列柱廊是由罗贝尔·德·科特设计的，列柱廊的两翼一直延伸到园林。在与列柱廊右翼尽头垂直的地方，是一个长廊，长廊的拐弯处是木篷下的特里亚农。这里的门窗无论是朝向内庭，还是朝向园林，都采用红色大理石装饰的，因而也叫大理石特里亚农。

路易十四认为，特里亚农要像他的其他宫殿一样拥有园林，而且园林应是整体的重要组成部分。在特里亚农宫，花园与住所浑然一体，宫殿里所有的房间都朝向花园，从每一扇窗都能看到花园。每到夏季，阵阵花香袭人，把特里亚农变成了花神的宫殿。庭院与花园间的凉廊是透明的，里里外外透着自然的魅力，庭院中茂盛的树丛形成了浓密的树荫，几乎遮盖了宫殿侧翼的窗子，因此这个侧廊被称为“木篷下的特里亚农”。

面朝特里亚农宫殿的是上、下两个花园。上花园由两块对称的花圃组成，其间装饰着两个水池及一组儿童雕像。下花园有一个八角水池，配有雕塑“儿童和葡萄”，路易十四曾在这里栽过一些橘子树和花卉。下花园的最南部，是一个带有栏杆的马蹄形水池，沿着浅水池前的林荫道，可以游览圆形水池、瀑布、绿色厅、古董厅、耳形池和半人半马神像。

路易十五在特里亚农的东部建了一个植物园，其中的法式亭子和动物园是由加布里埃尔设计，于1749～1753年间建成的。同时，加布里埃尔建造了十字形的法式阁楼，这座乳白色阁楼外部十分简练，只是在顶部的栏杆上装饰了很多儿童及大型花卉的雕塑。

凡尔赛宫的建成显示了处于鼎盛时期的法国的实力，是法国封建统治盛世的一座纪念碑。它是欧洲自古罗马帝国以来，能够集中如此大的人力、物力的专制政体力量的第一次体现。凡尔赛宫成为17～19世纪欧洲风靡一时的古典主义建筑楷模，也成为欧洲皇家大花园的典范，被各国皇室竞相推崇与模仿。

三、现代园林——中山岐江公园

中山岐江公园位于广东省中山市区，东临石岐河（岐江），西与中山一路毗邻，南依中山大桥，北邻中山喜来登酒店，总体规划面积为11hm^2，其中水面约为3.6hm^2，建筑面积为3000m^2，由俞孔坚教授与他的设计研究所“土人景观”集体创造，并获得美国景观设计师协会（ASLA）2002年度设计荣誉大奖。这是本领域国际最重要的奖项之一，也是中国人和中国项目首次获得此奖项。中山岐江公园在国际上的成功，为当代中国景观设计开辟了新的道路。

岐江公园的场地原是广东中山著名的粤中造船厂，作为中山社会主义工业化发展的象征，它始于20世纪50年代初期，终于90年代后期。几十年间，它历经了新中国工业化进程艰辛而寓有意义的历史沧桑，在特定历史背景下，几代人艰苦的创业历程在这里沉淀为真实而弥足珍贵的城市记忆。

俞孔坚和他的土人团队所提出的反传统设计，起初遭到反对，但他们创造性的景观设计理论与方法，最终得到了认可和赞赏。中山岐江公园，很好地融合了历史记忆、现代环境意识、文化与生态理念，不仅是中国近代史的生动记忆，也是中山市市民曾经生活的工业时代的再现。由旧船厂改建而成的岐江公园，其设计却不是怀旧和沿袭传统的风格，设计者采用了一种不同于传统公园设计的全新理念，对旧船厂进行了产业用地再生设计。

公园的主体道路网采用直线路网，与中国传统园林强调的园无直路、步移景异截然不同，也与古典西方园林强调几何对称毫不相同，看似混乱的直线路网，引导游人体验工业时代切割机的无情，钳机的一丝不苟，又能将游人引向21世纪的时代体验：简洁，高效，人性的舒展，个性的发扬。

进入公园，首先可以看到经过精心修理并被完整保留下来的两个大型钢架船坞，矗立于水湾之上，经过重新修整，涂上红白外衣，并抽屉式地插入了游船码头和公共服务设施，唤起中国人对过去火红年代的回忆。再向公园里走去，可以看到铁栅涌泉这个景点，平地起涌泉，钢性的栅格铺地，结合“水”这一永恒的流动元素，构成儿童嬉戏的乐园，但在形式上仍采用开放式。以造船过程中普遍使用的铁栅格与人性化的涌泉对比，形成一种强烈的冲突，用工业时代的笔墨，勾勒出别具一格的体验空间，笔直的线条打破传统，不局限于观赏功能，还满足了千百年来传承在人性中对水的渴望。

石头看似随意却被精心地摆放在溪流中，可以踩着它们穿过广场去公园的另一头。细细看来，石头似乎排成了一列，像几座被安放在水中的桥，承载着游人摇摇摆摆的脚步，向对岸延伸。游人们似乎乐此不疲，争相把脚放入水中，令平地涌动的溪流更添生趣。溪流旁边则是一条笔直宽阔的大道，掩映在一大排生机盎然的竹林下。在中国传统园林造景艺术中，竹子因其象征高风亮节而被广泛采用，而在这里，竹子脱离了古典园林中的曲径通幽，而是与笔直的路网、可亲近的水流联系起来，让人性毫无遮掩地在天地间尽情挥洒。

诸多土人景观设计理念的因素，在岐江公园中得到完美的诠释，将审美功能和实用功能创造性地融合在一起，成功地完成了对历史和文化之美的揭示与再现。设计的初衷，就是要把这个凝聚了往昔记忆的破旧船厂，变成一个供普通人休憩放松的乐园，让人们在重温那段艰苦岁月的同时，不自觉地进入另一个让人激动而又沉静的思索空间。

从公园入口到湖边的活动区，有一条宽为3m，长约250m的铁轨，如图6-7所示。铁轨

中间铺满了白色的卵石，铁轨的两旁挺立着茂盛的中山本地野生的茅草。曾一度被城市人所鄙弃和忽略的茅草，在经过设计之后，变得美不胜收。铁轨是工业革命的标志性符号，也是造船厂的重要景观元素。新船下水，旧船上岸，都借助于铁轨的帮助。铁轨使机器的运输得以在最少阻力下进行，却为步行者提出了挑战。而正是在迎对这种挑战的过程中，人们找到了乐趣——一种跨越的乐趣，一种寻求挑战和不平衡感的乐趣。

图 6-7　卵石铁轨和万杆柱阵

公园的设计除了对过去的保留和再利用之外，为了能更强烈地表达设计者对场所精神的体验，同时满足现代人的使用功能，设计师创造出新的、现代的语言，去讲述和实现物质与精神的再生。如图 6-8 所示，红盒吊影就很好地体现了再生。红色的视觉冲击力是毋庸置疑的，红色与绿色草地的对比更是鲜艳夺目。该景点被构思为一个高约 3m，由红色的钢板围合而成的空间装置。红盒子一角正对着入口，任两条笔直的道路穿过它的身体，像一把锋利的剪子，将这个完整的盒子剪破，沿着花岗石路走进红盒子，会发现一种笔直的斜线，一种很深的切割。钢板墙围合的空间里竟然含着一汪清水，不大的水潭印出了红盒子的影像。在水与人之间，连这个放在道路中央的巨大盒子，也不成为游人的障碍，来公园的人都会在这儿久久停留。无论是活蹦乱跳的孩子，热恋中的男女，孤独的失意者，曾经战斗在此的老人，似乎都在穿越盒子的瞬间有所感悟，而所有这些东西，都由一个再简单不过的红盒子来装盛。

图 6-8　红盒吊影

绿房子呈方形，“房子”是由树篱组成的，每个树篱均为 5m×5m 的方格网，高近 3m，它们与直线的路网相穿插，是另一个可以给游人留下深刻印象的工业化设计。设计使造船厂原有厂房的空间感保留了下来，经过重新设计，用绿色的树篱切割出带有大工业生产痕迹的半封闭的休憩场所，而现在的造型类似于造船厂当时的工人宿舍。

绿房子围合的树篱，加上头顶的蓝天和脚下的绿茵，为寻求私密空间的人提供了不被人看到的场所，又由于一些直线形非交通性路网的穿越，使巡视者可以一目了然，从而避免了不安全的隐蔽空间。这些方格绿网在切割直线道路后，增强了空间的进深感，与其他的类似场所相比，更添亲密性。

园内的湖面与岐江相连，是珠江水系汇入大海的重要衔接口。受海潮影响，水位日变化达1.1m，湖岸水面很不稳定。为了克服因水位变化而带来的景观影响，设计师们创造了一种栈桥式堤岸，临水修建一系列方格网状步行栈桥，并选择本地高挺的水生植物来遮挡栈桥的架空部分，根据水位的变化及水深情况，利用不同水生植物的生长特性，配置成一个能在不同水位下遮护堤岸的生态群落。这种生态栈桥跟人非常亲近，人可以自由行走在上面，远远望去，恰如漂游在水面上和高低错落的植物丛林中。

在公园中可以看到很多造船厂遗留下来的厂房和机器设备，如一组曾用于移动船只下水上岸的起重机，被保留了下来，矗立在公园湖岸的西北角；高耸入云的红砖烟囱，也被保留了下来，脚手架与栩栩如生的工人雕塑结合到场景当中，似乎正在述说当时发生的故事，工人劳动的情景以雕塑的形式留下来，留下了那段战天斗地的豪迈和挥汗如雨的热情；两个剥掉水泥外衣的水塔，就地保留，水塔的钢铁构架巨大得不可思议，它们曾经是夜晚为船只引航的灯塔、铁轨、吊索、驾驶舱和大铁架的组合，是造船厂的重要工具；除了大量机器经过艺术加工和工业修饰而被完整地保留外，大部分机器都选取了部分机体保留，并结合在一定的场景中，以园林小品的形式出现。

公园在设计时为满足防洪要求，需要将湖岸拓宽20m，从而达到80m。这么一来岸上生长了几百年的古榕树面临着被砍掉的危险。为了保留这批原在岸上生长了几百年的古树，设计师们开挖内河，在防洪渠的基础上，使湖岸上的古榕树与水塔形成了“生态岛”，既满足了防洪的要求，又保住了几百年的自然遗产，同时岛上由旧水塔改造而来的灯塔，在夜晚远远就能看见，丰富了公园的景观。

岐江公园没有围墙也没有栏杆，唯一的一条溪流就是公园的边界，仿佛城市被延伸到了公园里，而公园也渗透到了城市中。岐江公园合理地保留了原场地上最具代表性的植物、建筑物和生产工具，运用现代设计手法对它们进行了艺术处理，诠释了一片有故事的场地，将船坞、骨骼水塔、铁轨、机器等原场地上的标志性物体串联起来，记录了船厂曾经的辉煌和火红的记忆，构成一个完整的故事。

小　结

园林艺术欣赏的本质是一种审美认识活动，它是人们与园林发生联系的桥梁，也是检验园林社会效果的重要途径。本单元着重介绍了园林艺术的欣赏和品鉴方法，通过对颐和园、网师园、凡尔赛宫和中山岐江公园的欣赏和品鉴，提高学生园林艺术理论和实践的水平。人们可以通过选择最佳观景时间、最佳观景路线、最佳观景点、选择不同角度观景，充分展开想象力等方法对园林景观进行欣赏。园林艺术的品鉴需要具有一定欣赏能力的游览者对园林

作品进行品味和鉴定。品鉴的过程一般需要观、品、悟三个阶段：观是对园林景观的直观感受，主要靠视觉参与；品则是欣赏者根据自己的生活经验、文化素养、思想感情等，运用联想、移情、思维等心理活动，去扩充、丰富园林景象，领略、开拓园林意境的一个过程；悟是观和品的升华，是欣赏者从梦境般的园林中醒悟过来，而沉入其中的一种回味、一种探求，是在想象、回味、体验的基础上进行深层次的思考。

本单元着重介绍了园林艺术的欣赏和品鉴方法，通过对颐和园、网师园、凡尔赛宫和中山岐江公园的欣赏和品鉴，让学生掌握园林艺术的欣赏和品鉴方法，吸收前人优秀的设计手法和设计理念，体会园林艺术理论在实践中的重要作用，从而提高学生的园林艺术理论和实践的水平。

参 考 文 献

[1] 周维权. 中国古典园林史 [M]. 2版. 北京：清华大学出版社，1999.
[2] 王晓俊. 风景园林设计 [M]. 南京：江苏科学技术出版社，2000.
[3] 胡长龙. 园林规划设计 [M]. 2版. 北京：中国农业出版社，2009.
[4] 盛翀. 江南园林意境——中国古典园林的审美方式 [M]. 上海：上海交通大学出版社，2009.
[5] 张国栋. 风景园林景观规划设计实用图集 [M]. 北京：化学工业出版社，2009.
[6] 衣学慧. 园林艺术 [M]. 北京：中国农业出版社，2006.
[7] 陈从周. 说园 [M]. 上海：同济大学出版社，2002.
[8] 过元炯. 园林艺术 [M]. 北京：中国农业出版社，1996.
[9] 章采烈. 中国园林艺术通论 [M]. 上海：上海科学技术出版社，2004.
[10] 苏雪痕. 植物造景 [M]. 北京：中国林业出版社，1994.
[11] 董晓华. 园林规划设计 [M]. 北京：高等教育出版社，2005.
[12] 罗言云. 园林艺术概论 [M]. 北京：华学工业出版社，2010.
[13] 陈佳富，等. 浅谈观赏植物色彩构图的设计与应用 [J]. 中国西部科技，2008 (6)：52-53.
[14] 李乡状. 中国园林艺术与欣赏 [M]. 长春：吉林音像出版社，吉林文史出版社，2006.
[15] 周武忠. 城市园林艺术 [M]. 南京：东南大学出版社，2000.
[16] 荣立楠. 中国名园观赏 [M]. 北京：金盾出版社，2003.
[17] 郭英之，刘凯，徐岩. 颐和园 [M]. 广州：广东旅游出版社，2002.
[18] 贾珺. 北京颐和园 [M]. 北京：清华大学出版社，2009.
[19] 清华大学建筑学院. 颐和园 [M]. 北京：中国建筑工业出版社，2000.
[20] 王宗拭. 拙政园 [M]. 苏州：古吴轩出版社，1998.
[21] 朱建宁. 永久的光荣——法国传统园林艺术 [M]. 昆明：云南大学出版社，1999.
[22] 李蔚. 凡尔赛宫 [M]. 北京：军事谊文出版社，2005.
[23] 陈志华. 外国造园艺术 [M]. 郑州：河南科学技术出版社，2001.
[24] Mary G. Padua. 工业的力量——中山岐江公园：一个打破常规的公园设计 [J]. 中国园林，2003 (9).
[25] 俞孔坚. 足下的文化与野草之美——中山岐江公园设计 [J]. 新建筑，2001 (5)：17-20.
[26] 张国栋. 园林构景要素的表现类型及实例 [M]. 北京：化学工业出版社，2009.
[27] 曹林娣. 中国园林艺术论 [M]. 太原：山西教育出版社，2003.
[28] 袁海龙. 园林工程设计 [M]. 北京：化学工业出版社，2005.
[29] 陈从周. 陈从周讲园林 [M]. 长沙：湖南大学出版社，2009.
[30] 徐文涛. 网师园 [M]. 苏州：苏州大学出版社，1997.
[31] 截庆钰. 网师园 [M]. 苏州：古吴轩出版社，1998.